# ÉLÉMENTS

# DE MÉCANIQUE.

# ÉLÉMENTS
# DE MÉCANIQUE

PAR

## LE CAP⁀ KATER ET LE Dʳ LARDNER,

DE LA SOCIÉTÉ ROYALE DE LONDRES,

TRADUITS DE L'ANGLAIS, MODIFIÉS ET COMPLÉTÉS

## PAR A.-A. COURNOT,

INSPECTEUR GÉNÉRAL DES ÉTUDES.

Ouvrage approuvé par le Conseil royal de l'Instruction publique, et pouvant servir à l'enseignement des notions de mécanique dans les Écoles normales primaires et dans les autres établissements d'instruction.

## DEUXIÈME ÉDITION,

REVUE ET CORRIGÉE.

---

# PARIS,

## LIBRAIRIE SCIENTIFIQUE - INDUSTRIELLE

### DE L. MATHIAS (AUGUSTIN),

15, QUAI MALAQUAIS.

—

## 1842.

# AVIS DU TRADUCTEUR.

L'accueil favorable que le public a paru faire à la traduction du *Traité d'Astronomie* de sir John Herschel, nous a engagé à entreprendre celle du Traité de Mécanique, qui fait également partie de la collection anglaise *Cabinet Cyclopædia.* Chacun de ces deux ouvrages peut être regardé comme servant, en plusieurs points, de complément à l'autre. Le capitaine Kater, dont le nom est bien connu de tous les physiciens d'Europe, a fourni les chapitres sur les pendules compensateurs et sur les balances, matières qui sont en quelque sorte son domaine propre : le surplus est l'ouvrage du docteur Lardner, directeur de la collection, et connu par plusieurs travaux mathématiques.

Nous nous sommes permis dans cette traduction beaucoup plus de libertés que dans l'autre. Non-seulement nous avons cherché à en faire un livre purement français en adoptant exclusivement les mesures nationales, mais nous en avons modifié la rédaction en retranchant des longueurs et en ajoutant souvent des détails nouveaux. Maintenant, les livres adressés aux savants s'écrivent à peu près par tout pays dans le même goût ; mais il n'en est pas de même de ceux que l'on destine à populariser la science : ils doivent garder davantage le cachet du génie national ; et peut-être, quand les ouvrages de cette nature se seront plus multipliés, en tirera-t-on quelques indications utiles sur la tournure d'esprit et l'intelligence moyenne des différents peuples.

Le texte anglais ne donnait guère que la statique des machines : il nous a paru convenable de le compléter par un chapitre sur la mesure des forces et du travail des machines en mouvement : théorie importante, ingénieuse, susceptible d'être exposée d'une manière simple et générale, et qui a fait dans ces derniers temps de grands progrès chez nous ; de sorte que nous devançons toujours par la théorie ceux qui nous ont si habilement devancés dans la pratique. Ce chapitre additionnel nous a d'ailleurs fourni l'occasion de reprendre sous un nouveau point de vue les principes les plus généraux de la mécanique.

Nous pourrions donc dire, si nous l'osions, que trois personnes ont coopéré à la rédaction de ce petit volume. C'est beaucoup, sans doute, pour un ouvrage d'un degré si élémentaire, où l'on ne saurait prétendre à l'originalité des idées, ni même à la rigueur scientifique. Mais s'il peut contribuer à répandre quelques notions utiles, nos soins seront pleinement récompensés.

Cette seconde édition a été revue attentivement. On s'est conformé à l'avis de professeurs bienveillants et éclairés, en substituant au simple énoncé de quelques principes fondamentaux, des démonstrations rigoureuses, quoique très-simples.

La première édition avait paru en 1834. Depuis cette époque, l'enseignement des notions usuelles de mécanique a fait des progrès dans nos écoles, et il a été prescrit dans les écoles normales primaires dont les élèves doivent un jour, en rem-

plissant les fonctions d'instituteurs , contribuer à
répandre autour d'eux toutes les notions simples
que la plupart des hommes sont capables de saisir,
et qui peuvent les guider dans le bon emploi de
leurs facultés. On trouvera ci-après le programme
d'enseignement adopté à cette fin par le Conseil
royal de l'Instruction publique, programme qui se
rapproche singulièrement, pour le choix et la distribution des matières, du plan suivi dans le présent ouvrage. Bien que ce livre ait été primitivement destiné aux gens du monde , et qu'on y
trouve même quelques développements purement
philosophiques, un maître judicieux saura bien
discerner les passages sur lesquels il convient d'appeler de préférence, ou même de concentrer exclusivement l'attention des élèves, selon le temps
dont ils disposent et le but assigné à leurs études.

# PROGRAMME

RELATIF

A L'ENSEIGNEMENT, DANS LES ÉCOLES NORMALES PRIMAIRES,

## DES NOTIONS ÉLÉMENTAIRES

### SUR LES MACHINES;

Adopté par arrêté du Conseil royal de l'Instruction publique,
en date du 18 Juillet 1837.

---

## I. INERTIE DE LA MATIÈRE.

1re *Leçon.* — Applications familières du principe de
l'inertie. — Effet produit sur les corps transportés
par une voiture lorsqu'elle s'arrête brusquement. —
Danger qu'il y a à s'élancer hors d'une voiture en
mouvement. — Comment, en vertu de l'inertie de la
matière, on peut, par une série de petits chocs,
imprimer à un corps une très-grande vitesse. —
Effets des percussions. — Impulsions produites par
la combustion de la poudre, le débandement d'un
arc. — Effets des volants, soit pour produire de
grandes percussions, soit pour régulariser l'action
d'une machine. — Composition et décomposition des
forces, des mouvements, des percussions. — Parallélogramme des forces. — Résultante d'un nombre
quelconque de forces agissant sur un seul point d'un
corps. — Extension de ces principes aux pressions,
aux percussions et aux mouvements.

2e *Leçon.* — Applications du principe du parallélogramme des forces et des vitesses. — Natation. —

Vol. — Rames. — Moyen de diriger les bateaux en tenant compte de l'action des rames et du courant de la rivière. — Comment la voile d'un vaisseau permet d'utiliser le vent pour aller dans toutes les directions et même contre le vent en courant des bordées. — Centre de gravité. — Comment on détermine par expérience sa position dans les différents corps. — Applications aux postures et aux mouvements de l'homme et des animaux. — Comment la position du centre de gravité influe sur le degré de stabilité dans l'équilibre des corps. — Application au chargement des voitures.

## II. DU LEVIER.

3e *Leçon*. — Principe général du levier. — Des trois espèces de levier. — Instruments relatifs à chacune de ces espèces. — Manière de tenir compte du poids du levier. — Pressions sur les points d'appui. — Balances. — Procédé des doubles pesées. — Romaine. — Peson. — Balance à bascule.

## III. DES POULIES.

4e *Leçon*. — Poulie. — Poulie de renvoi. — Poulies mobiles. — Moufles.

## IV. DU TREUIL ET DES ROUES DENTÉES.

5e *Leçon*. — Treuil. — Cabestan. — Manivelles. — Roues à augets et à palettes. — Roues à cliquets. — Fusées. — Treuils composés. — Grues. — Chèvres. — Roues dentées. — Cric. — Dents de chasse. — Échappement à balancier. — Mécanisme des montres et des horloges.

## V. PLAN INCLINÉ. — COIN. — VIS.

6e *Leçon*. — Diverses propriétés du plan incliné. — Coin. — Vis. — Vis sans fin. — Vis d'Archimède.

## VI. TRANSFORMATION DU MOUVEMENT.

7e *Leçon.* — Comment on peut transformer les uns dans les autres les mouvements — Rectiligne continu , — Rectiligne alternatif, — Circulaire continu, — Circulaire alternatif. — Chaîne de Vaucanson. — Levier arqué. — Parallélogramme de Watt. — Régulateur ordinaire. — Régulateur à eau. — Régulateur des machines à vapeur. — Tachomètre.

8e *Leçon.* — Du frottement. — De la roideur des cordes. — De la résistance des corps.

9e *Leçon.* — Mesure de l'effet utile des machines. — Unité dynamique. — Travail de l'homme pour élever les fardeaux ou les transporter sur un terrain horizontal. — Travail du cheval.

# TABLE.

## CHAPITRE PREMIER.

### PROPRIÉTÉS GÉNÉRALES DE LA MATIÈRE.

## CHAPITRE II.

### SUITE DE L'EXPOSITION DES PROPRIÉTÉS GÉNÉRALES DE LA MATIÈRE.

## CHAPITRE VI.

### ATTRACTION.

## CHAPITRE VII.

### PESANTEUR TERRESTRE.

# CHAPITRE VIII.

## DU MOUVEMENT SUR LES PLANS INCLINÉS ET SUR LES COURBES.

# CHAPITRE IX.

## DU CENTRE DE GRAVITÉ.

# CHAPITRE X.

## PROPRIÉTÉS DES AXES DE ROTATION.

TABLE. xix

## CHAPITRE XI.

### DU PENDULE.

## CHAPITRE XII.

### DE LA COMPENSATION DES PENDULES.

## CHAPITRE XVI.

### DES ROUAGES.

## CHAPITRE XVII.

### DES POULIES.

## CHAPITRE XVIII.

### DU PLAN INCLINÉ, DU COIN ET DE LA VIS.

# CHAPITRE XIX.

## DES APPAREILS RÉGULATEURS.

# CHAPITRE XX.

## TRANSFORMATION DU MOUVEMENT.

# CHAPITRE XXI.

## DU FROTTEMENT.

# CHAPITRE XXII.

## DE LA RÉSISTANCE DES MATÉRIAUX.

# CHAPITRE XXIII.

## DE LA MESURE DES FORCES ET DU TRAVAIL DES MACHINES.

FIN DE LA TABLE.

# ÉLÉMENTS
# DE MÉCANIQUE.

## CHAPITRE PREMIER.

### PROPRIÉTÉS GÉNÉRALES DE LA MATIÈRE.

Organes des sens. — Sensations. — Propriétés ou qualités des corps. — Observation, comparaison et généralisation. — Propriétés générales et particulières des corps. — Étendue. — Volume. — Surfaces, lignes, aires, longueurs. — Impénétrabilité. — Pénétration apparente. — Figure. — Atomes, molécules et particules. — Forces. — Cohésion des molécules. — Attraction, répulsion.

1. — Placé au sein du monde matériel, l'homme est exposé sans cesse à l'action d'une foule innombrable d'objets qui l'entourent. Ses organes, auxquels sont associés les principes de la vie et de la pensée, consistent en autant d'appareils merveilleusement disposés pour recevoir et pour transmettre les impressions des objets extérieurs. Chacun de ces organes a reçu une structure propre et un mode particulier de sensibilité, selon la nature des agents avec lesquels il doit nous mettre en rapport; et pour se convaincre mieux de cette destination spéciale, il suffit d'observer que chaque organe des sens,

1

quelque délicate qu'en soit la structure, est presque
absolument insensible aux influences dont la per-
ception ne rentre pas directement dans ses attribu-
tions. L'œil, doué d'une sensibilité si exaltée pour
les impressions de la lumière, n'est affecté en rien
par les sons ; tandis que la délicate organisation de
l'oreille, qui la rend si susceptible de percevoir les
impressions sonores, ne permet pas à la lumière
d'exercer sur elle aucune action. Une lumière d'une
intensité excessive peut aveugler, et le bruit d'une
canonnade occasionner la surdité ; mais ni l'oreille
dans le premier cas, ni la vue dans le second n'é-
prouveront le moindre dommage.

Les organes des sens sont les instruments par le
moyen desquels le principe intelligent aperçoit l'existence et les qualités des objets extérieurs : on donne
le nom de *sensations* aux impressions que reçoit
l'intelligence par l'intermédiaire des organes, et
ces sensations sont les éléments immédiats de toutes
les connaissances humaines. On désigne par la dénomination générique de MATIÈRE la substance qui,
sous des formes infiniment variées, affecte les sens.
Les métaphysiciens ont varié sur la définition de ce
principe ; quelques-uns en ont révoqué l'existence
en doute ; mais toutes ces discussions sortent du domaine de la philosophie naturelle, dont elles ne
sauraient modifier en rien les doctrines. Nous n'a-
vons pas pour but d'étudier la matière comme un
être abstrait, mais seulement les qualités que nous
y découvrons à l'aide des sens, et dont l'existence
est certaine pour nous, de quelque manière qu'on
résolve les questions sur l'essence de la matière.

Quand nous parlons des *corps*, nous entendons les objets, quels qu'ils soient, qui excitent en nous certaines sensations ; et le pouvoir d'exciter ces sensations est ce que nous nommons *propriété* ou *qualité*.

2. — Reconnaître par l'observation les propriétés des corps, tel est le premier pas dans l'étude de la nature. En ce sens, l'homme commence à s'occuper de philosophie naturelle du moment qu'il éprouve des sensations et des perceptions. Le premier âge de la vie est une époque où la curiosité est excitée continuellement. Une suite d'objets nouveaux et merveilleux attirent sans cesse nos observations et notre attention : la mémoire, ouverte à toutes les impressions, se meuble d'une foule de faits et d'images qui doivent devenir plus tard les matériaux abondants de toutes nos connaissances. Un goût vif de découvertes, que la nature a mis dans l'esprit humain pour des fins plus élevées, est alors dans un état de stimulation continuelle, qui laisse les autres facultés engourdies : l'activité de l'observation ne permet pas à la réflexion ni au jugement de se développer. Mais vient ensuite une autre époque où les phénomènes les plus habituels cessent de nous frapper par leur nouveauté. L'attention, moins absorbée par la découverte des objets nouveaux, se livre à l'examen des objets qui lui sont déjà familiers ; l'esprit se replie sur lui-même, et l'observation calme qui caractérise l'âge mûr commence à succéder à l'empressement fébrile de l'enfance. Nous passons alors en revue cette masse confuse de phénomènes que nous a fait connaître

notre expérience antérieure : nous entamons le grand œuvre de la comparaison. La mémoire fournit les matériaux, et la raison les combine. Plus tard nous tentons les premiers essais de généralisation, qui sont le commencement de la science.

Comparer, classer, généraliser, semblent être autant de penchants instinctifs propres à l'homme, et qui mettent un intervalle immense entre lui et les animaux inférieurs. Il faut voir dans ces facultés la source des plus éminents attributs de l'intelligence, et dans le juste emploi qui en est fait la cause de tous les progrès des sciences. Privés de ces facultés, nous ne verrions dans les phénomènes naturels qu'un amas confus de faits qui surchargeraient la mémoire sans profit pour l'intelligence. La comparaison et la généralisation sont en quelque sorte les organes à l'aide desquels l'esprit digère ses aliments, extrait une nourriture substantielle de matériaux bruts ; et si nous en étions privés, vainement emploierions-nous l'observation la plus persévérante, l'attention la moins relâchée, le système de nos connaissances n'en recevrait aucune acquisition réelle et fructueuse.

3. — Lorsqu'on passe en revue les propriétés des corps qui affectent le plus habituellement nos sens, on remarque que très-peu d'entre elles paraissent essentielles à la matière, sans pouvoir en être détachées. La plupart sont des *qualités particulières* qui se trouvent dans quelques corps et non dans les autres. Ainsi la propriété d'attirer le fer est particulière à l'aimant, et ne s'observe pas dans les autres substances. Tel corps excite en nous la sensa-

tion du vert, un autre celle du rouge, et d'autres enfin sont absolument dépourvus de couleur. Toutefois, un petit nombre de qualités caractéristiques et essentielles sont inséparables de la matière, quels que soient la forme et l'état sous lesquels elle s'offre à nous : en conséquence nous les regardons comme des symptômes de la matérialité. Partout où leur présence ne se manifeste pas à nos sens et ne peut être démontrée par le raisonnement, il n'y a pas pour nous de matière. Les principales de ces qualités sont l'*étendue* et l'*impénétrabilité*.

4. — *Étendue.* — Chaque corps occupe un espace, ou, en d'autres termes, est étendu. Les sens constatent cette propriété dans tous les corps qui ne leur échappent pas par leur extrême petitesse, et nous en concevons l'existence dans les moindres particules matérielles. Quelque effort d'imagination que l'on fasse, il est impossible de concevoir une parcelle de matière dépourvue d'étendue.

La portion d'espace occupée par un corps est ce qu'on nomme sa grandeur, ou plus exactement son *volume;* les limites de l'espace que le corps occupe sont des *surfaces,* et les limites qui séparent différentes surfaces d'un même corps sont des *lignes,* que l'on appelle aussi quelquefois des *côtés* ou des *arêtes.* Ce sont les noms qu'on donne, par exemple, aux lignes qui séparent les différentes faces d'un coffre ou d'un dé à jouer.

La *quantité* d'étendue superficielle se nomme *aire,* et la *quantité* d'étendue linéaire se nomme *longueur.* Nous disons en conséquence que l'aire d'un champ est de tant d'hectares, que la longueur d'une corde est de tant de mètres. Le mot *grandeur* s'emploie souvent d'une manière indifférente pour les volumes, les aires et les longueurs. Lorsque les objets de nos recherches sont d'un caractère plus subtil ou plus complexe, comme en métaphysique, l'attribution de divers sens au même terme peut être une source de confusion ou même d'erreur; mais ici le sens du terme est toujours indiqué clairement par les circonstances dans lesquelles on l'applique, et il n'en saurait résulter aucun inconvénient.

5. — *Impénétrabilité.* — Lorsqu'on dit que les corps sont impénétrables, on entend qu'ils ne peuvent se traverser mutuellement sans déranger au moins quelques-unes de leurs parties constituantes. Il y a beaucoup de cas de pénétration apparente, mais toujours il arrive que certaines parties du corps pénétré en apparence sont déplacées. Si l'on plonge dans un vase plein d'eau la pointe d'une aiguille, l'eau qui remplissait l'espace que l'aiguille vient occuper est déplacée ; son niveau monte dans le vase autant qu'il monterait si l'on y versait la quantité d'eau précisément nécessaire pour remplir le volume de la portion immergée de l'aiguille.

6. — *Figure.* — Quand nous touchons de la main un corps solide, son impénétrabilité nous devient sensible par l'obstacle qu'il oppose à notre main. Nous reconnaissons que cet obstacle prend naissance en certains lieux ; qu'il a des limites déterminées ; que ces limites ont les unes par rapport aux autres certaines directions. Tout cela nous donne l'idée de la *figure* du corps. La figure et le volume doivent

être soigneusement distingués comme choses indépendantes l'une de l'autre. Des corps de volumes très-différents peuvent avoir la même figure, et réciproquement des corps dont les figures diffèrent totalement peuvent avoir des volumes identiques. Il est clair qu'un globe, par exemple, peut avoir dix fois le volume d'un autre globe, quoique les figures de ces deux corps soient évidemment les mêmes; et que deux corps, tels qu'un dé et un globe, peuvent avoir des volumes égaux avec des figures tout à fait différentes. La même observation est applicable aux longueurs et aux aires. Un arc de cercle et une ligne droite peuvent avoir la même longueur, quoique ces lignes ne se ressemblent pas par la figure; et d'un autre côté, deux arcs d'un même nombre de degrés, pris sur des cercles de rayons inégaux, ont la même figure sans être égaux en longueur. La surface d'une boule est courbe, celle d'une table est plane; il peut néanmoins se faire que l'aire de la surface de la boule soit égale à celle de la table.

7. — *Atomes.* — *Molécules.* — On ne doit pas confondre l'impénétrabilité avec l'indivisibilité. Tous les corps que nous avons pu soumettre à nos observations sont divisibles; et les parties séparées, quelque petites qu'elles soient, sont divisibles à leur tour en parties plus petites. La pratique ne nous a pas encore offert de limites à cette division continuelle. Néanmoins plusieurs phénomènes, heureusement manifestés par une étude plus attentive des lois naturelles, donnent une certaine probabilité à l'opinion que tous les corps sont formés de parties élémentaires, indivisibles et inaltérables. Ces parties

constituantes, auxquelles on a donné le nom d'*ato-mes*, sont si petites qu'elles échappent complète-ment aux sens, aidés même des appareils optiques les plus puissants. Le terme de *molécule* est em-ployé souvent pour désigner les parties d'un corps que leur petitesse dérobe à nos sens, mais que l'on suppose néanmoins susceptibles de se résoudre en-core en atomes groupés suivant une configuration déterminée. Enfin le mot de *particule* s'emploie aussi comme synonyme de *molécule*, mais plus gé-néralement il se dit de portions de matière qui ne sont pas si petites qu'on ne puisse les observer.

8. — *Force*. — Si les parties de la matière n'a-vaient entre elles d'autres relations que celles qui naissent de leur impénétrabilité mutuelle, l'univers n'offrirait d'autre spectacle que celui d'une informe agrégation d'atomes. Les particules juxtaposées ne manifesteraient ni cohérence, comme celles des corps solides, ni répulsion comme celles des substances gazeuses. C'est évidemment le contraire que l'on observe. Si nous prenons un morceau de fer et que nous cherchions à en disjoindre les parties, nous aurons à vaincre une résistance énorme, et il nous sera bien plus facile de mouvoir la masse tout en-tière. Il est donc clair qu'en pareil cas les parties juxtaposées manifestent une cohésion ou une résis-tance à la séparation. Cette cohésion, cette résis-tance se nomme *force*; et l'on dit que les molécules constituantes adhèrent entre elles avec une force plus ou moins grande, selon qu'elles opposent plus ou moins de résistance à la séparation.

La cohésion des particules juxtaposées est un effet

du même genre que la tendance qu'ont des particules placées à distance à se mouvoir pour se rapprocher l'une de l'autre. Il n'est pas difficile d'a-
percevoir que la même influence qui obligera les
corps A et B à s'approcher l'un de l'autre lorsqu'une
certaine distance les sépare, les tiendra unis lorsqu'ils se seront joints, et mettra obstacle à leur séparation. En conséquence on donne aussi le nom
de *force* à la tendance que des corps éprouvent à se
rapprocher les uns des autres.

En général on peut définir la force : « ce qui produit le mouvement de la matière, ou s'oppose à la
production du mouvement. » C'est en ce sens une
pure dénomination pour désigner la cause inconnue
d'un effet connu. Il serait plus philosophique d'imposer un nom à l'*effet*, dont le témoignage des sens
nous fait comprendre clairement la nature, qu'à la
*cause* que nous ignorons.

Observons ici, une fois pour toutes, que la phra-
séologie des causes et des hypothèses s'est tellement
unie au langage de la science, qu'il serait difficile
de ne pas l'employer souvent. Quand nous disons
que l'aimant *attire* le fer, cette expression *attire* se
réfère à l'idée de cause ; mais en pareil cas on doit
toujours sous-entendre que c'est uniquement de l'effet
observé qu'il s'agit ; et ceci convenu il y a moins
d'inconvénient à continuer d'employer les phrases
reçues, en en modifiant mentalement la signification, qu'à en introduire de nouvelles.

La force qui se manifeste par la cohésion des
corps, ou par leur tendance à se rapprocher les
uns des autres, se nomme *attraction*, et reçoit en-

core diverses dénominations selon les circonstances des phénomènes. Ainsi la force qui tient unis les atomes d'un corps s'appelle *cohésion*. La force qui précipite les corps vers la surface de la terre prend le nom de *gravitation*. La force qui fait adhérer ou marcher à la rencontre l'un de l'autre l'aimant et le fer, se nomme *attraction magnétique*, et ainsi de suite. Nous reviendrons sur ce sujet dans un des chapitres suivants.

Quand la force se manifeste par l'éloignement des corps l'un de l'autre, elle prend le nom de *répulsion*. Par exemple, si l'on frotte vivement un morceau de verre contre un mouchoir de soie, et qu'avec le morceau frotté on touche successivement deux plumes, on verra les deux plumes mises en présence s'éloigner l'une de l'autre. En pareil cas on dit que les plumes se repoussent.

9. — Dans les sciences physiques on a pour principal objet d'étudier l'influence que les forces exercent sur la forme, l'état, l'arrangement et les mouvements des substances matérielles. Le terme de MÉCANIQUE, dans le sens rigoureux, comporte une signification très-étendue. Mais, pour se conformer à l'usage le plus ordinaire, on en restreint ici l'application à cette partie de la physique qui comprend spécialement les phénomènes de mouvement, de repos, de pression et autres semblables, développés par l'action mutuelle des masses solides. Les phénomènes analogues qui s'observent dans les corps à l'état liquide ou aériforme, sont ordinairement l'objet de traités spéciaux, et nous ne les embrasserons pas dans le cadre de cet ouvrage.

# CHAPITRE II.

## SUITE DE L'EXPOSITION DES PROPRIÉTÉS GÉNÉRALES DE LA MATIÈRE.

Divisibilité indéfinie. — Fils micrométriques de Wollaston. — Bulles de savon. — Ailes des insectes. — Fils dorés. — Globules du sang. — Animalcules. — Derniers atomes. — Cristaux. — Porosité et densité. — Passage du mercure à travers les pores du bois. — Filtration. — Porosité de l'hydrophane. — Compressibilité. — Élasticité. — Dilatabilité. — Chaleur. — Emploi de la contraction des métaux pour le redressement des murs d'un édifice. — Impénétrabilité de l'air, sa compressibilité et son élasticité. — Les liquides ne sont pas absolument incompressibles. — Élasticité des fluides. — Développement de chaleur par la compression des gaz. — Briquet pneumatique.

10. — Outre l'étendue et l'impénétrabilité, il y a d'autres propriétés générales des corps que l'on considère en mécanique, et dont il nous faudra souvent tenir compte. Celles qui deviendront l'objet du présent chapitre, sont :

    1. La Divisibilité,
    2. La Porosité et la Densité,
    3. La Compressibilité et l'Élasticité,
    4. La Dilatabilité.

11. — *Divisibilité.* — L'expérience démontre que tous les corps d'une étendue sensible, même les plus solides, consistent en parties susceptibles d'être

séparées. Il ne semble pas qu'en pratique il y ait
une limite assignable à cette subdivision de la matière. Les recherches de physique expérimentale
offrent de nombreux exemples d'une division de la
matière poussée à un degré qui dépasse de beaucoup
les forces de l'imagination ; les arts usuels nous fournissent d'autres exemples non moins frappants ;
mais les preuves peut-être les plus remarquables de
l'excessive petitesse à laquelle peuvent être réduites
les particules matérielles se tirent de la considération de certains détails de structure dans les êtres
organisés.

12. — Les positions relatives des étoiles, lorsqu'on
les examine dans le champ d'un télescope, sont déterminées au moyen de fils très-fins placés en avant
de l'oculaire, et qui se croisent à angles droits. Les
étoiles paraissant dans le télescope comme des points
lumineux sans étendue sensible, il faut que les fils
destinés à en déterminer la position aient un degré
correspondant de ténuité. Mais, d'un autre côté,
comme ces fils sont considérablement grossis par
l'oculaire, ils ne manqueraient pas d'avoir une
épaisseur apparente qui les rendrait impropres à
l'usage auquel on les destine, si l'on ne trouvait le
moyen d'en atténuer extraordinairement les dimensions réelles. Pour y parvenir, Wollaston a imaginé
le procédé suivant : un fil de platine $a\,b$ (*Fig.* 1,
*Pl.* I) est tendu suivant l'axe d'un moule cylindrique A B. Dans ce moule, en A, on verse de l'argent fondu : comme la chaleur nécessaire à la fusion
du platine est beaucoup plus grande que celle qui
suffit pour liquéfier l'argent, le fil $a\,b$ reste solide,

pendant que l'autre métal remplit la cavité du moule.
On le laisse se solidifier, se refroidir, et on le retire
du moule, ce qui donne une barre cylindrique d'argent, traversée le long de son axe par un fil de platine. On passe alors cette barre à la filière, c'est-à-dire qu'on la force à traverser successivement les
trous C, D, E, F, G, H, qui vont en diminuant de
diamètre, celui du premier trou n'étant guère plus
petit que le diamètre de la barre. Par ce moyen le
platine $a\,b$ est allongé en même temps dans le
même rapport que l'argent; en sorte que, quel que
soit le rapport originaire entre l'épaisseur du fil $a\,b$
et celle du moule A B, le même rapport subsistera,
aux diverses époques de l'opération, entre l'épaisseur du fil de platine et les diamètres des trous
C, D, etc. Supposons que le moule A B ait un diamètre égal à dix fois celui du fil $a\,b$ : on peut tirer
un fil d'argent au point de ne pas lui laisser pour
épaisseur plus d'un dixième de millimètre. Dans ce
cas le fil de platine n'aura pas plus d'un centième de
millimètre d'épaisseur. On plonge le fil dans l'acide
nitrique, qui dissout l'argent et met le platine à nu.
Wollaston a obtenu par ce procédé un fil dont le
diamètre n'excédait pas la six centième partie d'un
millimètre. Un peloton de ce fil, d'un volume égal à
celui d'un dé à jouer ordinaire, pourrait s'étendre
de Paris à Rome si on le déroulait.

13. — Newton est parvenu à assigner l'épaisseur
de certaines lames très-minces de substances transparentes, au moyen de l'observation des couleurs
qu'elles réfléchissent. Une bulle de savon est une
couche d'eau très-mince, d'épaisseur inégale, et

qui, pour cette raison, réfléchit des couleurs diverses des différents points de sa surface. Immédiatement avant que la bulle crève, il paraît une tache noire autour du sommet. Or, on démontre par les lois de l'optique que l'épaisseur de la bulle en cette partie n'excède pas un cent-millième de millimètre.

Les ailes transparentes de certains insectes sont d'une structure si déliée, que 50 000 de ces ailes, placées les unes sur les autres, ne donneraient pas une pile de six millimètres de hauteur.

14. — On a besoin d'employer dans la broderie des fils d'argent doré extrêmement fins. Pour se les procurer, on recouvre de 50 grammes d'or environ une barre cylindrique d'argent du poids de dix kilogrammes. On passe ce cylindre à la filière, comme on l'a expliqué tout à l'heure, jusqu'à ce qu'on l'ait réduit à un fil qui pèse moins de 30 grammes par mille mètres. Ce fil est ensuite aplati en passant sous des rouleaux à divers degrés de pression, ce qui en accroît la longueur et la porte à environ 1 200 mètres pour 30 grammes, ou à 40 mètres par gramme. La quantité d'or est à celle d'argent dans la barre cylindrique originaire comme 50 à 10 000, ou comme 1 à 200. La même proportion se maintient entre les deux métaux pendant tout le cours de l'opération, de sorte que le poids de l'or qui recouvre le fil aplati est d'un huitième de milligramme par mètre. On peut très-parfaitement distinguer à l'œil nu un quart de millimètre ; au moyen de quoi chacune de ces petites parties, bien visibles, sera recouverte par une quantité d'or dont le poids n'excède pas un 32 000ᵉ de milligramme

par mètre. Allons encore plus loin : cette portion
de fil peut être vue avec un microscope qui grossit
500 fois, et qui en rend visible la 500ᵉ partie. De
cette manière un milligramme d'or, ou la millionième partie d'un kilogramme, se trouve partagée
en 16 millions de parties qui toutes possèdent les
caractères que l'on retrouve dans les plus grosses
masses de ce métal. Elles conservent leur solidité,
leur texture, leur couleur, résistent aux mêmes
agents, se combinent avec les mêmes substances. Si
l'on plonge le fil d'or dans l'acide nitrique, l'argent
sera dissous, mais les particules d'or que l'acide
n'attaque pas conserveront leur cohésion et se sou-
tiendront en forme de tube creux.

15.—Le monde organique nous offre des exemples
encore plus remarquables de l'atténuation prodi-
gieuse de la matière.

Le sang qui coule dans les veines des animaux
n'est pas ce qu'il paraît être, un liquide rouge homogène. Il dépose de petits globules albumineux qui
flottent dans un fluide transparent connu sous le nom
de *serum*. Ces globules varient de figures et de
dimensions dans les différentes espèces animales.
Chez l'homme et chez les autres mammifères, ils
sont parfaitement sphériques. Chez les oiseaux et
chez les poissons ils ont une forme sphéroïdale
oblongue. Dans l'espèce humaine le diamètre des
globules est d'envion six millièmes de millimètre :
ainsi une goutte de sang, suspendue à la pointe
d'une fine aiguille, en contient près d'un million.

Quelque petits que soient ces globules, le règne
animal nous offre des êtres de dimensions encore

moindres. On a découvert des animalcules tels que le volume d'un million d'entre eux n'excéderait pas celui d'un grain de sable, et chacune de ces imperceptibles créatures a des membres qui ne sont pas organisés d'une manière moins curieuse que ceux des plus grandes espèces. Elles ont une vie et des mouvements spontanés qui dénotent des sensations et un instinct. Ces mouvements étonnants par leur rapidité ne semblent pas soumis à un hasard aveugle, mais au contraire paraissent déterminés par un certain choix et dirigés vers un but. Les animaux dont nous parlons mangent et boivent, et sont pourvus d'un appareil digestif. Ils sont doués d'une grande puissance musculaire, et, pour cela, leurs muscles doivent avoir autant de force que de flexibilité. Spallanzani a vu de ces animalcules qui en dévoraient d'autres avec tant de voracité, qu'il engraissaient et devenaient indolents par l'excès de nourriture. A la suite de tels repas, si on les mettait dans de l'eau distillée où les aliments leur manquaient, ils revenaient à leur ancien état, recouvraient leur activité, s'amusaient à poursuivre les animaux plus petits qu'on leur présentait, et les avalaient sans les tuer, puisque avec le microscope on voyait encore ceux-ci se mouvoir dans leurs estomacs. Ces phénomènes singuliers ne nous offrent pas seulement un spectacle curieux : ne nous amènent-ils pas à conclure que ces animalcules ont des organes faisant fonction de cœur, d'artères, de veines, de muscles, de nerfs, de tendons? qu'il y a des fluides en circulation dans ces organes? et en un mot qu'on doit y retrouver les détails si compliqués des appareils de l'organisation animale?

Or, s'il en est ainsi, quelle ne doit pas être l'inconcevable petitesse de certaines parties de ces appareils?

16. — Ces phénomènes et beaucoup d'autres, observés tant dans les produits immédiats de la nature que dans ceux de nos arts chimiques et mécaniques, nous prouvent que les corps sont formés d'éléments susceptibles d'être réduits à un degré de petitesse qui échappe à nos sens et même à nos calculs. En faut-il conclure que la matière est divisible à l'infini, et qu'elle n'est pas formée d'atomes primordiaux, de grandeur et de figures déterminées, lesquels ne comporteraient plus de division? Une pareille conséquence paraîtrait tout à fait précaire, lors même qu'on se bornerait à juger la question d'après les données de l'observation directe. Car à quel propos nous permettrions-nous d'assigner des lois à la nature dans ce qui est au-dessus de nos moyens d'observation? Cependant il arrive souvent que la raison nous conduit, par l'analyse de certains phénomènes observables, à en découvrir d'autres qui ne peuvent être directement observés. Ainsi, nous ne saurions apercevoir le mouvement diurne de la terre, parce que tous les corps qui nous entourent participent à ce mouvement et conservent leurs positions relatives : cependant la raison nous enseigne que ce mouvement a lieu, et qu'il produit les phénomènes très-apparents de la succession des jours et des nuits, du lever et du coucher de tous les corps célestes. De même, nous ne pouvons nous placer à une distance de la terre, d'où nous observerions l'obliquité de son axe de rotation sur le plan

dans lequel elle se meut autour du soleil ; mais les vicissitudes des saisons, qui résultent immédiatement de cette obliquité, se font sentir à nous, et par la connaissance des effets nous remontons à la cause.

17. — Il en est, jusqu'à un certain point, de même dans le cas actuel. Quoique nous ne puissions prouver par l'observation directe l'existence d'atomes matériels doués d'une figure déterminée, plusieurs phénomènes que nous pouvons observer en rendent l'existence probable. Les plus remarquables de ces phénomènes sont ceux qui se produisent dans la cristallisation des sels. Lorsqu'un sel est dissous dans une quantité suffisante d'eau pure, il s'unit à l'eau de manière à disparaître complétement à la vue comme au toucher ; le liquide offre la même transparence, le même aspect qu'avant la dissolution du sel. Toutefois on constatera la présence du sel dans l'eau, en reconnaissant que le poids du mélange représente exactement le poids de l'eau pure et celui du sel. C'est aussi un fait bien connu qu'un certain degré de chaleur convertit l'eau en vapeur, sans produire un semblable effet sur le sel : si donc on expose à cette température le mélange de sel et d'eau, celle-ci s'évaporera graduellement, en se dégageant du sel qui lui était uni. Lorsque la quantité d'eau évaporée sera assez grande pour que ce qui reste ne suffise plus à dissoudre tout le sel, une portion de ce sel se séparera de l'eau et retournera à l'état solide. Or, dans ce cas, les particules salines ne se grouperont pas de manière à former une masse irrégulière ; elles s'assembleront en figures réguliè-

res, terminées par des surfaces planes, les mêmes pour chaque espèce de sel, mais différentes d'une espèce à l'autre. Diverses particularités de la formation de ces *cristaux* méritent d'appeler notre attention.

Si l'on détache successivement plusieurs de ces cristaux pour observer les progrès de leur formation, on trouvera qu'ils s'accroissent graduellement en conservant leur figure originaire. Puisque l'accroissement est causé par l'accession continuelle de particules salines dégagées au moyen de l'évaporation de l'eau, il faut admettre que la forme de ces particules est telle qu'elles peuvent se déposer successivement sur les faces du cristal sans altérer la configuration de ces faces ni leur inclinaison mutuelle.

Prenons un cristal dans le liquide pendant l'acte de la cristallisation, et brisons-le de manière à détruire la régularité de sa forme, puis replaçons-le dans le liquide : on le verra alors reprendre graduellement sa forme régulière, les atomes de sel nouvellement dégagés venant remplir les cavités irrégulières produites par la fracture. Il suit de là que les particules salines comprises à la surface du cristal, et celles qui en composent la masse intérieure, sont semblables, et exercent des attractions similaires sur les atomes abandonnés par l'eau.

Toutes les circonstances de l'acte de la cristallisation sont autant d'indices d'une figure déterminée dans les derniers atomes qui constituent les substances cristallisées. Mais outre les substances susceptibles de cristalliser ainsi artificiellement, il y en a beaucoup d'autres qui existent naturellement à l'état cristallin. Ces cristaux naturels offrent certains plans nommés *plans de clivage* , suivant lesquels ils se laissent facilement diviser. Les directions des plans de clivage sont toujours les mêmes pour les mêmes substances, mais elles changent d'une substance à l'autre. Les surfaces de clivage ne se dessinent pas à l'œil avant la division ; mais , après la séparation faite, elles offrent un poli beaucoup plus parfait que celui qu'on obtient par aucun procédé artificiel.

On peut concevoir les substances cristallisées comme formées par l'agrégation régulière d'atomes d'une certaine figure qui détermine la figure de l'agrégat. Les plans de clivage seraient parallèles aux faces des atomes constituants , et leurs directions offriraient en conséquence autant de conditions pour déterminer les figures de ces atomes. Cela posé , il n'est plus difficile d'assigner les divers modes d'arrangement des atomes , d'où peuvent résulter les variétés de formes des cristaux pour la même substance. C'est l'objet de la science qu'on appelle *cristallographie ,* et qui doit à Haüy ses plus grands progrès.

18. — Tous les corps solides qui ont été l'objet d'un examen scientifique se sont rencontrés dans la nature à l'état cristallin , ou ont été soumis à la cristallisation artificielle. Les liquides cristallisent en se congelant, et probablement les fluides aëriformes offriraient la même propriété si l'on parvenait à les solidifier. D'après cela, il semble raisonnable d'admettre que tous les corps sont composés d'atomes, dont les dimensions et la figure déterminent les qualités propres à chaque substance ;

que ces atomes sont indestructibles et inaltérables , puisque les qualités qui dépendent de leurs dimensions et de leurs figures n'ont éprouvé aucun changement, nonobstant les influences auxquelles ils ont été soumis depuis l'origine des choses ; enfin, que ces atomes sont si petits que toutes les ressources de l'art humain ne peuvent nous mettre à même de les apercevoir ; en conséquence, que nous ne pouvons dire autre chose de leurs dimensions, sinon qu'elles tombent au-dessous de telles ou telles limites.

Il importe néanmoins d'observer que les propositions de la mécanique sont indépendantes de toute hypothèse sur les atomes ; et que la certitude n'en serait en aucune façon ébranlée, lors même qu'on prouverait que la matière est physiquement divisible à l'infini. Les bases de la mécanique scientifique sont *des faits observés*, et toutes les conséquences qu'on en déduit démonstrativement ont le même degré de certitude que les faits dont elles dérivent [1].

[1] Les phénomènes de la cristallisation peuvent tout aussi bien se concevoir et s'expliquer, si l'on admet que les forces moléculaires n'agissent pas avec la même intensité dans toutes les directions autour du centre d'où elles émanent, sans qu'il soit besoin de rien spécifier sur la forme des dernières molécules ou des atomes. On peut même dire que cette explication s'accorde mieux avec l'état actuel de nos connaissances en physique, et qu'elle est philosophiquement plus probable, par cela même qu'elle ne résout pas la question de l'existence des atomes ou de l'essence de la matière. Il faut se méfier, en physique, de toute hypothèse qui emporte la solution d'une question de métaphysique. Les lois de la chimie, dont le système forme ce qu'on appelle maintenant la

**19.** — *Porosité.* — Le *volume* d'un corps est l'espace limité par les surfaces qui le terminent. La *masse* de ce corps est la collection des atomes ou des particules matérielles qui le constituent. On dit que deux atomes ou particules matérielles sont en contact, lorsque leur impénétrabilité naturelle est le seul obstacle à ce qu'ils se rapprochent davantage. Si les particules qui entrent dans la composition d'un corps étaient en contact par tous leurs points, la mesure du volume ne différerait pas de celle de la masse. Mais tel n'est pas le cas, et l'on peut prouver qu'il n'y a aucune substance connue dont les particules soient en contact absolu : de là il suit qu'une portion du volume est occupée par les particules matérielles, et une autre par des espaces ou interstices absolument vides ou remplis par une substance d'une espèce différente de celle du corps que l'on considère. Ces interstices se nomment *pores*.

Lorsque des corps sont uniformément constitués dans toute leur étendue, les particules matérielles et les pores sont répartis avec uniformité dans tout le volume que ces corps occupent; c'est-à-dire qu'un même volume contient toujours autant de

théorie atomistique, n'apprennent rien sur la figure des atomes ou des dernières molécules ; et depuis que les chimistes ont été conduits à fractionner leurs atomes pour accommoder les lois générales à certains faits particuliers, l'atome chimique ne peut plus être confondu avec celui qui a été pour les philosophes l'objet de spéculations *à priori*. Déjà, afin de mieux éviter toute équivoque, des chimistes très-distingués abandonnent l'usage du terme d'*atome*.

( *Note du Traducteur.*)

plein et autant de vide, quelle que soit la portion du corps qu'il embrasse.

20. — Le rapport de la quantité de matière ou de la masse au volume est ce qu'on nomme la *densité*. Ainsi, une substance qui, sous un volume donné, contient deux fois plus de matière qu'une autre, est dite du double plus dense. La densité augmente donc avec la proximité des particules, et diminue quand la porosité augmente.

Les pores d'une substance matérielle sont souvent remplis par une autre matière de nature plus subtile. Nous voyons, par exemple, que les pores de quantité de corps plongés dans l'atmosphère s'y imprègnent d'air, parce que ces pores peuvent laisser passer les molécules du gaz. Si l'on plonge dans des vases pleins d'eau des morceaux de bois tendre, de craie ou de sucre, et qu'on les soumette à une certaine pression, l'air qui en remplit les pores s'échappera en forme de bulles et viendra à la surface ; il sera remplacé par l'eau.

Si l'on remplit de mercure un tube très-haut dont le fond soit de bois, le métal pressé par son propre poids s'injectera dans les pores du bois, et s'échappera en forme de pluie fine.

21. — Le procédé de la filtration, si usité dans les arts, tient à la présence de pores assez grands pour livrer passage à un liquide, trop petits pour laisser passer en même temps les impuretés dont on veut le dégager. En général, les filtres servent à séparer d'un liquide des matières à l'état solide. On emploie le plus communément comme filtres certaines espèces de pierres tendres, le papier et le charbon.

**22.** — Toutes les matières organiques, dans les deux règnes végétal et animal, sont poreuses à un très-haut degré. Les minéraux jouissent de la même propriété à des degrés fort inégaux. Parmi les pierres siliceuses, on en connaît une, nommée *hydrophane*, dont la porosité se manifeste d'une manière très-remarquable. Cette pierre, dans son état ordinaire, est demi-transparente. Lorsqu'on la plonge dans l'eau, et qu'on lui laisse le temps de s'imbiber, elle acquiert la transparence du verre. L'air qui remplissait les pores a fait place à l'eau, dont l'action sur la lumière est à peu près la même que celle de la pierre dont il s'agit ; tandis qu'auparavant les rayons lumineux étaient déviés chaque fois qu'ils passaient de la pierre dans l'air, ou de l'air dans la pierre ; ce qui tendait à troubler la transparence.

La porosité des grandes masses minérales a des résultats non moins frappants. L'eau qui s'infiltre dans les roches au milieu desquelles se trouvent des cavernes et des grottes, se charge de parties calcaires ou siliceuses qu'elle abandonne ensuite, en produisant ces dépôts de formes curieuses connus sous le nom de stalactites.

**23.** — *Compressibilité.* — La propriété qu'ont les corps de diminuer de volume sans diminuer de masse, se nomme *compressibilité.* Cette propriété suppose que les particules constituantes se rapprochent, par conséquent que la densité augmente et que les pores diminuent. Le même effet peut être produit par des moyens divers ; mais on ne le considère comme un effet de compressibilité que lorsqu'il résulte de l'action d'une force mécanique, telle qu'une pression ou une percussion.

Tous les corps connus, quelle qu'en soit la nature, peuvent diminuer de volume sans diminuer de masse ; et cette circonstance est l'une des preuves les plus convaincantes que tous les corps sont poreux, et que leurs atomes constituants ne se touchent pas immédiatement, puisque toute la portion de volume retranchée était nécessairement occupée par des pores.

24. — Certains corps, après avoir été comprimés par l'action d'une force mécanique, reprennent leurs dimensions primitives aussitôt que la force comprimante cesse d'agir. Cette propriété prend le nom d'*élasticité* ; et il résulte de la définition que tous les corps élastiques sont compressibles, quoique l'inverse n'ait pas lieu, et que la compressibilité n'implique pas nécessairement l'existence de l'élasticité.

25. — *Dilatabilité.* — Cette qualité est l'opposé de la compressibilité : c'est la faculté qu'ont les corps d'augmenter de volume sans augmenter de masse. Cet effet peut être produit de diverses manières. Ordinairement les corps sont soumis à l'action constante d'une certaine pression, telle que celle qui provient du poids de l'atmosphère. Il peut arriver que, lorsqu'on vient à éloigner cette pression, le corps se dilate par une faculté inhérente à sa nature. C'est le cas des gaz et des vapeurs en général. Tous les corps se dilatent aussi par l'action de la chaleur, ainsi qu'on va l'expliquer.

26. — C'est une loi physique qu'en général un

accroissement dans la température, ou dans le degré de chaleur d'un corps, est accompagné d'un accroissement de volume ; et réciproquement, que la diminution de volume accompagne le décroissement de température. Les exceptions qu'on pourrait opposer à cette loi ne sont qu'apparentes, et tiennent à des circonstances secondaires, qui masquent le phénomène principal, ainsi qu'on l'explique dans tous les traités de physique. Nous pouvons donc considérer l'abaissement de température comme équivalant, quant à l'effet mécanique, à une compression ou à une condensation ; et puisque tous les corps sont susceptibles de diminuer ainsi de volume, nous avons une nouvelle preuve que dans tous il existe des pores (art. 19).

On démontre, par des expériences nombreuses, le fait que l'élévation de température produit un accroissement de volume.

27. — Si l'on prend une vessie flasque, et qu'on la lie près de l'orifice, de manière à intercepter le passage à l'air, qu'ensuite on la tienne devant le feu, on la verra s'enfler peu à peu, et finalement devenir tout à fait tendue. La petite quantité d'air contenue dans la vessie se dilate tellement par l'action de la chaleur, qu'elle finit par pouvoir remplir tout le volume enveloppé par la vessie, dans son état de plus grande tension. Lorsqu'on éloigne la vessie du eu, et qu'on lui laisse le temps de reprendre sa température primitive, l'air revient aussi à son volume primitif, et la vessie se retrouve flasque comme auparavant,

28. — Soit A B (*Fig.* 2) un tube de verre terminé

par une boule A : supposons que la boule et une partie du tube aient été remplis d'un liquide qu'on a coloré, afin de le rendre mieux visible. Soit C le niveau du liquide dans le tube. Si l'on expose la boule à l'action de la chaleur, en la plongeant, par exemple, dans l'eau bouillante, on verra le niveau du liquide monter rapidement de C vers B. Tel est le principe de la construction des *thermomètres*, ou des instruments destinés à indiquer le degré de chaleur. La manière de les graduer, et les précautions qu'il faut prendre pour les bien construire, se trouvent exposés dans tous les traités de physique auxquels nous renvoyons nos lecteurs.

29. — Les changements de dimensions des corps solides, produits par les variations de température, sont beaucoup moins sensibles, et par conséquent moins faciles à observer que ceux des corps à l'état liquide ou aériforme. La manière dont les charrons s'y prennent pour serrer les roues des voitures offre cependant un exemple remarquable de ce phénomène. Le cercle de fer qui doit entourer la roue a d'abord un diamètre un peu moindre que celui de la roue même : on le soumet à une température très-élevée, qui le dilate au point de lui permettre d'entourer la roue facilement. Après qu'on l'a fixé, il se refroidit, se contracte, et par la pression qu'il exerce, assujettit solidement les jantes et les autres pièces de la roue.

30. — Il arrive souvent que le bouchon d'une bouteille ou d'un flacon se trouve tellement engagé qu'on risquerait de briser le vase dans les efforts qu'on ferait pour le déboucher. Dans ce cas, si l'on entoure

le col de la bouteille d'un linge humecté avec de l'eau chaude, le verre se dilatera, le col prendra un plus grand diamètre, et l'on pourra sans peine tirer à soi le bouchon.

31. — On a appliqué d'une manière très-ingénieuse, il y a peu d'années, le principe de la contraction des métaux par l'abaissement de température, au redressement de murailles qui penchaient et menaçaient ruine. Au Conservatoire des arts et métiers de Paris, le poids d'un toit avait fait fléchir deux murs opposés qui se trouvaient pencher l'un et l'autre vers l'extérieur du bâtiment. M. Molard imagina, pour les redresser, de tirer parti de la force irrésistible avec laquelle les métaux se contractent par le refroidissement. On établit des barres de fer parallèles entre elles, qui traversaient perpendiculairement les deux murs d'outre en outre, et portaient des écrous à leurs deux extrémités. On échauffait fortement ces barres, en ayant soin de serrer toujours les écrous à l'extérieur des murs. Les barres, en se refroidissant, diminuaient de longueur, les écrous opposés deux à deux tendaient à se rapprocher, et à ramener les deux murs dans la position verticale. En répétant alternativement cette opération, d'abord avec un système de barres, puis avec un autre système de barres intermédiaires, on finit par obtenir un succès complet.

32. — Puisque les corps situés à la surface du globe sont sujets à des variations continuelles de température, il s'ensuit qu'ils éprouvent sans cesse des changements dans leurs dimensions. Ils se contractent en hiver et se dilatent en été : leur volume

augmente pendant la chaleur du jour, et diminue
durant le froid de la nuit. Le plus souvent nous ne
prenons pas garde à ces curieux phénomènes qui
échappent à nos moyens vulgaires d'observation.
Cependant les mêmes effets deviennent très-sensibles dans certains cas qui nous sont familiers. Par
un temps chaud, la chair se gonfle, les vaisseaux
paraissent engorgés, la peau devient tendue. Au
contraire, lorsque le corps a été exposé à l'air froid,
la chair semble se contracter, les vaisseaux se rétré-
cissent et la peau se ride.

33. — Nous avons remarqué que la diminution de
volume des corps par l'abaissement de température
est une preuve concluante de la porosité de toutes
les substances matérielles sans exception ; mais cette
preuve n'est pas la seule, puisqu'un grand nombre
de corps se laissent comprimer par l'action de forces purement mécaniques. Il convient d'entrer à ce
sujet dans quelques nouveaux détails.

Supposons qu'on mette flotter un disque de liége à
la surface de l'eau contenue dans un vase, et qu'on
ajuste autour de ce disque un gobelet vide et renversé dont l'eau viendra affleurer les bords. Une
certaine quantité d'air se trouvera confinée dans le
gobelet, et isolée du reste de la masse atmosphérique. Si l'on presse le gobelet de haut en bas, de
manière à l'immerger complétement, on remarquera que l'eau ne le remplit pas en totalité, à cause
de l'obstacle que lui offre l'impénétrabilité de l'air
qui s'y trouve renfermé. Cette expérience nous apprend donc déjà que l'air, quoiqu'une des substances
les plus subtiles que nous connaissions, possède

comme les autres substances matérielles la propriété
d'être impénétrable. Il exclut absolument tout autre
corps de l'espace qu'il occupe en un instant donné.

Mais encore bien que l'eau ne remplisse pas le
gobelet, on remarque, d'après la position du flotteur de liége, que son niveau, dans l'intérieur du
vase immergé, s'est élevé au-dessus des bords, et
que de fait elle a rempli une partie de la capacité de
ce vase, en forçant la masse d'air à diminuer de
volume. Cet effet a pour cause la pression de la couche d'eau comprise entre le plan de niveau du liquide
dans le gobelet immergé, et le plan de niveau du
même liquide à l'extérieur du gobelet. On voit donc
que l'air est susceptible de diminuer de volume par
suite d'une pression mécanique, indépendamment
de l'action de la chaleur. En d'autres termes, l'air
est un corps compressible.

On prouve aisément que l'effet dont il s'agit est
dû à la pression du liquide, en montrant que si la
pression est accrue, la masse d'air subit dans son
volume une diminution proportionnelle; et au contraire que si la pression diminue, il en résulte un
accroissement proportionnel dans le volume de la
masse d'air. Pour cela il suffit d'enfoncer le gobelet
davantage, ou de le laisser remonter un peu : la
pression devenant ainsi plus grande ou plus faible,
on verra le flotteur de liége monter ou descendre
dans l'intérieur du gobelet; et finalement si ce vase
est ramené à son ancienne position, l'air aura repris
son volume primitif.

34. — Cette dernière circonstance prouve que l'air
est doué d'élasticité. S'il était simplement compres-

sible, et non élastique, il conserverait le volume auquel il aurait été réduit par la pression du liquide ; mais tel n'est pas le cas : à mesure que la pression diminue, l'air, en vertu de sa force élastique, tend à reprendre, et reprend effectivement son ancien volume.

Il ne serait pas difficile de démontrer que la présence de l'air, dans les expériences précédentes, est bien la cause qui met obstacle à ce que l'eau remplisse le gobelet. Pour cela, pendant que ce vase est plongé dans le liquide, il suffirait de l'incliner de manière à ce que le plan du niveau de l'eau, dans l'intérieur du gobelet, vînt en affleurer le bord. En augmentant tant soit peu l'inclinaison, on verrait l'air s'échapper du gobelet, remonter en forme de bulles jusqu'à la surface extérieure du liquide. En rétablissant ensuite le gobelet dans la position verticale qu'il occupait auparavant, on remarquerait que le flotteur de liège monte plus haut qu'il ne montait avant qu'on eût laissé une certaine portion d'air s'échapper. L'espace que cette portion occupait est maintenant remplie par l'eau. On pourrait répéter la même expérience jusqu'à ce que tout l'air se fût échappé, et alors l'eau remplirait complétement la capacité du vase.

35. — Les liquides sont si peu compressibles par l'action des forces mécaniques, que dans la plupart des traités d'hydrostatique, on les considère comme absolument incompressibles. Effectivement, pour les comprimer d'une manière tant soit peu sensible, il faut employer des forces de compression très-intenses. La question de la compressibilité des liquides

avait été soulevée à une époque déjà ancienne dans les annales de la science. Il y a environ deux siècles que des expériences furent faites à Florence, par l'académie *del Cimento*, dans la vue de s'assurer si l'eau est compressible. On remplissait de ce liquide une sphère d'or creuse, dont l'ouverture était ensuite parfaitement scellée, puis l'on soumettait cette sphère à différentes pressions qui en changeaient un peu la figure. Or, on démontre en géométrie qu'une surface sphérique ne peut changer de figure sans qu'il en résulte une diminution dans le volume qu'elle circonscrit. De là on concluait avec raison que si la sphère ne crevait pas en se déformant, ou si l'eau ne trouvait pas une issue par les pores du métal, la compressibilité de ce liquide serait par cela même établie. Le résultat de l'expérience fut que l'eau s'échappait effectivement par les pores, et recouvrait la surface du globe métallique, en offrant l'apparence d'une rosée ou d'une vapeur condensée par le refroidissement. Mais cette expérience n'était pas concluante pour établir l'incompressibilité. Il aurait fallu pouvoir mesurer exactement le volume de l'eau échappée par la transsudation, et la diminution de volume résultant de la déformation du globe. Si la première quantité était moindre que la seconde, il en résultait que l'eau restée dans le globe avait été comprimée, nonobstant la transsudation d'une portion du liquide. Mais ce genre d'expérimentation ne se prêtait pas à des mesures aussi délicates et aussi précises ; en conséquence, elle ne prouvait rien quant à la question de la compressibilité de l'eau. L'expérience n'en était pas moins très-curieuse, en ce qu'elle établissait la porosité d'une substance aussi dense que l'or, et aussi compacte en apparence.

36. — Plus tard on a prouvé directement la compressibilité de l'eau et de plusieurs autres liquides. En 1761, Canton communiqua à la Société royale de Londres les résultats de diverses expériences destinées à constater ce fait. Il employait un tube de verre terminé par une boule, semblable au tube thermométrique décrit dans l'article 28, et il remplissait la boule, ainsi qu'une partie du tube, d'un liquide bien purgé d'air. Il le plaçait ensuite dans un appareil nommé par lui condensateur, et disposé de manière à lui donner les moyens de soumettre la surface du liquide dans le tube à des pressions très-intenses exercées par un air puissamment condensé. Il trouva que le niveau du liquide dans le tube s'abaissait d'une quantité sensible par suite de la pression. La même expérience lui servit à établir le fait que les liquides sont élastiques ; car, en faisant disparaître la pression, le liquide reprenait son niveau originaire et ses premières dimensions.

37. — Cependant, comme nous en avons fait la remarque, l'élasticité n'accompagne pas toujours la compressibilité. Un morceau de plomb ou de fer diminue de volume sous les coups de marteau, et ne reprend pas son volume primitif après le choc.

38. — Certains corps ne sont maintenus à l'état de densité dans lequel on les rencontre communément, que par l'action constante d'une pression mécanique ; et la nature de ces corps est de tendre à augmenter de dimensions au delà de toutes limites, du moment qu'ils cessent d'être assujettis par une

force comprimante. On les nomme *gaz* ou *fluides aériformes*, parce que tous participent aux caractères extérieurs et aux propriétés mécaniques de l'air ordinaire. On les appelle aussi *fluides élastiques*, mais fort improprement, puisque les liquides, comme nous venons de le voir ( art. 36), reprennent exactement leur volume primitif après que les forces comprimantes ont cessé d'agir, et sont par conséquent des fluides doués, aussi bien que les gaz, d'une parfaite élasticité.

La propriété des fluides aériformes, qui vient d'être signalée, se démontre aisément par l'expérience, à l'aide d'une pompe à air, ou de ce qu'on appelle une machine pneumatique. Si l'on prend une vessie flasque, comme celle qui a été décrite dans l'article 27, et qu'on la place sous le récipient de la machine, chaque coup de piston, qui enlèvera une portion de l'air contenu dans le récipient, diminuera la pression exercée sur les parois extérieurs de la vessie. La petite quantité d'air qu'elle renferme dans son intérieur se dilatera ; et quand on aura fait disparaître à peu près complétement la pression extérieure, la vessie sera renflée, et ses parois se trouveront parfaitement tendues. Elle redeviendra flasque, si on laisse l'air extérieur rentrer dans le récipient, et comprimer les parois de la vessie.

39. — On a vu que l'élévation ou l'abaissement de température sont accompagnés d'un accroissement ou d'une diminution de volume. Il y a un phénomène inverse, trop remarquable pour être passé sous silence, quoique ce ne soit pas ici le cas de l'examiner en détail. Nous voulons parler de l'élévation ou de

l'abaissement de température qui résultent d'une diminution ou d'un accroissement de volume. De même que les émanations d'une source extérieure de chaleur font augmenter les dimensions d'un corps, ainsi, lorsque les dimensions sont accrues par toute autre cause, une portion de la chaleur que le corps possédait se trouve absorbée, et sa température baisse. De même encore qu'une perte de chaleur cause une diminution de volume, il arrive que toute diminution de volume produite par d'autres causes détermine un dégagement interne de chaleur, et élève la température des corps.

Des faits nombreux et bien connus viennent à l'appui de ces observations. Un forgeron, en comprimant une barre de fer sous le marteau, la porte souvent à une température très-élevée. Une masse d'air violemment comprimée dégage assez de chaleur pour enflammer du coton et d'autres substances. On a mis à profit cette remarque en construisant l'ingénieux instrument connu sous le nom de *briquet pneumatique*. Il consiste en un petit cylindre dans lequel se meut à frottement un piston qui porte une mèche à son extrémité. On pousse brusquement le piston vers le fond du cylindre : l'air comprimé avec violence s'échauffe considérablement et allume la mèche. C'est probablement par un mode d'action analogue que l'étincelle jaillit de la pierre à fusil, que des pièces de bois frottées l'une contre l'autre s'enflamment, que la peau s'échauffe par le frottement, et ainsi de suite.

# CHAPITRE III.

## INERTIE.

La matière est incapable de modifier d'elle-même son état
de repos ou de mouvement. — Preuves de l'inertie de la
matière, tirées des mouvements du système solaire. —
Lois du mouvement. — Mouvements spontanés. — Immatérialité du principe de l'intelligence et de la volonté.
— Exemples familiers de l'inertie des corps.

40. — La propriété de la matière qui a le plus
d'importance en mécanique est celle à laquelle on
a donné le nom d'*inertie*.

La matière est incapable de changements spontanés : c'est là un des premiers résultats, et des plus
généraux, de toutes nos observations. Cet énoncé
revient à dire que la matière, par elle-même, est
privée de vie; car, pour nous, l'action spontanée est
le seul indice de la présence d'un principe vital.
Lorsque nous voyons un corps éprouver des changements, nous n'en cherchons pas la raison dans
la masse même, mais dans une cause externe. La
loi d'inertie est un cas particulier du principe général que la matière est incapable de changer spontanément d'état et de qualités : c'est l'application de
ce principe à l'un des deux états de repos ou de
mouvement. Un corps inerte ne peut de lui-même,
et indépendamment de toute influence externe,
commencer à se mouvoir s'il est en repos. Il ne peut

pas davantage arrêter de lui-même sa marche et passer au repos, s'il est en mouvement.

41. — D'après la même propriété, un corps ne peut non plus augmenter ni diminuer spontanément le mouvement qui lui a été imprimé par une cause externe. Si un corps se meut dans une certaine direction avec une vitesse de dix mètres par seconde, il ne pourra, en vertu d'une énergie qui lui soit propre, porter cette vitesse à onze mètres, ni la réduire à neuf mètres par seconde. Cette proposition dérive naturellement du principe d'inertie tel qu'on vient de l'exposer ; car la même puissance qui accroîtrait d'un mètre par seconde la vitesse d'un corps en mouvement devrait imprimer au même corps, dans l'état de repos, la vitesse d'un mètre par seconde ; et réciproquement la puissance qui diminuerait d'un mètre par seconde la vitesse d'un corps en mouvement devrait réduire le même corps au repos, s'il se mouvait avec la vitesse d'un mètre par seconde.

42. — Les phénomènes qui sont les objets de nos observations journalières nous prouvent par d'innombrables exemples que la matière, privée de vie, est incapable de se mettre d'elle-même en mouvement, ou d'accroître d'elle-même le mouvement qu'on lui a communiqué ; mais il semble que nous n'ayons pas des preuves aussi directes et aussi fréquentes de l'incapacité où elle est de détruire d'elle-même ou de diminuer le mouvement qu'elle a reçu. Aussi ne trouve-t-on personne pour nier la première partie du principe d'inertie, tandis qu'à la première vue peu de gens accorderont la seconde.

Jusqu'au temps de Kepler, les philosophes eux-mêmes tenaient pour maxime que la matière est plus disposée au repos qu'au mouvement : nous ne devons donc pas être surpris si, de nos jours, les personnes étrangères aux sciences physiques ont de la peine à comprendre qu'un corps une fois en mouvement doive continuer toujours de se mouvoir avec la même vitesse, s'il n'est arrêté par quelque cause externe.

Néanmoins la raison, aidée de l'expérience, parvient à dissiper cette illusion. Nous voyons qu'en beaucoup de cas les mêmes causes qui détruisent un mouvement dirigé dans un sens, imprimeraient le même mouvement dans une direction opposée. Par exemple, si l'on arrête avec la main, en saisissant un des rais, une roue qui tourne sur son axe avec une certaine vitesse, on exercera précisément le même effort que pour imprimer en sens contraire le même mouvement à la roue, lorsqu'elle est primitivement immobile. Quand une voiture traînée par des chevaux est en mouvement, les chevaux ont besoin d'employer la même force pour l'arrêter que pour la mettre en mouvement quand elle est en repos. Si nous généralisons ce résultat de l'expérience, il s'ensuivra qu'un corps capable de détruire ou de diminuer le mouvement qu'il a reçu serait également capable de passer de lui-même du repos au mouvement, ou d'augmenter sa vitesse acquise. Mais cette conséquence est contraire à toutes nos observations ; il faut donc admettre aussi qu'un corps ne peut de lui-même diminuer ou détruire sa vitesse acquise.

Pour mieux confirmer ce raisonnement, il convient de rechercher le motif qui nous porte à admettre plus facilement l'incapacité de la matière à produire le mouvement, que son incapacité à détruire le mouvement acquis. Nous voyons que la plupart des mouvements qui s'opèrent autour de nous, à la surface de la terre, sont sujets à diminuer graduellement, et finalement à cesser, si on ne les renouvelle de temps en temps. Une pierre qui roule sur le sol, une roue qui tourne sur son axe, les vagues qui s'agitent après la tempête, nous offrent autant d'exemples, entre une foule d'autres, de mouvements imprimés à des corps par des causes externes, et qui diminuent progressivement quand l'action de la cause excitante est suspendue; qui finalement s'éteignent, si l'action de cette cause ne se renouvelle pas.

Mais n'y a-t-il pas alors des causes externes dont l'action tend à éteindre graduellement les mouvements de ces corps? Et si ces causes étaient écartées, ou que l'intensité de leur action diminuât, les mouvements ne se perpétueraient-ils pas, ou ne seraient-ils pas plus lentement éteints? Lorsqu'une pierre roule sur le sol, les inégalités de figure, tant du sol que de la pierre, sont autant d'obstacles qui retardent et détruisent le mouvement. Que l'on rende la pierre ronde et le sol bien uni, alors la durée des mouvements sera considérablement prolongée. Mais il restera encore de petites aspérités à la surface de la pierre et du sol : substituons-y une sphère d'acier bien polie et un plan d'acier pareillement bien poli, et parfaitement de niveau; alors le

mouvement subsistera sans diminution sensible
pendant un temps très-long. Cependant, même dans
ce cas, comme dans tous ceux où il s'agit de mouvements produits à l'aide d'appareils mécaniques
artificiels, les surfaces qui se meuvent en contact
les unes avec les autres, conservent encore de très-
petites aspérités, lesquelles opposent une résistance
aux mouvements, les diminuent graduellement, et
finalement les anéantissent.

En outre de ces obstacles dus au frottement, il y
en a un autre, la résistance de l'air, qui agit sur
tous les mouvements opérés à la surface de la terre.
Nous voyons par beaucoup d'exemples familiers
jusqu'à quel point cette cause peut contribuer à
l'affaiblissement et à l'extinction du mouvement.
Si, par un temps calme, on marche en tenant à la
main une ombrelle dont la concavité soit tournée
du côté vers lequel on s'avance, on éprouvera une
forte résistance, qui sera d'autant plus intense que
l'on marchera avec une plus grande vitesse.

Nous ne manquons pas d'ailleurs d'observations
directes pour établir que des mouvements qui n'é-
prouvent aucune résistance doivent subsister toujours sans altération. Nous avons dans le ciel une
sublime vérification de ce principe. A travers les
espaces célestes se meuvent de vastes corps, déli-
vrés dans leur marche de tout obstacle et de toute
résistance, décrivant avec une régularité parfaite
les orbites qui leur sont tracées, conservant sans
diminution les mouvements qui leur ont été imprimés à l'origine des choses, et lorsqu'ils ont commencé de circuler dans l'espace. Ce fait seul, indé-

pendamment de tout autre argument, suffirait pour établir le principe d'inertie; mais rapproché de ce que nous observons à la surface de la terre, il ne laisse plus de doute sur la certitude de ce principe, considéré comme une loi générale de la nature.

43. — Les corps organisés et doués d'un principe de vie semblent seuls faire exception à cette loi : encore les membres et les autres parties dont ces corps se composent, considérés séparément, sont-ils inertes, et soumis aux mêmes lois que les corps inorganiques. La faculté d'opérer des actes spontanés et des mouvements volontaires n'appartient pas aux parties, mais au tout. Elle ne lui appartient même pas nécessairement, puisqu'elle est suspendue par le sommeil, détruite par la mort, lorsque l'organisation de chaque partie semble encore subsister sans apparence de dérangement. En voyant tout l'univers matériel soumis à la loi d'inertie, il est impossible de ne pas conclure que les mouvements spontanés et volontaires des êtres animés sont produits par un principe immatériel qui réside en eux pendant la durée de la vie. Nous n'avons aucun moyen de savoir en quoi ce principe consiste, où en est le siége, comment il agit pour mouvoir le corps ; mais l'analogie que nous prenons pour guide dans toutes nos recherches en physique, doit encore nous guider ici : et puisque nous observons ces mouvements spontanés dans les êtres animés, qu'il n'y a pas d'exemples de pareils mouvements dans la pure matière, l'analogie nous prescrit de ne pas attribuer la faculté du

mouvement spontané à la matière, qui donne aux êtres animés leur forme corporelle, mais à quelque principe de nature essentiellement différente.

Indépendamment de ces raisonnements, que l'on peut considérer comme propres aux sciences physiques, les philosophes en emploient d'autres pour établir l'immatérialité du principe de l'animation. Ce principe, à en juger par la nature de ses actes, doit être simple, indécomposable, indivisible, attributs précisément contraires à ceux qui caractérisent la matière.

44. — On a établi comme une conséquence de la loi d'inertie, l'incapacité où est la matière de modifier d'elle-même son mouvement, quant à la *quantité* ou à l'intensité : en vertu de la même loi, elle ne peut pas davantage le modifier quant à la *direction*. En effet, la cause qui changerait la direction du mouvement d'un corps, aussi bien que celle qui en accroîtrait ou diminuerait la vitesse, serait aussi une cause capable de tirer un corps du repos, et de lui imprimer le mouvement. C'est donc un pouvoir que le corps lui-même ne peut posséder, d'après les notions que nous nous sommes formées de l'inertie de la matière.

45. — Par exemple, si un corps qui se meut de A vers B (*Fig.* 3) est choqué en B suivant la direction C B E, son mouvement sera aussitôt dirigé suivant une autre ligne droite BD. La cause qui produit ce changement de direction aurait évidemment mis le corps en mouvement dans la direction B E, s'il se fût trouvé en repos au point B, à l'instant du choc.

46. — Supposons encore que G H soit une surface plane, dure et parfaitement dépourvue d'élasticité, ainsi que le corps qui vient la frapper. Après que le choc aura eu lieu en B, le corps commencera à se mouvoir parallèlement à la surface, dans la direction B H, et ce changement de direction sera causé par la résistance qu'il éprouve. Mais si le corps, au lieu de venir à la rencontre de la surface dans la direction A B, avait été mû dans la direction E B, perpendiculairement à la surface, la même résistance aurait anéanti tout à fait son mouvement, et l'aurait ramené à l'état de repos.

47. — Dans le premier cas, nous voyons que la cause qui change la direction du mouvement aurait pu mouvoir un corps en repos, et, dans le second, qu'elle aurait pu ramener au repos un corps en mouvement. Le phénomène du changement de direction du mouvement est donc du même genre que celui du passage du mouvement au repos et du repos au mouvement. Le principe d'inertie suppose donc que la direction du mouvement d'un corps ne peut être changée que par une cause externe.

48. — De tout ce qui précède nous conclurons généralement qu'une parcelle quelconque de matière inanimée est incapable de changer son état de repos ou de mouvement ; que cet état se perpétue sans altération aucune, tant qu'il ne survient pas de perturbation produite par quelque cause externe ; que si l'état primitif est le mouvement, ce mouvement reste *uniforme*, ou que le corps conserve toujours la même vitesse, décrivant des espaces

égaux en temps égaux ; que tout accroissement de vitesse provient d'une action impulsive, étrangère au corps même ; que toute diminution de vitesse doit pareillement être attribuée à une résistance extérieure ; que le mouvement du corps abandonné à lui-même se poursuit, non-seulement avec une vitesse uniforme, mais dans la même direction, tout changement de direction ne pouvant provenir que d'une cause externe.

La manière dont on énonce souvent le principe d'inertie, dans le langage commun, peut malheureusement induire en erreur les commençants. On emploie à ce sujet le mot de résistance dans un sens fautif. L'inertie constitue un attribut absolument passif, une indifférence parfaite au repos et au mouvement. L'idée d'inertie implique l'absence de toute résistance à la communication du mouvement, aussi bien que l'absence de tout pouvoir en vertu duquel le corps se mouvrait de lui-même. L'expression *force d'inertie,* si souvent employée, même par les auteurs qui prétendent à l'exactitude scientifique, est plus vicieuse encore. Elle offre une contradiction dans les termes, puisque l'inertie suppose l'absence de toute force.

49. — Avant de terminer ce chapitre, il pourra être utile d'indiquer des applications de la loi générale d'inertie à quelques exemples pratiques et familiers. Toutefois, le lecteur ne devra pas perdre de vue que le grand objet de la science est de généraliser ; qu'elle a pour but principal d'élever l'esprit à la contemplation des lois de la nature, et de lui imprimer par conséquent une tout autre habi-

tude que celle de descendre des faits généraux aux
faits particuliers. Mais comme un choix d'exemples,
pris parmi ceux que nous offre le cours ordinaire
de la vie, sert en même temps à vérifier les lois générales et à les graver dans la mémoire, nous y
aurons plusieurs fois recours dans ce traité, sans
cesser de fixer l'attention du lecteur sur les principes généraux auxquels il doit les rattacher.

50. — Lorsqu'un char, un cheval, un bateau,
mus d'un mouvement rapide, sont tout à coup re-
tardés ou arrêtés dans leur marche par une cause
qui n'agit pas en même temps soit sur les passagers,
soit sur le cavalier, ou plus généralement sur les
objets voiturés et non fixés à l'appareil de transport,
ces objets sont précipités en avant dans le sens du
mouvement, parce qu'en vertu de leur inertie ils
persévèrent dans le mouvement qui leur avait été
imprimé en même temps qu'à l'appareil qui les
transporte, et qu'ils n'ont pas été privés de ce mouvement par la même cause.

51. — Quand un homme saute d'une voiture en-
traînée d'un mouvement rapide, il va tomber vis-
à-vis de l'endroit où la voiture se trouve au moment
où ses pieds rencontrent le sol, parce que le corps
de cet homme, en quittant la voiture, conserve en
raison de son inertie le mouvement qui lui avait été
imprimé dans le sens suivant lequel la voiture se
meut. La résistance du sol détruit ce mouvement
dans les pieds de la personne au moment où les
pieds touchent terre, mais le même mouvement
subsiste encore dans les parties supérieures et plus

pesantes du corps, ce qui produit à peu près le même effet que si l'on eût fait un faux pas.

52. — Du moment qu'une voiture a été mise en mouvement avec une certaine vitesse sur une route de niveau, il suffit, pour entretenir le même mouvement, d'employer une force capable de vaincre le frottement de la route; mais pour ébranler la voiture et la mettre en mouvement, une bien plus grande dépense de force est nécessaire, puisqu'il ne suffit plus de surmonter le frottement, et qu'il faut en outre communiquer à la voiture la vitesse avec laquelle on veut qu'elle se meuve. Aussi remarquons-nous que les chevaux font un beaucoup plus grand effort au moment d'ébranler la voiture que quand une fois ils l'ont mise en mouvement.

53. — Ce qui donne de l'intérêt à la chasse au courre, c'est de voir comment le sentiment instinctif de la loi d'inertie dirige les mouvements du lièvre. Le corps du lévrier, plus pesant que celui de l'animal qu'il poursuit, est mû dans la même direction avec une vitesse égale ou plus grande. Le lièvre fait un ricochet, c'est-à-dire qu'il change brusquement la direction de sa course. Le lévrier, qui ne peut d'abord vaincre au moyen de sa force musculaire la tendance qu'il éprouve par suite de l'inertie de la matière à persévérer dans le mouvement rapide qu'il a pris, se trouve entraîné assez loin avant qu'il ait arrêté son impulsion et qu'il se soit remis à la poursuite de l'animal. Pendant ce temps, le lièvre gagne du terrain dans la nouvelle direction qu'il a prise, et quoique moins vite à la

course, il réussit souvent de cette manière à s'é-
chapper.

Dans les courses de chevaux, on voit toujours
ces animaux dépasser le but de beaucoup, avant
qu'on puisse les arrêter.

---

# CHAPITRE IV.

## ACTION ET RÉACTION.

Application de la loi d'inertie à un système de deux ou de
plusieurs corps. — Effets du choc. — Le mouvement ne
doit pas être mesuré seulement par la vitesse. — Règle
pour évaluer la quantité de mouvement. — Exemples
propres à expliquer ce qu'il faut entendre par action et
par réaction. — Vitesses de deux corps après le choc. —
Attraction de l'aimant et du fer. — Lois du mouvement
données par Newton. — Exemples familiers auxquels
s'applique le principe de l'égalité entre l'action et la
réaction.

54. — Les résultats de l'inertie de la matière,
considérés dans le chapitre précédent, se manifestent pour chaque corps isolément, et indépendamment des rapports qu'il peut avoir avec d'autres
corps. Mais il y a d'autres conséquences importantes
de la loi d'inertie, pour le développement desquelles
il faut considérer au moins deux corps à la fois.

55. — Si une masse A (*Fig. 4*), en mouvement
vers C, vient choquer une masse égale, en repos au
point B, les deux masses se mouvront ensemble

vers C après le choc [1]. Mais on observera que leur vitesse après le choc n'est que la moitié de celle que la masse A possédait auparavant. Ainsi, cette masse a perdu la moitié de sa vitesse, et B, qui était en repos, a reçu précisément la vitesse perdue. On voit clairement dans cet exemple que le mouvement perdu par la masse A a passé à la masse B; de sorte que la quantité totale de mouvement de B en C est la même que la quantité de mouvement de A en B.

Supposons maintenant que la masse B soit formée de deux masses, chacune égale à A, on trouvera dans ce cas que la vitesse commune aux deux masses A et B après le choc, n'est que le tiers de la vitesse que la première avait de A en B. Ainsi, le mouvement perdu par A et gagné par B, en vertu

[1] Comme il ne s'agit dans ce chapitre que de développer les conséquences du principe d'inertie, la communication du mouvement par le choc sera toujours censée avoir lieu entre des corps solides dépourvus d'élasticité. A la vérité, tous les corps que l'on rencontre dans la nature sont plus ou moins élastiques; mais plus leur élasticité est faible, plus les résultats observés se rapprochent de ceux qu'on va déduire du principe de l'inertie de la matière. En conséquence, nous n'aurons à nous occuper que de la communication finale du mouvement entre les deux masses, sans examiner comment se fait cette communication de molécule à molécule. Il n'en serait plus de même si l'on voulait avoir égard à l'élasticité de la matière, attendu que cette propriété tient essentiellement au mode de développement des forces moléculaires. Le problème du choc des corps deviendrait alors une question d'un ordre très-élevé, qui ne peut pas être traitée dans cet ouvrage, quoique la plupart des auteurs d'éléments aient prétendu la résoudre en se fondant sur des considérations superficielles.

( *Note du Traducteur.* )

du choc, est les deux tiers du mouvement que A possédait avant le choc.

On obtiendrait un résultat analogue, quel que fût le rapport des deux masses A et B. Si, par exemple, la seconde était décuple de la première, tout le mouvement que celle-ci possédait se trouverait également distribué après le choc entre toutes les parties des deux masses réunies, c'est-à-dire d'une masse égale à onze fois celle de A. Par conséquent, la vitesse commune à toute la masse ne serait que la onzième partie de la vitesse de A, et B aurait gagné en mouvement tout ce que A aurait perdu.

Si les masses A et B étaient entre elles dans le rapport de 5 à 7, la masse totale après le choc serait exprimée par 12. Le choc aurait pour effet de répartir également le mouvement primitif de A entre chaque douzième de la masse totale, cinq de ces douzièmes appartenant à la masse A, et sept à la masse B.

56. — Ceci est une conséquence immédiate de la propriété d'inertie, expliquée dans le dernier chapitre. Si l'on pouvait supposer que, dans le choc, A communique à B plus ou moins de mouvement qu'il n'en perd, il en résulterait nécessairement qu'il y aurait dans A ou dans B une puissance productive ou destructive du mouvement, ce qui est inconciliable avec la qualité d'inertie telle qu'on l'a définie précédemment. Si, par exemple, A communiquait à B *plus* de mouvement qu'il n'en perd, le surplus de mouvement serait communiqué à B par l'*action* de A, et ainsi la masse A ne serait pas inactive, mais capable de produire par elle-même

du mouvement dans une autre masse. Si au contraire le mouvement reçu par B était *moindre* que celui perdu par A, il faudrait dire que la masse B avait en elle-même le pouvoir de détruire par sa résistance le surplus du mouvement perdu, pouvoir inconciliable avec l'inertie de la matière.

57. — Si l'on regarde, ainsi qu'on peut le faire, les effets du choc, tels que nous les avons décrits, comme des données de l'expérience, ils nous offrent une nouvelle vérification expérimentale de la loi d'inertie. Mais on peut aussi bien les considérer comme des phénomènes susceptibles d'être prédits avec certitude, d'après la connaissance antérieure que nous avons acquise de cette loi; et c'est là un des exemples de l'avantage de la théorie sur l'empirisme, de la science proprement dite sur les connaissances purement pratiques. Après qu'on a constaté, à l'aide de l'observation ou de l'expérience, un certain nombre de faits simples, qu'on en a déduit les propriétés générales des corps, on peut, par voie de raisonnement, découvrir d'autres faits qui n'ont pas encore été observés, ou qui même n'ont jamais pu fixer auparavant l'attention. C'est ainsi que les géomètres ont découvert certains mouvements très-petits, certains déplacements dans les orbites des corps célestes sur lesquels ils ont appelé l'attention des astronomes, en leur indiquant avec une extrême précision l'instant où ils devaient faire leurs observations, le point du ciel sur lequel ils devaient diriger leurs télescopes pour reconnaître le phénomène annoncé.

58. — Puisque en vertu de son inertie un corps

ne peut engendrer ni détruire du mouvement, il en
résulte que quand deux corps agissent l'un sur
l'autre de quelque manière que ce soit, la quantité
totale du mouvement dans une direction donnée
doit être la même après l'action qu'auparavant. Nous
employons ici le mot *action* improprement, pour
nous conformer à l'usage, et sans vouloir désigner
par là autre chose qu'un certain phénomène ou un
effet produit. On ne doit pas l'entendre en ce sens
que les corps posséderaient effectivement un principe actif.

59. — Dans les cas pris jusqu'ici pour exemples,
l'une des masses, savoir la masse B, était supposée
en repos avant le choc : nous allons maintenant
supposer qu'elle se meut dans la même direction
que A, c'est-à-dire vers C, mais avec une vitesse
moindre, sans quoi la rencontre et le choc n'auraient pas lieu. Après le choc, les deux masses se
mouvront vers C d'une vitesse commune qu'il s'agit
de déterminer.

Si les masses A B sont égales, la somme de leurs
mouvements avant le choc devra représenter le mouvement des deux masses réunies après le choc, puisque ce phénomène ne peut avoir pour résultat de
créer ni de détruire du mouvement. Mais le mouvement commun à A et à B doit se répartir également
entre ces deux masses égales, et par conséquent
chacune d'elles se mouvra avec une vitesse qui sera
la moitié de la somme de leurs vitesses avant le choc.
Par exemple, si la vitesse de A était de 7 mètres par
seconde, et celle de B de 5 mètres, auquel cas on
peut représenter les vitesses de ces masses par les

nombres 7 et 5, la vitesse commune des deux masses après le choc sera 6, ou la moitié de 12, nombre qui lui-même est la somme de 7 et de 5.

Admettons que les masses A et B ne soient plus égales et concevons-les divisées en parties égales, dont 8 entrent dans la composition de la masse A, et 7 dans la composition de la masse B. Admettons de plus que la vitesse de la masse A soit 17, en sorte que le mouvement de chacune des 8 parties qui composent cette masse étant 17, la quantité de mouvement qui réside dans la masse totale soit exprimée par le nombre 136. Supposons de la même manière que la vitesse de B soit 10, et qu'ainsi la vitesse de chacune des 6 parties composantes étant 10, le mouvement de la masse totale soit 60. La somme des deux mouvements sera 196, et devra se retrouver après le choc dans le mouvement des deux masses réunies. Chacune des 14 parties égales en aura la 14e partie : or, si l'on divise 196 par 14, on aura pour quotient 14, et par conséquent le nombre 14 mesurera la vitesse commune aux deux masses après le choc.

60. — Donc, en général, quand deux masses mues dans la même direction viennent à se rencontrer, la vitesse commune après le choc se déduit de la règle suivante : « Exprimez par des nombres, à la manière ordinaire, les masses et les vitesses ; multipliez les nombres qui expriment les masses par ceux qui expriment les vitesses correspondantes ; faites la somme des deux produits, et divisez-la par la somme des nombres qui expriment les masses, le quotient sera le nombre qui exprime la vitesse cherchée. »

61. — D'après les détails dans lesquels on vient d'entrer, il est clair que la *quantité de mouvement* n'est pas mesurée simplement par la vitesse. Ainsi, une certaine masse A, mue dans une direction déterminée, a une certaine quantité de mouvement. Si à cette masse A on ajoute une autre masse égale B, douée de la même vitesse, on aura évidemment une quantité de mouvement double de celle qu'on avait auparavant. Avec trois masses égales, et douées toujours de la même vitesse, on aurait une quantité de mouvement triple ; et en général, la vitesse restant la même, la quantité de mouvement croîtra ou diminuera en proportion de la masse.

62. — D'un autre côté, la quantité de mouvement ne dépend pas seulement de la masse, mais encore de la vitesse. Une masse qui décrit dix mètres par seconde a deux fois la quantité de mouvement d'une masse égale qui ne décrit que cinq mètres. Ainsi, la masse restant la même, la quantité de mouvement croît ou décroît en proportion de la vitesse.

63. — Donc la vraie mesure de la quantité de mouvement s'obtient en multipliant l'un par l'autre le nombre qui exprime la masse et celui qui exprime la vitesse. Dans l'exemple que nous avons choisi (art. 59), les quantités de mouvement avant et après le choc s'évaluent comme l'indique le tableau suivant :

| AVANT LE CHOC. | | APRÈS LE CHOC. | |
|---|---|---|---|
| Masse de A..... | 8 | Masse de A..... | 8 |
| Vitesse de A.... | 17 | Vitesse commune | 14 |
| Quant. de mou-vement de A. | 8×17[1] ou 136 | Quant. de mou-vement de A. | 8×14 ou 112 |
| Masse de B..... | 6 | Masse de B..... | 6 |
| Vitesse de B.... | 10 | Vitesse commune | 14 |
| Quant. de mou-vement de B. | 6×10 ou 60 | Quant. de mou-vement de B.. | 6×14 ou 48 |
| Somme........ | 196 | Somme........ | 196 |

On voit par ce calcul que le choc fait perdre à A une quantité de mouvement exprimée par 24, et que B reçoit exactement la même quantité de mouvement. L'effet du choc est donc de transporter une certaine quantité de mouvement de la masse A à la masse B, mais non de produire dans la direction A C un mouvement qui n'aurait pas existé auparavant. Tout cela, nous le répétons, s'accorde avec la loi d'inertie, et en est une conséquence nécessaire.

64. — Le phénomène que nous venons d'étudier nous offre l'exemple d'une autre loi, déduite du principe d'inertie, et qu'on énonce communément dans ces termes généraux : « L'action et la réaction sont égales et dirigées en sens contraires. » Néanmoins le lecteur doit se garder de prendre ces termes dans leur acception ordinaire. Après toutes les explications que nous avons déjà données, il est peut-être superflu de répéter encore qu'il ne peut y avoir ni action ni réaction proprement dites dans tous les

[1] Le signe × placé entre deux nombres indique qu'il faut les multiplier l'un par l'autre.

phénomènes auxquels donnent lieu les mouvements de deux corps. Les corps sont absolument incapables d'action ou de résistance. La loi qu'on vient d'énoncer n'exprime donc ici autre chose, sinon qu'une certaine quantité de mouvement passe d'un corps à l'autre. Ce phénomène se nomme action, considéré par rapport au corps qui perd du mouvement, et réaction, considéré par rapport au corps qui en reçoit. On dit que le mouvement communiqué au dernier corps est dû à l'action du premier, et que la perte de la même quantité de mouvement dans le premier corps provient de la réaction du dernier. Tout ce langage n'en est pas moins peu philosophique, et propre à suggérer de fausses notions.

65. — Nous supposions en dernier lieu que les corps qui se choquaient étaient mus dans la même direction : nous allons maintenant étudier le cas où ils se meuvent dans des directions contraires.

D'abord admettons que les masses A et B soient égales, et qu'elles se meuvent dans des directions contraires avec la même vitesse. Soit C (*Fig.* 5) le point où elles se rencontrent. Deux mouvements égaux et opposés devront se détruire réciproquement, et les deux masses seront réduites à l'état de repos. Effectivement, il est clair que, par suite de la communication de mouvement qui s'opère dans le phénomène du choc, la masse A perdra la moitié de son mouvement, qui passera à la masse B; que de même la masse B perdra la moitié de son mouvement en la transmettant à la masse A. Les deux masses A et B se trouveront alors animées chacune de deux mouvements égaux, dirigés dans des sens opposés, et par conséquent elles resteront chacune en repos. Il est évident d'ailleurs qu'il n'y aurait aucune raison pour que le mouvement commun aux deux masses après le choc eût lieu plutôt dans un sens que dans l'autre.

Les masses A et B étant toujours supposées égales, admettons qu'elles aient des vitesses différentes, et par exemple que A ait la vitesse 10, pendant que B a la vitesse 6. Sur les 10 parts dans lesquelles on peut diviser la quantité de mouvement de A, il y en aura 6 d'employées à neutraliser le mouvement de B, de la manière qui vient d'être expliquée : les 4 parts restantes devront servir à mouvoir conjointement les deux masses dans le sens CB. Ces masses étant égales, la quantité de mouvement se partagera entre elles avec égalité : chacune aura 2 parts de la quantité de mouvement possédée originairement par la masse A; et par conséquent la vitesse commune aux deux masses après le choc, dans la direction CB, sera 2. En définitive, la masse A a perdu 8 parties sur 10 de sa quantité de mouvement dans la direction AC ou CB; la quantité de mouvement perdue par la masse B dans la direction CA est de 6 parties, et celle que la même masse gagne dans la direction CB est de 2 parties; ce qui équivaut pour B à avoir acquis une quantité de mouvement égale à 8 dans la direction CB, 6 de ces 8 parties neutralisant la quantité de mouvement que B possédait originairement dans la direction contraire CA. B a donc acquis précisément la quantité de mouvement perdue par A, conformément au principe d'égalité entre l'action et la réaction.

Finalement, supposons les deux masses et les deux vitesses inégales. Soit la masse de A égale à 8, sa vitesse égale à 9, la masse de B égale à 6 et sa vitesse égale à 5. La quantité de mouvement de A sera 72, et la quantité de mouvement de B, dans la direction opposée, sera 30. Celle-ci neutralisera 30 parties sur 72 dans la quantité de mouvement de A; il ne restera plus après le choc que 42 parties employées à mouvoir les deux masses conjointement dans la direction CB. Chacune des 14 parties dont les deux masses ensemble se composent prendra le quatorzième de cette quantité de mouvement : le quatorzième de 42 est 3; ainsi la vitesse commune aux deux masses sera 3.

66. — Ce raisonnement, que l'on peut généraliser et appliquer à tous les cas où les deux masses se meuvent en sens contraires, conduit à la règle suivante : « Multipliez respectivement les nombres qui expriment les masses par ceux qui expriment les vitesses correspondantes; retranchez le plus petit produit du plus grand; divisez le reste par la somme des nombres qui expriment les masses; le quotient exprimera la vitesse commune aux deux masses après le choc, laquelle sera dirigée dans le même sens que la vitesse dont était animée avant le choc la masse qui possédait la plus grande quantité de mouvement. »

Pour plus de clarté, nous disposerons en tableau les résultats du calcul :

| AVANT LE CHOC. | | APRÈS LE CHOC. | |
|---|---|---|---|
| Masse de A....... | 8 | Masse de A....... | 8 |
| Vitesse de A...... | 9 | Vitesse commune.. | 3 |
| Quant. de mouv. dans la dir. AC. | 8×9 ou 72 | Quant. de mou. de A dans la dir. BC. | 8×3 ou 24 |
| Masse de B....... | 6 | Masse de B....... | 6 |
| Vitesse de B...... | 5 | Vitesse commune.. | 3 |
| Quant. de mouv. dans la dir. BC. | 6×5 ou 30 | Quant. de mou. de B dans la dir. CB. | 6×3 ou 18 |
| Différence...... | 42 | Quantité tot. dans la direction CB.. | 42 |

La loi de l'égalité entre l'action et la réaction est satisfaite ; car, d'une part le choc a fait perdre à la masse A une quantité de mouvement dans le sens AC, exprimée par 72 moins 24, ou par 48 ; d'autre part la masse B a perdu une quantité de mouvement dans le sens BC exprimée par 30, ce qui équivaut à avoir acquis la même quantité de mouvement dans le sens CB. Elle a acquis, en outre, dans cette dernière direction, une quantité de mouvement exprimée par 18. Elle a donc en définitive acquis une quantité de mouvement précisément égale à celle qui a été perdue par la masse A.

67. — La manière la plus exacte de faire des expériences sur le choc des corps, dans la vue de vérifier les résultats qui viennent d'être énoncés, consiste à prendre deux balles, A, B (*Fig.* 6), formées d'argile molle, ou de toute autre substance à peu près dépourvue d'élasticité ; à les suspendre l'une à côté de l'autre à des fils d'égales longueurs, fixés eux-mêmes près d'un point C, qui est le centre d'un

arc gradué devant lequel les balles peuvent osciller.
On écarte l'une des balles de la position d'équilibre,
et elle vient frapper l'autre balle avec une vitesse
sensiblement proportionnelle au nombre de degrés
dont elle a été écartée de la verticale (du moins
quand l'arc décrit n'est pas trop considérable) : ensuite les deux balles se meuvent conjointement de
l'autre côté de la verticale, avec une vitesse que l'on
peut mesurer per le nombre de degrés dont elles
remontent l'une et l'autre.

On s'y prend d'une manière à peu près semblable
pour déterminer la vitesse des projectiles de l'artillerie, au moyen de la machine appelée le *pendule de Robins*, du nom de l'ingénieur qui en a le
premier fait usage. Cette machine consiste en une
masse très-considérable, retenue par un axe horizontal solidement fixé. Le boulet dont on veut connaître la vitesse pénètre dans cette masse sans la
traverser, et met le pendule en mouvement. On
mesure la grandeur de l'arc décrit ; d'où l'on conclut facilement la quantité de mouvement de la masse
totale, et par conséquent la vitesse du boulet à
l'instant où il a atteint le pendule.

68. — Dans tous les cas auxquels nous venons
d'appliquer la loi de l'égalité de l'action à la réaction, la communication du mouvement d'un corps
à l'autre avait lieu par le choc, ce qui est en effet
la manière la plus ordinaire dont les corps semblent
agir les uns sur les autres, du moins à la surface de
la terre : mais cette loi est générale, quel que soit
le mode d'action. Supposons que le corps A se trouve
uni au corps B par un fil qui soit détendu lorsque A

commence à se mouvoir. Jusqu'à ce que le fil soit tendu, c'est-à-dire jusqu'à ce que la distance du corps A au corps B devienne égale à la longueur du fil, A conservera la quantité du mouvement qui lui a été imprimée; mais au moment où la tension aura lieu, B se mettra en mouvement, et tout le mouvement qu'il prendra sera perdu par A. Toutes les circonstances du phénomène seront les mêmes que celles du choc proprement dit.

Supposons encore que B (*Fig.* 4) soit un aimant qui se meuve dans la direction B C avec une certaine quantité de mouvement, et que pendant qu'il se meut ainsi on place une masse de fer au point A, sans lui imprimer de mouvement. L'attraction de l'aimant entraînera la masse de fer dans la direction A C, mais aussi toute la quantité du mouvement communiquée à cette masse sera perdue par l'aimant.

69. — Si l'aimant et le fer se trouvent placés l'un et l'autre à l'état de repos aux points B et A, l'attraction de l'aimant fera mouvoir le fer dans la direction A B; mais aussitôt qu'il commencera à se mouvoir, on remarquera que l'aimant commence aussi à se mouvoir dans la direction B A; et si l'on exprime en nombres les vitesses de ces corps, qu'on multiplie respectivement chaque vitesse par le nombre qui exprime la masse du corps correspondant, les quantités de mouvement exprimées par ces produits seront parfaitement égales. Donc la réaction du fer sur l'aimant égale l'action de l'aimant sur le fer. Nous avons déjà eu occasion de voir comment l'acquisition d'une quantité de mou-

vement dans la direction BA est équivalente à la
perte d'une égale quantité de mouvement dans la
direction AB. Ainsi, au lieu de dire que l'aimant
prend une quantité de mouvement dans la direction
BA, égale à celle qu'il imprime au fer dans la direction AB, on pourrait énoncer le même fait en
disant que la quantité de mouvement gagnée par
le fer dans la direction AB est égale à la quantité
de mouvement perdue par l'aimant suivant la
même direction.

De la même manière, si le corps B avait la propriété de repousser le corps A, il serait aussi
repoussé par ce corps, et les quantités de mouvement prises en sens contraires par les deux corps
seraient égales, ce qui revient à dire que chaque
corps perdrait ou gagnerait, suivant une direction
donnée, la quantité de mouvement qu'il fait gagner
ou perdre à l'autre, suivant la même direction.

70. — Les conséquences de la propriété d'inertie, exposées dans ce chapitre et dans celui qui
précède, ont été énoncées par Newton dans ses
*Principes*, et depuis lors dans la plupart des traités
de mécanique, sous la forme de trois propositions
que l'on nomme les *lois du mouvement*. En voici
l'énoncé :

## I.

« Tout corps persévère dans l'état de repos ou
dans l'état de mouvement uniforme rectiligne, à
moins qu'il ne soit tiré de cet état par des forces
qui agissent sur lui. »

## II.

« La quantité de mouvement imprimée à un corps est proportionnelle à la force qui le sollicite ; et le mouvement a lieu suivant la ligne droite déterminée par la direction de la force. »

## III.

« La réaction est toujours égale à l'action et dirigée en sens contraire. »

Quand on a saisi le sens des termes de *force* et *d'inertie*, la première loi devient une proposition identique. La troisième vient d'être expliquée avec détail. La seconde loi signifie, dans la première partie de son énoncé, que, s'il faut pour faire équilibre à la force A deux forces égales à B et dirigées en sens contraire de A, la force A, en mettant un corps en mouvement, lui communiquera une quantité de mouvement double de celle que lui communiquerait la force B, et ainsi de suite. Cette loi peut être établie directement par certains raisonnements abstraits ; mais nous l'admettrons comme un résultat de l'expérience.

71. — Une foule de phénomènes, qui nous sont devenus familiers au point de cesser d'exciter notre curiosité, résultent des principes développés dans ce chapitre, et notamment de la règle fondamentale que la quantité de mouvement, ou la force dont est animé un corps qui se meut, s'évalue en multipliant la masse de ce corps par sa vitesse.

Si un boulet de canon a quarante fois plus de

masse qu'une balle de mousquet, mais que la vitesse de la balle soit égale à quarante fois celle du boulet, il faudra employer la même force pour mettre en mouvement le boulet et la balle. Si le même obstacle fixe éteint le mouvement des deux projectiles, il subira le même choc de la part de l'un et de l'autre.

Une très-petite vitesse peut exiger un très-grand développement de force, si la masse à mouvoir est grande en proportion. Un bâtiment de haut bord, qui flotte près de la jetée du port, s'en approche avec une vitesse à peine perceptible; et cependant la force qui l'anime est suffisante pour briser une petite embarcation.

Un grain de plomb qui tombe d'une petite hauteur ne fait aucun mal, tandis qu'on serait écrasé par une pierre ordinaire qui tomberait avec la même vitesse. Le même grain de plomb, lancé avec une grande vitesse par une arme à feu, causera la mort.

Lorsqu'un corps en mouvement vient frapper un corps en repos, le premier éprouve le même choc que s'il eût été en repos, et que l'autre corps fût venu le frapper avec la même quantité de mouvement. Car perdre une quantité de mouvement dans une certaine direction, équivaut pour un corps à recevoir la même quantité de mouvement dans une direction contraire. Si un homme qui marche avec rapidité heurte un homme immobile, l'un et l'autre souffriront également de la rencontre.

Quand on tire un pistolet chargé à balle contre une planche de bois dur, on remarque que la balle est aplatie, et qu'elle a subi par un choc un effet équivalent à celui qu'elle a produit sur la planche.

Quand deux corps, mus dans des directions opposées, se rencontrent, chacun éprouve la même percussion que s'il avait été choqué dans l'état de repos par l'autre corps, en supposant celui-ci animé d'une quantité de mouvement égale à la somme de celles que les deux corps possèdent effectivement. Soient, par exemple, deux balles d'égale masse qui marchent à la rencontre l'une de l'autre, la première avec la vitesse de dix mètres par seconde, la seconde avec la vitesse de cinq mètres : chacune éprouvera le même choc que si, étant en repos, elle avait été choquée par l'autre balle, supposée animée d'une vitesse de quinze mètres par seconde.

Ceci rend compte des funestes effets produits par le choc des navires en mer. Si deux vaisseaux, de 500 tonneaux chacun, qui filent l'un et l'autre dix nœuds à l'heure, viennent à se choquer directement, chaque vaisseau supporte le choc qu'il aurait reçu, étant à l'ancre, d'un vaisseau de mille tonneaux filant aussi dix nœuds à l'heure, ou d'un vaisseau de 500 tonneaux filant vingt nœuds. Par la même raison, deux personnes qui se heurtent en marchant à la rencontre l'une de l'autre, éprouvent une violente commotion.

C'est une erreur de croire que, lorsque deux corps de dimensions très-inégales viennent à se choquer, le choc soit plus violent pour le petit corps que pour le grand. Le choc est le même pour tous deux, mais le plus grand corps est ordinairement constitué de

manière à en éprouver un moindre dommage. Lorsque le pugiliste frappe du poing le corps de son an-
tagoniste, il ressent et fait éprouver la même percussion : seulement le poing est organisé de manière à moins souffrir du choc que d'autres parties
du corps.

# CHAPITRE V.

## COMPOSITION ET DÉCOMPOSITION DES FORCES.

Mouvements et pressions. — Définition des forces. — Principe du parallélogramme des forces. — Composantes et
résultantes. — Démonstration expérimentale du principe
de la composition des pressions. — Composition et décomposition des mouvements. — Composition d'un nombre quelconque de forces. — Cas de l'équilibre. — Applications familières du principe de la composition des
pressions et des mouvements. — Applications à la navi-
gation, à la chute des corps qui tombent d'une grande
hauteur, aux exercices équestres, au jeu de billard. —
Angles d'incidence et de réflexion. — Distinction des
mouvements absolus et des mouvements relatifs.

72. — Les mots de *mouvement* et de *pression*
nous sont trop familiers pour avoir besoin d'explication. En général, on peut observer que les définitions placées en tête des éléments d'une science ne
sont que rarement, sinon jamais comprises. La force
des termes s'apprend par l'usage qu'on en fait, et
la définition nous est devenue inutile, quand nous
commençons à saisir le sens des mots dans lesquels
elle est conçue. Pour ce qui concerne en particulier

les sciences mathématiques, on peut dire qu'elles reposent sur des notions fondamentales d'une nature tellement simple, qu'en voulant les expliquer par des définitions, on se trouve jeté dans des subtilités métaphysiques tout à fait inutiles au progrès de la science et à l'établissement des théories, quelque rang qu'on leur assigne dans un autre ordre de spéculations. Nous admettrons donc, une fois pour toutes, que les termes de *mouvement* et de *pression* désignent des phénomènes qui sont l'objet de nos perceptions et de notre expérience journalières. Si le sens de ces termes acquiert dans le style scientifique une précision qu'il n'a pas dans le langage commun, l'emploi fréquent que nous en ferons dans le cours de ce traité laissera facilement apercevoir sur quoi cette précision porte.

73. — On donne en mécanique le nom de *force* à tout ce qui produit un mouvement ou une pression; soit que cette force réside dans un agent qui nous est connu, et dont nous apercevons directement le mode d'action; soit que nous admettions par analogie l'existence d'une force ou d'une cause extérieure qui produit la pression ou le mouvement, quoique nous n'apercevions directement que l'effet produit. Ainsi, quand un cheval tire une pierre, nous apercevons à la fois le mouvement produit et l'action de la force musculaire de l'animal qui imprime le mouvement à la pierre; quand au contraire un barreau de fer se meut en présence d'un morceau d'aimant, nous ne voyons que le mouvement produit, et nous n'admettons que par analogie l'existence d'une force inconnue qui produit ce mouve-

ment, et à laquelle nous donnons le nom d'*attraction* (art. 8).

74. — Lorsque deux forces P, Q agissent en un même point d'un corps suivant des directions différentes, le point d'application ne peut se mouvoir que suivant une direction déterminée ; et pour l'obliger à rester en repos, il suffirait d'appliquer, dans la direction précisément contraire, une force R de grandeur convenable. Donc les deux forces P, Q combinées sont susceptibles de faire équilibre à une force unique R, et réciproquement on pourra, sans changer les conditions d'équilibre, les remplacer par une force unique de même intensité que R et dirigée en sens contraire de R. Il s'agit d'assigner la grandeur et la direction de cette force unique qui, en agissant au même point, produirait le même résultat que les deux premières forces combinées.

Soit P (*Fig.* 7) le point où deux forces sont appliquées suivant les directions PA, PB. Pour fixer les idées, supposons que la force dirigée suivant PA soit la traction exercée par un poids de trois kilogrammes, et que celle qui agit dans le sens PB soit la traction exercée par un poids de deux kilogrammes. Les nombres 3 et 2 mesureront respectivement les intensités des deux forces dont les directions sont déjà tracées. A partir du point P, prenons sur la ligne PA une longueur P*a* de 3 mètres, et sur la ligne PB une longueur P*b* de 2 mètres : en d'autres termes, prenons les longueurs P*a*, P*b*, respectivement proportionnelles aux intensités des forces. Menons par le point *a* une ligne droite parallèle à PB, et par le point *b* une autre ligne droite parallèle à

P A : on formera ainsi le *parallélogramme* P*acb*, dont les lignes P*a*, P*b* sont les *côtés*, et la ligne P*c* la *diagonale*. Ceci posé, nous disons que les deux forces produiront au point P exactement le même effet que produirait une force unique dirigée suivant PC, et dont l'intensité serait proportionnelle à la ligne P*c*; c'est-à-dire que cette force unique équivaudrait à la traction exercée par un poids d'autant de kilogrammes et de fractions de kilogramme qu'il y a de mètres et de fractions de mètre dans la longueur P*c*.

75. — Cette loi généralisée s'appelle la loi du *parallélogramme des forces*, et s'énonce ordinairement en ces termes : « Si deux forces sont représen- « tées en intensité et en direction par les côtés d'un « parallélogramme, elles équivaudront à une force « unique représentée en intensité et en direction « par la diagonale du même parallélogramme. »

La force unique qui équivaut ainsi, quant aux effets mécaniques, à deux forces ou même à un plus grand nombre de forces combinées, se nomme la *résultante*, et les forces auxquelles elle équivaut se nomment les *composantes*. Lorsque, dans l'analyse d'un problème de mécanique, on substitue la résultante aux composantes, ce procédé s'appelle la *composition des forces*; et réciproquement, lorsque l'on substitue à une force unique deux forces ou un plus grand nombre de forces équivalentes, dont la force unique puisse être considérée par conséquent comme la résultante, ce procédé, qui est d'un usage fréquent, se nomme la *décomposition des forces*.

76. — On démontre le théorème du parallélogramme des forces avec toute la rigueur mathématique, en ne s'appuyant que sur les principes élémentaires de la géométrie, combinés avec des axiomes qui
dérivent immédiatement de l'idée que nous avons des
forces; mais on peut aussi le vérifier facilement par
l'expérience. On fixe à une planche deux petites
poulies M, N (*Fig.* 8), sur lesquelles est enroulé un
fil qui porte les poids A, B. On accroche au fil un
troisième poids C, qui le plie suivant l'angle MPN,
et l'on attend que l'équilibre se soit établi. Quand
cela a lieu, il est clair (art. 74) que les forces égales
en intensité aux poids M et N, agissant suivant les
lignes PM, PN, ont pour résultante une force égale
en intensité au poids C, qui agirait dans le sens PO.
En général, dès qu'un nombre quelconque de forces
appliquées à un même point se font équilibre, chacune d'elles est égale en intensité à la résultante de
toutes les autres, et dirigée suivant la même ligne
que cette résultante, mais en sens contraire.

Cela posé, si l'on trace sur la planche à laquelle
les poulies sont attachées la ligne verticale PO, que
l'on prenne sur cette ligne une longueur P*c*, formée
d'autant de millimètres qu'il y a de grammes dans le
poids C, qu'on achève ensuite le parallélogramme
P*bca*, on trouvera qu'il y a respectivement autant de
millimètres dans les longueurs P*a*, P*b*, que de grammes dans les poids A et B.

77. — Dans l'exemple de composition de forces
que nous venons de choisir, comme dans tous ceux
où l'équilibre a lieu, les effets produits par les forces
se réduisent à des pressions, de sorte qu'à propre-

ment parler, nous n'avons établi que le principe de la composition des pressions. Or, l'idée de mouvement, aussi bien que celle de pression, est liée essentiellement à l'idée de force. La même force qui produit une pression quand le corps est gêné par des obstacles ou par l'action d'autres forces, produira le mouvement, si le corps redevient libre. Il est conforme à l'analogie de supposer que le même principe qui régit la composition des pressions régit aussi la composition des mouvements, et effectivement la correspondance est parfaite.

78. — Imaginons qu'un corps soit en mouvement dans la direction AB (*Fig.* 9), et qu'au point P on lui communique un autre mouvement en vertu duquel il aurait décrit la droite PC s'il avait été primitivement immobile en P : on demande quelle direction le corps prendra et de quelle vitesse il sera animé.

Supposons que la vitesse dont le corps était animé dans le sens AB dût lui faire décrire l'espace PN dans une seconde de temps, et qu'en vertu du mouvement qui lui est communiqué en P il dût décrire dans une seconde l'espace PM, s'il était en repos au moment où il reçoit l'impulsion. Construisons le parallélogramme PMON : en vertu des deux mouvements combinés, le corps se mouvra suivant la diagonale PO avec une vitesse telle qu'il décrirait l'espace PO dans une seconde de temps. Ainsi, les deux vitesses communiquées au corps, ou les deux vitesses composantes, étant représentées tant en grandeur qu'en direction par les côtés d'un parallélogramme, la vitesse prise par le corps, ou la vitesse résultante, sera exprimée tant en direction qu'en grandeur par la diagonale de ce parallélogramme : théorème exactement semblable à celui qui a lieu pour les pressions.

Il y a différentes manières de démontrer par l'expérience la loi de la composition des mouvements. On place ordinairement une bille d'ivoire à l'un des angles d'une table carrée, parfaitement polie et bien de niveau. On communique à la bille deux impulsions égales, dirigées chacune parallèlement à l'un des côtés de la table, et l'on observe que la bille prend son mouvement suivant la diagonale avec une vitesse conforme à celle que la théorie indique.

79. — De même que deux mouvements communiqués simultanément à un corps équivalent à un mouvement simple communiqué dans une direction intermédiaire, de même on peut concevoir en mécanique qu'un mouvement simple est remplacé par deux mouvements, exprimés en grandeur et en direction par les côtés d'un parallélogramme dont la diagonale représente en grandeur et en direction le mouvement simple. Ce procédé, qui s'appelle la décomposition du mouvement, facilite beaucoup les recherches et les démonstrations dans un grand nombre de cas.

80. — Il est souvent nécessaire d'assigner avec quelle intensité une force agit suivant une direction autre que celle de la force même. Ainsi, une force étant appliquée au point A (*Fig.* 10) dans la direction AC, on peut avoir besoin d'évaluer l'intensité avec laquelle elle agit dans la direction AB,

A cet effet, on prendra une longueur AP pour re-présenter l'intensité absolue de la force, ainsi que nous l'avons expliqué dans ce qui précède ; on élè-vera la perpendiculaire AN sur la ligne AB ; et après qu'on aura achevé le parallélogramme rectangle ANPM, la force AP pourra être considérée comme équivalente à deux autres, représentées respective-ment par les lignes AN, AM. La force AN, qui est perpendiculaire à AB, ne peut contribuer en rien à mouvoir ni à pousser le corps dans la direction AB ; en conséquence AM représentera l'intensité de la force AP, dans le sens AB.

81. — On détermine la résultante d'un nombre quelconque de forces appliquées à un même point d'un corps, en appliquant autant de fois qu'il le faut la règle du parallélogramme des forces. En effet, après avoir représenté toutes les forces composantes par des lignes, désignons ces lignes par A, B, C, D, E, etc. Construisons le parallélogramme qui a pour côtés adjacents les lignes A et B, et soit A′ la diagonale de ce parallélogramme : la force A′ équivaudra aux deux forces A et B. Construisons de même le paral-lélogramme qui a pour côtés adjacents les lignes A′, C, et soit B′ sa diagonale : la force B′ équivaudra aux deux forces A′, C, et par conséquent aux trois com-posantes primitives A, B, C. On voit que le même procédé peut être continué jusqu'à ce qu'on ait ré-duit toutes les composantes primitives à une force unique.

Quand on arrive, finalement, en suivant ce pro-cédé, à combiner deux forces égales et directement opposées, la résultante est nulle, et le point auquel toutes les forces sont appliquées reste en équilibre.

82. — Les exemples de la composition des mouvements et des pressions s'offrent sans cesse à nous : toute la difficulté est de trouver, au contraire, un exemple de mouvement simple, dans la stricte acception du mot.

Quand on traverse une rivière en bateau, le bateau ne prend pas la direction transversale que les rames tendent à lui imprimer; il ne suit pas non plus la direction du courant, mais bien une direction intermédiaire, déterminée en vertu du principe de la composition des forces.

Soit A (*Fig.* 11) la position du bateau à l'instant du départ, et supposons que la manœuvre des rames ait lieu de manière à pousser le bateau vers B, et à lui faire décrire l'espace A B dans dix minutes, s'il n'y avait point de courant. D'un autre côté, supposons la rapidité du courant telle que, sans l'action des rames, le bateau serait transporté en dix minutes de A en C. Menons C D parallèle à A B, et tirons la diagonale A D. Par la combinaison de l'action des rames et de celle du courant, le bateau décrira la ligne A D, et mettra dix minutes à gagner la rive opposée au point D.

Si l'on tient à aborder au point B, en partant de A, les rameurs doivent avoir assez l'habitude de leur métier pour évaluer à peu près la vitesse du courant. Ils se représenteront un point E situé en amont sur l'autre rive, à une distance de B telle que la force du courant entraînerait le bateau de E en B, dans le même temps qu'ils mettraient à traverser la

4

distance A E., si le courant n'existait pas. Ils dirige-
ront alors constamment l'impulsion des rames suivant une ligne parallèle à A E, et le bateau abordera
au point B, après avoir décrit la ligne A B, qui est
la diagonale du parallélogramme A E B C.

On déterminerait de même la direction du sillage
d'un vaisseau soumis à la fois à l'action du vent et à
celle de la marée.

En considérant la manière dont les rames commu-
niquent l'impulsion au bateau, nous y trouvons déjà
un exemple de la composition des forces. Soit A la
proue (*Fig.* 12), et B la poupe du bateau. Le rameur se tourne vers B, et place ses avirons de manière qu'ils pressent contre l'eau dans les directions C E, D F. La résistance de l'eau engendre des
pressions appliquées au bateau dans les directions
G L, H L ; et ces pressions équivalent à une force
K L dirigée diagonalement dans le sens de la quille.
La natation des poissons, le vol des oiseaux s'opèrent en vertu des mêmes principes de mécanique.

83. — Nous expliquerions également comment
le vent agit sur les voiles d'un vaisseau, et comment cette action, modifiée par celle du gouvernail, est transmise à la quille. Mais le problème
deviendrait trop compliqué pour trouver ici sa place,
si nous voulions avoir égard à toutes les circonstances. La question se simplifiera, si nous supposons la voile assez complétement tendue pour former une surface plane. Soit A B (*Fig.* 13) la
direction de la voile, et C D celle du vent. Prenons
la longueur C D pour mesurer la force du vent, et
construisons le parallélogramme D E C F dont la

ligne CD est la diagonale. La force CD équivaut à deux forces FD, ED, dirigées, l'une parallèlement et l'autre perpendiculairement à la voile. Il est évident que la première ne peut produire aucun effet sur la voile, et que la seconde doit pousser le vaisseau dans la direction DG.

Décomposons maintenant de la même manière la force DG en deux autres DH, DI, dirigées, l'une parallèlement et l'autre perpendiculairement à l'axe de la quille. La forme du vaisseau est telle qu'elle offre évidemment une grande résistance à la force latérale DI, tandis qu'elle n'en offre qu'une bien moindre à la force DH. En conséquence le bâtiment prendra une très-grande vitesse dans le sens de la quille, et n'aura qu'un faible mouvement de côté dans la direction DI. Ce dernier mouvement est ce que les marins nomment la *dérive*.

On comprend sans peine, après cette explication, comment un vent qui souffle presque de l'avant, peut néanmoins, par l'intermédiaire des voiles, faire avancer le navire. L'angle BDV que la voile fait avec la quille peut être rendu très-aigu, et il en est de même de l'angle CDB que la direction du vent fait avec la voile. L'angle CDV qui est la somme des deux précédents, et qui désigne celui que la direction du vent fait avec l'axe de la quille, peut donc lui-même être rendu très-aigu. La *Fig.* 14 en offre un exemple, et l'on voit que la force DH, qui fait marcher le navire, est très-petite en comparaison de la force totale du vent, mesurée par la ligne CD.

Nous avons dans ce cas un exemple de deux décompositions successives, par suite desquelles on voit que la force **CD** équivaut à trois forces **FD, DI, DH**. La force **FD** est absolument inefficace, elle glisse sur la voile, sans produire aucune action sur le vaisseau. La force **DI** produit la dérive, et la force **DH** le mouvement progressif du navire.

84. — Si pourtant le vent était directement contraire, il n'y aurait pas moyen d'orienter les voiles, de manière à donner l'impulsion au vaisseau. En pareil cas on avance par un mouvement de zigzag, en courant, comme on dit, des *bordées*. Supposons que le vaisseau doive se mouvoir de A en E, (*Fig.* 15), et que le vent souffle directement de E en A : le mouvement de A en B sera décomposé en deux autres dirigés de A en *a*, et de *a* en B. Suivant le même système, le vaisseau décrira successivement les lignes B*b*, *bc*, *c d*, *d*E. De cette manière les voiles pourront faire avec le vent un angle suffisant pour qu'on obtienne une force impulsive, et assez petit pour que le navire avance dans la direction A E.

L'action du gouvernail, dont nous n'avons pas parlé dans les explications qui précèdent, présenterait un autre exemple de décomposition de forces; mais nous n'entrerons pas dans plus de développement à ce sujet.

85. — La chute d'un corps qui tombe du haut du mât d'un navire en pleine marche offre un exemple de composition de mouvements. Puisque le vaisseau a marché pendant la descente du corps, on pourrait croire que celui-ci doit tomber dans la mer, derrière la poupe, ou tout au moins sur le tillac, beaucoup en arrière du mât ; mais au contraire il

tombe précisément au pied du mât, comme si le vaisseau n'était pas en mouvement. Pour expliquer cette circonstance, soit A B (*Fig.* 16), la position du mât, au moment où le corps se détache du sommet. Le mât se meut avec le vaisseau dans la direction A C, de sorte qu'il occupe la position C D, au bout du temps que le corps emploierait à tomber sur le tillac. Mais au moment où le corps quitte le sommet du mât, il participe au mouvement A C, commun à toutes les parties du navire ; de sorte que pendant qu'il descend il est affecté de deux mouvements, l'un dans le sens A C, à cause de sa participation initiale au mouvement du vaisseau, l'autre dans le sens A B, à cause de l'action de la pesanteur. En vertu de la composition de ces deux mouvements, il doit arriver à la fin de sa chute à l'angle D du parallélogramme A B D C, c'est-à-dire tomber précisément au pied du mât, qui s'est transporté dans le même temps de A B en C D [1].

[1] Au lieu de conclure de la règle de la composition des mouvements, que le corps tombe au pied du mât, on peut regarder comme évident que le corps tombera au pied du mât, et en conclure la règle de la composition des mouvements. Supposons en effet que A B soit une rainure pratiquée dans un poteau vertical qui est transporté parallèlement à lui-même de A B en C D pendant le temps qu'il faut à un corps mobile dans la rainure pour tomber de la hauteur A B : le mobile décrira la diagonale A D du parallélogramme A C D B. Mais puisque le mobile a la même vitesse que tous les points du poteau, dans le sens horizontal A C, il n'exercera aucune pression sur les parois de la rainure, et l'on peut concevoir ces parois supprimées et le corps tombant librement, sans qu'il cesse de décrire la diagonale A B. De la loi

86. — Un autre exemple de la composition des mouvements, sur lequel il convient de s'arrêter, parce qu'il offre une preuve du mouvement diurne de la terre, se tire d'une particularité de la chute des corps qui tombent d'une grande hauteur. Pour rendre l'explication plus simple, nous supposerons que le corps tombe d'une tour très-élevée, située sur l'équateur même de la terre. Soient EPQ (*Fig.* 17, *Pl.* II) une section de la terre suivant le plan de l'équateur, et PT la hauteur de la tour. Admettons aussi que le mouvement de rotation de la terre autour de son axe ait lieu dans le sens EPQ. Le pied P de la tour décrira donc dans un jour le cercle EPQ, tandis que le sommet T décrira un plus grand cercle TT'R. Ainsi il est évident que les corps placés au sommet auront plus de vitesse que les corps placés au pied, ou qu'ils décriront dans le même temps un plus grand espace. Supposons qu'un corps emploie cinq secondes à tomber de T en P, et que dans le même temps le sommet T se meuve, en vertu de la rotation diurne, de T en T', tandis que la base P se mouvra de P en P'. Le corps qui participait d'abord au mouvement du sommet, et qui est ensuite aban-

de composition des vitesses ou des mouvements, démontrée par ce raisonnement, on passe à la loi de composition des pressions qui tendent à produire le mouvement, et qui sont en effet toujours accompagnées d'un déplacement très-petit des molécules pressées. C'est bien certainement ainsi qu'a été aperçue d'abord la règle du parallélogramme des forces, que l'on a démontrée ensuite par d'autres raisonnements et justifiée par l'expérience (art. 76).

(*Note du Traducteur.*)

donné à l'action de la pesanteur, sera dès lors animé de deux mouvements, l'un mesuré par T T', l'autre mesuré par T P. Ces deux mouvements se composeront de la manière ordinaire. Prenons P p égal à T T', le corps se mouvra de T en p pendant sa chute, et viendra rencontrer le sol au point p. Mais puisque T T' est plus grand que P P', le point p se trouve à une distance de P' égale à l'excès de T T' sur P P'. Par conséquent le corps ne tombera pas exactement au pied de la tour, mais un peu en avant dans le sens du mouvement réel de la terre, c'est-à-dire à l'est. L'observation vérifie en effet cette conclusion de la théorie, et la distance du pied de la tour au point où le corps vient frapper le sol s'accorde avec ce que l'on sait des dimensions et de la vitesse de la terre, aussi bien qu'on peut l'attendre d'expériences si délicates, vu la petitesse des hauteurs de chute comparativement aux dimensions de la terre, et les perturbations causées par la résistance et les agitations de l'air. Quoi qu'il en soit, on voit dans quelle erreur grossière tombaient les premiers adversaires du système de Copernic, en objectant que, si la terre tournait de l'ouest à l'est, les corps qu'on laisse tomber du haut d'une tour devraient tomber fort en arrière, du côté de l'ouest. Ils oubliaient que ces corps, avant d'être abandonnés à l'action de la pesanteur, participent au mouvement de la tour, et ils ignoraient le principe de la composition des mouvements.

87. — En vertu de ce principe, plusieurs des tours d'adresse dont on amuse le public dans les cirques s'exécutent tout autrement que la plupart

des spectateurs ne se l'imaginent. Par exemple un
écuyer, debout sur la selle de son cheval, saute par-
dessus une corde tendue qui lui fait obstacle; le
cheval passe par-dessous, et l'écuyer retombe les
pieds sur la selle de l'autre côté. L'effort que fait en
pareil cas l'écuyer n'est pas celui qu'il devrait faire
s'il voulait, en s'appuyant sur le sol, sauter par-des-
sus une corde tendue à la même hauteur. Dans ce
dernier cas il devrait faire un effort pour soulever
son corps de bas en haut, et en même temps pour le
projeter en avant. Dans le premier cas au contraire
il lui suffit d'employer sa force musculaire à soulever
son corps dans le sens vertical à la hauteur de la
corde : le mouvement qui lui est commun avec son
cheval a pour effet de le projeter en avant, de façon
qu'il retombe précisément sur la selle.

Afin d'expliquer ceci plus en détail, soient A B C
(*Fig.* 18) la ligne suivant laquelle le cheval se meut,
A le point où l'écuyer quitte la selle, D le point le
plus haut où il s'élève, C le point où il se retrouve
sur la selle. Au point A l'écuyer fait un saut dans le
sens de la ligne verticale A E, et il choisit la position
du point A de manière que l'effort qu'il va exercer
le soulève à la hauteur A E, dans le même temps que
son cheval mettra à aller de A en B. En quittant la
selle au point A, l'écuyer est donc animé de deux
mouvements représentés par les lignes A E, A B, qui
doivent le conduire au point D. Arrivé à ce point, il
a perdu la vitesse de bas en haut que lui avait communiquée le déploiement de sa force musculaire; il
commence à redescendre par l'action de la pesanteur,
tout en conservant sa vitesse horizontale originaire;

et comme un corps emploie à tomber d'une hauteur donnée le même temps qu'il a mis à s'élever à cette hauteur, les deux mouvements de l'écuyer sont exprimés par les lignes DF, DB. La composition de ces deux mouvements doit le ramener au point C. A parler rigoureusement, son mouvement de A en D et de D en C ne se fait pas en lignes droites, mais suivant l'arc d'une courbe, de l'espèce de celles que les géomètres appellent *paraboles* : néanmoins cela ne modifie en rien les résultats. La même observation s'applique aux autres exemples rapportés.

88. — Quand une bille de billard vient frapper la bande obliquement, elle est réfléchie dans une certaine direction, autre que celle qu'elle avait en venant frapper la bande. Ce phénomène nous offre encore un exemple de décomposition et de composition de mouvements. Commençons par examiner le cas où la bille choque la bande perpendiculairement.

Soient A B (*Fig.* 19) la bande du billard, C D la direction suivant laquelle la bille se meut. Si la bille et la bande étaient absolument dépourvues d'élasticité, la résistance de la bande détruirait le mouvement de la bille, qui resterait en repos au point D. Si, au contraire, l'une et l'autre étaient parfaitement élastiques, la bille serait réfléchie, et aurait après le choc une quantité de mouvement dans la direction DC, égale à celle qu'elle avait auparavant dans la direction CD. Or, l'élasticité parfaite est une qualité qui ne se rencontre jamais dans les corps solides : tous sont élastiques, mais imparfaitement et à des degrés divers. En conséquence, la bille sera réflé-

chie de D en C, après le choc, avec un mouvement
moindre que celui qu'elle avait de C en D.

Supposons maintenant que la bille se meuve
de E vers D, obliquement à la bande. La force avec
laquelle elle frappe la bande en D, étant exprimée
par DE', égale à DE, pourra être décomposée en
deux autres, exprimées par DF et DC'. La résistance
de la bande détruira la force DC', et l'élasticité donnera naissance à une force contraire, dirigée dans
le sens DC, mais moindre que DC', à cause que
l'élasticité est imparfaite. Ayant pris DC égale
à DC', représentons par DG la force réfléchissante
qui naît de l'élasticité. La composante DF, parallèle
à la bande, ne sera détruite ni modifiée en rien par
le choc ; de sorte qu'après le choc, la bille sera animée de deux forces DF, DG. Donc elle décrira la
diagonale DH.

L'angle EDC se nomme l'*angle d'incidence*,
et CDH est l'*angle de réflexion*. Puisque DF est
égale à C'E' ou à CE, et DG moindre que DC,
il est évident que, dans ce cas d'imparfaite élasticité, l'angle de réflexion est toujours plus grand que
l'angle d'incidence, et d'autant plus que l'élasticité
est moins parfaite.

Si le corps était parfaitement élastique, les deux
angles de réflexion et d'incidence seraient rigoureusement égaux, DG devenant égale à DC. Cette égalité parfaite s'observe dans le cas de la lumière réfléchie sur une surface polie de verre ou de métal.
Il n'en faut pourtant pas conclure que la réflexion
de la lumière s'opère ainsi que nous venons de l'expliquer. C'est dans les traités d'optique qu'il faut

chercher l'exposition des systèmes des physiciens sur la nature du principe lumineux.

89. — On distingue quelquefois les mouvements en *absolus* et *relatifs*. Il est aisé de comprendre ce qu'on entend par mouvement relatif. Quand un homme se promène sur le tillac d'un vaisseau, de l'avant à l'arrière, il est animé, par rapport aux objets contenus dans le vaisseau et au vaisseau même, d'un mouvement relatif, dont la vitesse est mesurée par l'espace qu'il parcourt sur le tillac en un temps donné. Mais tandis qu'il marche ainsi, le vaisseau est entraîné dans un sens contraire avec tout ce qu'il contient, y compris le promeneur lui-même. S'il arrive que la vitesse de la marche du promeneur de l'avant à l'arrière soit précisément égale à la vitesse du navire en sens contraire, l'homme sera en repos relativement à la surface de la mer et au rivage, tandis qu'il est en mouvement relativement au navire. Il serait dans un repos absolu, si la terre y était elle-même; mais comme la terre est animée d'un mouvement diurne autour de son axe, et d'un mouvement annuel autour du soleil, il s'ensuit que l'immobilité, ou l'état de repos de cet homme, vu du rivage, n'est que relatif. Il faut combiner, en vertu de la règle du parallélogramme des forces, tous les mouvements divers auxquels peut participer un corps, avant de prononcer sur son état de repos ou de mouvement *absolu*.

# CHAPITRE VI.

## ATTRACTION.

Forces instantanées et continues. — Classification des forces continues. — Forces moléculaires. — Cohésion des solides. — Cohésion des liquides. — Forces moléculaires développées entre des solides et des liquides. — Forces capillaires. — Affinités chimiques. — Forces dont l'action est sensible à de grandes distances. — Attractions et répulsions magnétiques. — Attractions et répulsions électriques. — Gravitation universelle. — Chute des corps à la surface de la terre. — Mouvements des projectiles lancés obliquement. — Mouvements de la lune. — Mouvements des planètes, des satellites et des comètes. — Déviation du fil-à-plomb dans le voisinage des montagnes. — Expérience de Cavendish.

90. — Quand un corps sort de l'état de repos pour prendre un mouvement rectiligne uniforme, il le doit à une force dont l'action n'a qu'une durée inappréciable, et qu'on nomme une *impulsion*. Si, dans le cours de son mouvement rectiligne uniforme, le corps reçoit une nouvelle impulsion dont la direction soit la même, il continuera de se mouvoir uniformément sur la même ligne droite; mais sa nouvelle vitesse sera la somme de sa vitesse primitive, et de celle que lui aurait communiquée la nouvelle impulsion s'il eût été en repos. Par exemple, si la première vitesse était de dix mètres par seconde, que la vitesse communiquée par la nouvelle impulsion au même corps supposé en repos dût être de cinq

mètres par seconde, sa vitesse après la seconde impulsion sera de quinze mètres par seconde.

Dans le cas où la nouvelle impulsion serait dirigée précisément en sens contraire du premier mouvement, la vitesse primitive se trouverait diminuée, autant qu'elle était augmentée dans l'hypothèse précédente. Ainsi, en adoptant les mêmes nombres, la vitesse primitive serait réduite à celle de cinq mètres par seconde. Si la nouvelle impulsion, toujours directement opposée à l'impulsion primitive, lui était égale en intensité, elle réduirait le corps au repos ; et enfin si la nouvelle impulsion était plus grande, le corps prendrait en sens contraire un mouvement rectiligne uniforme, avec une vitesse égale à la différence entre la vitesse primitive et celle que la nouvelle impulsion imprimerait au même corps dans l'état de repos.

En admettant que la direction de la nouvelle impulsion fût inclinée sur celle du mouvement primitif, le corps se mouvrait après l'impulsion dans une direction intermédiaire, avec une vitesse rectiligne uniforme : la direction et l'intensité de cette vitesse se détermineraient d'après la loi de la composition des mouvements, développée dans le chapitre qui précède.

Réciproquement, toutes les fois qu'un corps passe du mouvement au repos, ou qu'il échange un mouvement rectiligne uniforme contre un autre mouvement du même genre, différent quant à l'intensité ou à la direction, le phénomène est produit par l'intervention d'une force dont l'action n'a qu'une durée inappréciable, et que l'on qualifie d'impulsion.

**91.** — Mais il y a, d'autre part, des cas sans nombre où l'état d'un corps éprouve des changements continuels, ou manifeste une tendance continuelle au changement. Un corps pesant placé sur une table exerce sur cette table une pression continuelle. Cette pression est la conséquence de la tendance que le corps éprouve sans cesse à se mouvoir de haut en bas. Si le corps y était sollicité par une force de la nature de celles que nous nommons impulsions, l'effet produit sur la table ne durerait qu'un instant, comme la percussion qu'elle éprouve sous les coups d'un marteau. La durée soutenue de la pression prouve la continuation de l'action de la force.

Si l'on écarte la table qui soutenait le corps, la force qui le sollicite à se mouvoir n'éprouvera plus d'obstacle, et il se mouvra effectivement. Or, dans le cas où cette force agirait à la manière d'une impulsion, le corps devrait descendre vers le sol avec une vitesse uniforme. Au lieu de cela, on remarque que sa vitesse croît sans cesse, aussi longtemps que son mouvement se prolonge.

Un morceau de fer et un aimant, mis en présence, courent à la rencontre l'un de l'autre, mais avec une vitesse qui n'est point uniforme, et qui va sans cesse en croissant, parce que la force qui détermine ce mouvement continue sans cesse d'agir.

**92.** — Les forces qui agissent ainsi d'une manière permanente et continue, dépendent de causes secrètes que l'esprit humain n'a jamais pu pénétrer. Toutes les analogies naturelles nous indiquent que ces forces sont des causes secondaires, c'est-à-dire des effets d'autres causes d'un ordre plus élevé. Remonter aux causes secondaires, et par-là se rapprocher d'un degré de la cause suprême, tel est le but de la philosophie. Le meilleur moyen d'y parvenir, c'est d'observer soigneusement les phénomènes, de les comparer, de les classer, et de se garder d'admettre l'existence d'une chose qui n'a pas été directement observée, ou démontrée par une suite de raisonnements rigoureux. La philosophie doit suivre la nature, et non pas prétendre à la conduire.

Tandis que la loi d'inertie, établie par l'observation et par la raison, constitue la matière dans l'incapacité de changer d'elle-même d'état, tous les phénomènes du monde physique montrent que cet état éprouve sans cesse des modifications. Il n'y a pas, à proprement parler, d'exemple de repos absolu, ni de mouvement absolument rectiligne et uniforme. Dans les corps et dans les parties qui les constituent, il n'y a pas davantage d'exemple de simple juxtaposition, non accompagnée de pression ou de tension, c'est-à-dire de quelque tendance au mouvement. De mystérieuses et innombrables forces agissent sans cesse pour compenser en quelque sorte l'inertie de la matière, et pour faire participer les corps inorganiques à cette activité dont les êtres doués d'un principe de vie jouissent à un degré plus éminent.

93. — Ces forces qui agissent sans cesse, dont l'existence est démontrée par leurs effets, quoique nous en ignorions absolument la nature, le siége et le mode d'opération, se nomment en général

attractions et répulsions. On les classe d'après les analogies que leurs effets présentent, de la même manière que l'on groupe en histoire naturelle les êtres organisés, et d'après les mêmes principes. Le naturaliste ignore l'essence ou la constitution intime des êtres auxquels il impose des noms et dont il forme des groupes : il ignore les rapports de la constitution intime de ces êtres avec les qualités extérieures qui font la base de ses classifications ; et le physicien ne connaît pas davantage l'essence des forces, ni les rapports qui peuvent exister entre leur nature intime et les effets apparents d'après lesquels il les groupe.

94. — Les forces attractives et répulsives se distribuent d'abord en deux classes principales : l'une qui comprend les forces dont l'action se manifeste entre les molécules ou les parties constituantes des corps, et qu'on nomme par cette raison *forces moléculaires*. Leur caractère commun est de n'exercer une influence sensible qu'à des distances imperceptibles à nos sens. L'autre classe comprend les forces dont l'action est sensible à des distances considérables, quoiqu'elle aille toujours en s'affaiblissant quand la distance augmente.

Sans l'action des forces moléculaires, l'aspect de la nature serait privé de sa variété et de sa beauté. Il n'y aurait que des atomes dispersés sans cohérence dans l'espace ; les corps, à proprement parler, n'existeraient pas ; la chaleur et la lumière ne donneraient plus naissance à tant d'admirables phénomènes ; l'organisation des êtres vivants serait impossible ; la vie même serait éteinte. Pour

avoir la preuve de l'existence des forces moléculaires, nous n'avons qu'à jeter les yeux sur nous-
mêmes, autour de nous, sur la terre et dans les
espaces célestes. Tous les objets que nous voyons,
que nous touchons, attestent la présence de ces
forces : le monde matériel est le magnifique résultat
de l'influence exercée par ces agents invisibles.

95. — On a prouvé (art. 11 *et suiv.*) que les
particules constituantes des corps sont d'une inconcevable petitesse ; qu'elles ne sont pas en contact immédiat (art. 26), mais séparées les unes des
autres par des interstices que l'on ne peut pas plus
observer directement que les molécules mêmes,
à cause de leur petitesse excessive, mais dont
l'existence résulte incontestablement des phénomènes qui tombent sous l'observation. La résistance que chaque corps oppose à la compression,
prouve que les particules exercent les unes sur les
autres une influence répulsive, en vertu de laquelle
ces particules sont maintenues à distance les unes
des autres, séparées par les interstices dont nous
venons de parler. Quoique cette répulsion se manifeste dans tous les corps, elle y existe à différents
degrés d'énergie : cela résulte de ce que certaines
substances se laissent aisément comprimer, tandis
que d'autres ne diminuent tant soit peu de volume
qu'au moyen d'une pression très-considérable.

96. — L'espace autour de chaque particule,
dans l'étendue duquel se fait sentir l'influence répulsive, a généralement des limites, du moins
pour les substances qui ne sont pas à l'état gazeux ;
et immédiatement au delà de ces limites, une force

opposée, c'est-à-dire une force attractive, commence d'agir. Ainsi, dans les corps solides, les particules résistent à la séparation aussi bien qu'à la compression, et il faut employer une force souvent très-grande pour les rompre, ou pour en désagréger les particules. C'est en vertu de cette attraction, nommée *cohésion*, que les corps solides conservent leur figure, et que leurs parties ne cèdent pas, comme celle des fluides, à leur propre poids.

97. — La force de cohésion agit dans les diverses substances avec différents degrés d'énergie. Quelquefois son intensité est très-grande, mais la sphère de son influence paraît très-limitée. C'est le cas pour tous les corps qui sont durs, rigides, cassants, auxquels nulle force ne peut donner une extension perceptible, et qu'on ne peut rompre ou déchirer qu'en employant une force considérable. Tels sont la fonte de fer et les pierres siliceuses. D'autres corps paraissent avoir une force de cohésion beaucoup plus faible, mais dont la sphère d'action est considérable, du moins par comparaison, car elle est toujours imperceptible à nos sens et nous n'en jugeons qu'indirectement, d'après la nature des effets produits. Ces corps ont la propriété de pouvoir s'étendre facilement sans se rompre ni se déchirer. Tels sont le caoutchouc ou la gomme élastique, plusieurs produits du règne animal et du règne végétal, et en général tous les corps mous et visqueux.

Entre ces deux termes extrêmes, la force de cohésion éprouve des modifications très-variées. Dans le plomb et dans les autres métaux mous, sa sphère d'action est plus grande et son énergie moindre que dans les corps cités en premier lieu ; au contraire, sa sphère d'action est plus bornée et son énergie plus grande que dans le caoutchouc. Les modifications de cette force, combinées avec celles de la force répulsive, dont la sphère d'action s'étend encore moins loin des particules composantes, produisent toutes ces variétés de constitution d'après lesquelles nous donnons aux corps les épithètes de durs, de mous, de cassants, de ductiles, de flexibles, etc.

98. — Après qu'on a brisé ou séparé d'une masse quelconque les parties d'un corps solide, on peut les forcer à se réunir de nouveau en vertu de la cohésion, pourvu qu'on ramène un nombre considérable de particules à un contact suffisamment intime. Quand ce rapprochement se fait par des moyens mécaniques, il est rare que l'adhérence redevienne aussi grande qu'avant la séparation, et il faut ordinairement une force beaucoup moins intense pour séparer de nouveau les parties réunies. Deux lames de plomb fraîchement coupées, dont les surfaces sont lisses, adhèrent ensemble quand on les comprime, et ne peuvent être ensuite séparées sans un effort considérable. Lorsqu'on a déchiré un morceau de caoutchouc, il suffit d'une légère pression pour rétablir l'adhérence entre les parties séparées. La soudure est facile en pareil cas, par la raison que la sphère d'influence de la force de cohésion est très-étendue ; mais quand bien même le contraire a lieu, on rétablit encore une adhérence sensible entre les parties séparées ; en

ayant soin de bien polir les surfaces pour rapprocher d'une manière plus intime un nombre plus
grand de particules. Ainsi, deux surfaces polies de
verre, de métal, de marbre, adhèrent l'une à l'autre quand on les met en contact, et il faut une force
notable pour les séparer.

Lorsqu'après avoir rétabli ainsi l'adhérence par
des moyens mécaniques on fait un effort en sens
contraire, la séparation a lieu aux points qui avaient
été réunis ; ce qui prouve que la cohésion y est
moindre que partout ailleurs. Ainsi, l'on n'établit
pas d'ordinaire, par des moyens mécaniques, une
adhérence aussi intime que par la fusion ou par les
moyens chimiques. Cependant, en soumettant des
corps spongieux ou pulvérulents à des percussions
violentes et longtemps répétées, on réussit quelquefois à les faire prendre en masses où la force de cohésion est aussi grande que dans des masses obte-
nues par la fusion.

99.—La force de cohésion est encore sensible
dans les liquides, quoique beaucoup moins que dans
les solides, et elle s'y manifeste par des effets apparents. L'eau, convertie en vapeur par la chaleur, se
trouve divisée en particules excessivement ténues
qui s'élèvent dans l'atmosphère. Lorsqu'on la prive
de la quantité de chaleur qui lui a donné l'état ga-
zéiforme, les particules se rassemblent, sous l'influence de la force de cohésion, en gouttelettes
rondes que la pesanteur précipite à la surface de la
terre.

De même, si on laisse échapper lentement un
liquide par le col d'un flacon, il ne tombera pas en

particules d'une petitesse indéfinie, à la manière d'une substance pulvérulente, mais en gouttes de dimensions notables. Plus le liquide aura de cohésion, plus les gouttes seront grosses. Ainsi l'huile et les autres liquides tombent en grosses gouttes, l'éther, l'alcool en gouttes beaucoup plus petites.

Les gouttes de pluie qui glissent sur un carreau de fenêtre tendent à se réunir lorsqu'elles arrivent dans le voisinage l'une de l'autre; et l'on rend le même phénomène encore plus remarquable en secouant des gouttes de mercure sur un plan de verre horizontal.

Les grains de plomb dont on se sert pour la chasse doivent leur forme ronde à la même cause. Après qu'on a fondu le métal, on le laisse tomber en pluie d'une grande hauteur. Pendant la chute, les molécules s'agglomèrent en gouttes de forme sensiblement globulaire, et cette forme se conserve, parce que les gouttes ont le temps de se solidifier par le refroidissement avant d'avoir atteint le sol.

100. — L'attraction moléculaire s'exerce encore entre les particules des liquides et celles des solides. Une goutte d'eau qui se trouve en contact avec un plan vertical de verre ne tombe pas librement; elle adhère au plan de verre, et cette adhérence en retarde la chute. Elle peut même rester suspendue, si son poids est insuffisant pour vaincre la force d'adhésion.

Si l'on place une plaque de verre à la surface de l'eau sans laisser cette plaque s'enfoncer, il faudra pour la soulever une force notablement plus grande que celle qui suffirait pour équilibrer le poids de la plaque. Cette expérience établit à la fois l'adhérence de l'eau au verre, et la cohésion qui retient unies les particules de l'eau.

Quand on plonge une aiguille dans un liquide et qu'on la retire ensuite, il reste une goutte suspendue à la pointe de l'aiguille; et en général lorsqu'après avoir plongé un corps solide dans un liquide on le retire, ce corps est *mouillé*, c'est-à-dire qu'une certaine quantité du liquide est restée adhérente à la surface. S'il n'existait aucune attraction entre les molécules du solide et celles du liquide, le corps solide serait après l'immersion dans le même état qu'auparavant. C'est ce qui arrive à un morceau de verre lorsqu'on le plonge dans le mercure; il en sort sans être mouillé, c'est-à-dire sans que le mercure adhère à la surface.

Quand on est exposé à la pluie, la peau et les vêtements sont mouillés, parce qu'il existe une attraction moléculaire entre ces substances et l'eau. On n'éprouverait rien de semblable si l'on était exposé à une pluie de mercure.

101. — Lorsque l'attraction moléculaire a pour effet de forcer les liquides à pénétrer dans les interstices des corps poreux, à monter dans des fentes ou dans des canaux de très-petits diamètres, on lui donne le nom d'attraction *capillaire*. C'est ainsi que les liquides s'élèvent entre les pores d'une éponge, d'un morceau de sucre, d'une mèche de lampe. Les deux règnes organiques fournissent de nombreux exemples de phénomènes analogues. On a même essayé plusieurs fois d'expliquer, par la seule intervention des forces capillaires, la plupart

des phénomènes que présente le jeu des parties liquides dans les êtres organisés, par exemple l'ascension de la séve dans les végétaux.

Si l'on suspend un poids à une corde sèche, et
qu'ensuite on humecte la corde avec une éponge,
les fils de la corde se tordront en se gonflant, la
corde se raccourcira et le poids sera soulevé à une
hauteur considérable. Ainsi, l'attraction des fibres
de la corde pour les molécules aqueuses possède
assez d'énergie pour vaincre la tension produite par
un poids qui peut être de plusieurs quintaux.

Quand on plonge verticalement un tube de verre,
d'un petit diamètre, dans de l'eau que l'on colore
pour rendre le phénomène plus visible, le liquide
s'élève dans le tube au-dessus de son niveau dans le
vase où le tube est plongé. Si l'on retire tout à fait
le tube, en le maintenant dans la position verticale,
une colonne d'eau, d'une certaine hauteur, reste
suspendue dans l'intérieur de ce tube. Plus le
diamètre du tube est petit, plus la hauteur de la
colonne soulevée est grande. Si l'on plonge dans
l'eau une série de tubes, assujettis au même appareil, et dont les diamètres aillent en décroissant,
les hauteurs des colonnes soulevées iront en augmentant graduellement d'un tube à l'autre. Nous
n'entreprendrons pas d'expliquer la raison de ces
phénomènes, dont la théorie a été donnée par le
calcul, et constitue l'une des applications les plus
curieuses des mathématiques aux sciences physiques.

On forme un *siphon capillaire* avec un écheveau
de fil de coton, qui plonge par un bout dans le vase

où le liquide est contenu, et par l'autre bout dans le vaisseau avec lequel il s'agit de le faire communiquer. Le même résultat pourrait être obtenu avec un siphon en verre d'un petit diamètre.

102. — Il arrive souvent qu'on observe une *répulsion moléculaire* entre un solide et un liquide. En plongeant une pièce de bois dans du mercure, on verra le liquide se déprimer dans le voisinage du bois ; et si le mercure est contenu dans un vase de verre, il sera de même déprimé vers les bords. Cette répulsion n'est qu'apparente, et provient de l'attraction du mercure pour lui-même, attraction plus forte que celle du mercure pour le solide.

Tous les solides, néanmoins, n'ont pas la propriété de repousser le mercure. Si l'on plonge une pièce d'or dans ce liquide, ne fût-ce que pour un instant, l'or s'unit aux molécules mercurielles. Le métal change de couleur, devient blanc comme de l'argent, et l'on a de la peine ensuite à expulser le mercure du mélange, ou, pour employer le terme technique, de l'*amalgame* qui s'est opéré. En conséquence il faut avoir soin de se débarrasser des anneaux, des chaînes, et de toute espèce de bijoux en or, quand on veut faire des expériences sur le mercure.

103. — Les forces moléculaires, considérées comme les causes des phénomènes chimiques, prennent le nom d'*affinités*. Mais, si rien n'est plus évident et mieux défini que les effets produits par les forces d'affinité, rien n'est plus obscur et plus hors de la portée de nos moyens actuels d'observation, que la nature et le mode d'opération de ces

forces. Nous sortirions de notre sujet si nous entreprenions de donner des détails sur les affinités chimiques, et nous nous bornerons à en dire ici deux mots.

Quand on établit un contact intime entre les particules de différents corps, et surtout quand ces corps sont à l'état liquide et qu'on les mélange, on observe fréquemment qu'il résulte de leur union un corps composé, doué de propriétés tout autres que celles des corps composants. Le volume du composé est souvent plus grand ou plus petit que les volumes réunis des composants. Ceux-ci peuvent être à la température ordinaire de l'atmosphère, et le composé prendre une température plus haute ou plus basse. Les composants peuvent être liquides, et le corps composé solide. La couleur de ce dernier ne ressemble souvent en rien aux couleurs des corps dont il est formé. Les forces moléculaires auxquelles est due la production de ces phénomènes et d'autres effets semblables, sont ce qu'on nomme *affinités*.

104. — Citons-en seulement quelques exemples. Si l'on mêle un litre d'eau avec un litre d'acide sulfurique, le volume du mélange aura un peu moins de deux litres : sa densité sera plus grande que celle qui résulterait de la simple diffusion des particules d'un des liquides parmi les particules de l'autre liquide. Les particules se seront rapprochées, ce qui est l'indice du développement de certaines forces attractives.

Dans cette expérience, quoique les deux liquides ient été pris à la température de l'air environnant,

5

le mélange aura une chaleur assez intense pour qu'on ne puisse toucher commodément avec la main le vase qui le renferme.

Si l'on mêle dans de certaines proportions deux fluides gazeux, que l'on nomme oxygène et hydrogène, et qu'on fasse passer à travers le mélange une étincelle électrique, les deux gaz se combineront et donneront de l'eau, c'est-à-dire un corps liquide énormément plus dense que chacun des gaz composants, et dont tous les autres caractères physiques et chimiques diffèrent aussi complétement des caractères de l'oxygène que de ceux de l'hydrogène.

Le gaz oxygène, combiné avec le mercure liquide, donne un composé solide et noir, tandis que le mercure est blanc, et que le gaz est incolore. Les mêmes substances, combinées dans d'autres proportions, donnent naissance à un composé rouge.

105. — Après avoir exposé quelques notions sur les principales forces moléculaires, nous allons parler de celles qui se manifestent entre les corps pris en masse, et qui se distinguent d'ailleurs essentiellement, comme nous l'avons dit, des forces moléculaires, en ce que leur influence est sensible à des distances, non-seulement perceptibles à nos sens, mais très-considérables; quoique cette influence aille en décroissant à mesure que la distance augmente.

Nous avons déjà eu maintes occasions de faire allusion à la propriété de l'aimant d'attirer le fer. Deux barreaux aimantés se repoussent quand on met en présence les *pôles* qu'on appelle *de même nom*, c'est-à-dire les extrémités de ces barreaux qui se tournent toutes deux vers le nord, ou toutes deux vers le sud de l'horizon ; et, au contraire, les mêmes barreaux s'attirent quand on met en présence les pôles de *noms contraires*, le pôle nord de l'un et le pôle sud de l'autre. C'est là ce qu'on appelle les attractions et les répulsions *magnétiques*. On doit chercher dans les traités de physique de plus amples détails à ce sujet.

Quand on frotte avec une étoffe de laine ou de soie du verre, de la cire à cacheter, de l'ambre et d'autres substances, on remarque que les corps frottés attirent les plumes et les autres corps légers placés dans le voisinage. On remarque de plus que parmi les corps frottés de la sorte, les uns s'attirent, les autres se repoussent. Dans ce nouvel état, les corps sont ce qu'on appelle *électrisés*, et les forces développées ainsi se nomment attractions et répulsions *électriques*. Nous ne faisons qu'indiquer ici, de la manière la plus superficielle, un ordre de phénomènes qui joue le plus grand rôle en physique : notre but devait être seulement de signaler l'existence d'une classe particulière de forces.

106. — Ces forces dont il vient d'être question dans l'article précédent ne se montrent qu'entre des corps de nature particulière, ou placés dans des circonstances spéciales : mais il y a une autre attraction dont les effets se font sentir entre les corps de toute espèce, placés dans toutes les circonstances ; dont l'intensité est absolument indépendante de l'état physique des corps, de leur nature chimique, et ne dépend que de leur masse et de leurs distances mutuelles. Ainsi,

une masse de métal et une masse d'argile, isolées dans l'espace et séparées par une distance d'un million de mètres, sortiraient du repos pour marcher à la rencontre l'une de l'autre avec de certaines vitesses : si deux masses respectivement égales, l'une de pierre, l'autre de bois, étaient placées à la même distance, elles se mettraient aussi en mouvement l'une vers l'autre, et leurs vitesses seraient respectivement les mêmes que celles des deux autres masses. Cette attraction universelle qui ne dépend que des quantités de masses et des distances mutuelles, se nomme la *gravitation*. Commençons par expliquer les lois de cette attraction ; nous indiquerons ensuite les principaux phénomènes qui nous les révèlent.

107. — Concevons deux masses A et B, primitivement en repos dans l'espace, et placées hors de l'influence des forces avec lesquelles d'autres corps pourraient agir sur elles. En vertu de leur attraction mutuelle, elles se déplaceront pour aller à la rencontre l'une de l'autre, mais avec des vitesses inégales. Le rapport de la vitesse de A à la vitesse de B sera le même que celui de la masse de B à celle de A. Si, par exemple, la masse B est double de la masse A, celle-ci décrira deux mètres, pendant que la première décrira un mètre. Nous en concluons que la force avec laquelle A se meut vers B est égale à celle avec laquelle B se meut vers A, ou que les quantités de mouvements sont égales de part et d'autre et dirigées en sens contraires (art. 68). C'est une conséquence de la loi d'inertie et une nouvelle application du principe de l'égalité entre l'action et la réaction,

ainsi qu'on l'a expliqué dans le chapitre IV. La vitesse relative des deux masses A et B sera la somme de leurs vitesses absolues ( art. 89 ). Ainsi, en admettant que A décrive deux mètres pendant la première seconde dans le sens A B, et que B décrive pendant le même temps un mètre dans le sens B A, la vitesse relative sera de trois mètres pendant la première seconde.

Si la masse B est doublée, elle attirera la masse A avec une force double, et lui fera décrire dans le même temps un espace double : si elle était triplée, elle lui ferait décrire un espace triple, et ainsi de suite, A étant toujours attiré par B avec une force proportionnelle à la masse de B. Cela revient à dire que toutes les particules de B attirent la masse A, indépendamment les unes des autres, et que les effets de toutes ces forces s'ajoutent, étant dirigés dans le même sens. La force avec laquelle la masse A attire la masse B devient aussi double ou triple quand la masse B est doublée ou triplée, mais la vitesse de B reste la même, parce qu'une plus grande force se trouve employée à mouvoir une plus grande masse.

On peut donc déjà annoncer comme une loi de la gravitation, qu'à égales distances un corps en attire un autre et en est attiré proportionnellement à sa masse ; de sorte que la masse venant à croître ou à décroître, l'intensité de la force attractive croîtra ou décroîtra dans le même rapport.

108. — Voyons comment la force sera modifiée par le changement de distance. Après qu'on aura observé l'intensité avec laquelle le corps B attire le

corps A à la distance d'un mètre, si l'on porte la distance à deux mètres, les masses ne changeant pas, l'intensité de la force attractive ne sera plus que le quart de l'intensité primitive ; elle en sera le neuvième si la distance est portée à trois mètres, et ainsi de suite ; de sorte que les distances variant comme les nombres

1, 2, 3, 4, 5, 6, 7, 8, 9, 10, etc.,

les intensités correspondantes seront en raison inverse des nombres

1, 4, 9, 16, 25, 36, 49, 64, 81, 100, etc.

En arithmétique on appelle le *carré* d'un nombre, le produit qu'on obtient en multipliant ce nombre par lui-même. Ainsi 4 est le carré de 2, parce que 2 fois 2 font 4 ; 9 est le carré de 3, parce que 3 fois 3 font 9. D'après cette définition, nous dirons donc que l'intensité de la gravitation décroît comme le carré de la distance augmente, les masses des deux corps étant supposées les mêmes.

109. — Donc on peut définitivement énoncer la loi de la gravitation en ces termes : « L'intensité de la force avec laquelle deux corps s'attirent est en raison directe de leurs masses, et en raison inverse du carré de la distance qui les sépare. »

110. — La terre est une masse de forme sensiblement sphérique, et l'on démontre par des considérations de géométrie, qu'une masse sphérique dont toutes les particules attirent un autre corps en raison inverse du carré de la distance, exerce sur ce corps une attraction totale, la même que si toute la masse

ttirante se trouvait réunie au centre de la sphère.

uand un corps élevé au dessus de la surface de la
erre est abandonné à lui-même, on observe qu'il
descend perpendiculairement à la surface terrestre
(considérée dans son ensemble et abstraction faite
des inégalités du sol), c'est-à-dire qu'il se dirige
vers le centre de la terre. On peut prouver que la
force avec laquelle il tend à descendre est exactement
en proportion de sa masse, quelle que soit la nature
du corps. Toutes ces circonstances se rapportent à
l'énoncé que nous avons donné de la loi de la gravitation, et nous autorisent à penser que le phénomène
de la chute des corps à la surface de la terre rentre
dans cette loi générale. Mais pour que l'assimilation
fût complète, il faudrait que le corps qui tombe atti-
rât la terre, tandis que la terre l'attire, et avec la
même force ; il faudrait que la terre marchât à sa
rencontre comme il marche à la rencontre de la terre,
et que la rencontre eût lieu dans quelque point intermédiaire. C'est en effet ce qui arrive, quoiqu'il
nous soit impossible d'observer le mouvement de la
terre par des raisons que l'on comprendra facilement.

D'abord, puisque tous les corps placés à la surface
de la terre participent à son mouvement, il nous serait impossible de l'apercevoir, lors même qu'il
serait assez considérable pour que nous pussions
l'observer, si nous nous trouvions placés dans d'autres circonstances. Mais, cette considération mise
à part, le déplacement de la terre en pareil cas est si
petit qu'il ne peut devenir l'objet d'aucune observation, même indirecte. Nous avons établi dans l'art. 107
que les espaces décrits respectivement par deux corps

qui s'attirent sont en raison inverse de leurs masses respectives. Or, la masse de la terre l'emporte plus de 1000 000 000 000 000 fois sur celle des plus grands corps dont nous puissions observer la chute à sa surface : ainsi, quand bien même un pareil corps tomberait de la hauteur de 500 mètres, l'espace décrit par le centre de la terre, en marchant à la rencontre du corps, ne serait pas la deux-millionième partie d'un millième de millimètre.

L'attraction que la masse de la terre exerce sur les corps placés à sa surface ne se manifeste pas seulement par le phénomène de la chute de ces corps, mais par la pression qu'ils exercent contre l'obstacle qui les empêche de tomber. Cette pression est ce qu'on nomme le *poids* des corps. La théorie de la pesanteur et de la chute des corps sera exposée avec plus de détails dans le chapitre suivant.

111. — Le mouvement curviligne des corps que l'on projette dans des directions qui s'écartent de la verticale, résulte de la combinaison de la vitesse uniforme communiquée au projectile par l'impulsion qu'il a reçue, avec la vitesse accélérée que lui imprime l'attraction de la terre dans le sens vertical. Imaginons un corps placé en P (*Fig.* 20) au-dessus de la surface de la terre dont C est le centre ; si le corps était libre de se mouvoir, et qu'il ne reçût aucune impulsion extérieure, il descendrait dans la direction PA d'un mouvement accéléré. Mais en admettant qu'au moment de quitter la position P il ait reçu dans la direction PB une impulsion capable de lui faire décrire l'espace PB dans le même temps qu'il met à tomber de P en A, en vertu de la

composition des mouvements, le corps doit occuper au bout de ce temps la position D. Dans le premier instant, la vitesse du corps suivant la direction P A sera trop faible pour que la direction de son mouvement dévie sensiblement de la ligne P B. Mais ensuite, la vitesse avec laquelle il se rapproche du centre de la terre allant sans cesse en croissant à cause de l'attraction continuelle à laquelle il est soumis, la courbe qu'il décrit s'infléchira de plus en plus vers le centre, en présentant sa convexité à la ligne P B qui touchera la courbe au point P.

Plus la vitesse du projectile dans la direction P B sera grande, plus la courbe décrite aura d'amplitude. C'est ainsi qu'elle deviendra successivement P D, P E, P F, etc. En mettant de côté la résistance de l'air, on pourrait calculer une vitesse de projection telle, que le projectile circulerait autour de la terre, en revenant au point P d'où il est parti, pour continuer ainsi une série de révolutions tout à fait semblables à celles de la lune autour de la terre. Nous sommes donc conduits à expliquer les phénomènes que nous présentent les mouvements de la lune, par la combinaison d'une attraction qui la sollicite incessamment vers la terre, et d'une impulsion dans l'espace qu'elle a reçue primitivement de la main du Créateur.

112. — Voilà deux phénomènes en apparence complétement dissemblables : la chute rectiligne des corps pesants, et le mouvement révolutif, presque circulaire, de la lune autour de la terre, dont l'explication est rattachée à une même cause, l'attraction exercée par la masse terrestre sur les

autres corps placés dans l'espace. Mais en suivant toujours la même idée, nous sommes amenés à lui donner une beaucoup plus grande extension. Les mouvements révolutifs des planètes autour du soleil dans des orbites presque circulaires, les mouvements des satellites autour des planètes primaires dont elles dépendent, offrent des analogies trop intimes avec les mouvements de la lune autour de la terre, pour que nous n'admettions pas que l'explication qui convient aux uns convient aux autres, et qu'ainsi tous peuvent s'expliquer par la combinaison d'une force d'attraction dirigée vers un centre et d'une impulsion primitive. Quoique les orbites parcourues par les comètes s'écartent beaucoup de la forme circulaire, on démontre que leurs mouvements sont régis par la même loi, et que l'allongement de leurs orbites dépend seulement de la direction et de la force de l'impulsion initiale.

113. — Concluons donc que la gravitation est le principe qui anime, en quelque sorte, l'univers. On est parvenu à expliquer au moyen de ce principe, et avec la plus grande précision, toutes les particularités des mouvements de ces grands corps dont notre système planétaire est formé. Sans prétendre exposer aux lecteurs cette vaste application des lois de la mécanique, il faut au moins indiquer comment a pu être établie la loi fondamentale, que l'intensité de la force varie en raison inverse des carrés des distances (art. 108).

On a vu que la forme de la courbe décrite par un projectile est déterminée de fait par l'intensité de l'attraction de la terre, et par celle de l'impulsion

primitive ou de la vitesse de projection. On conçoit
donc qu'avec ces données on puisse, par une suite
de raisonnements mathématiques déterminer *à
priori* la forme de la courbe décrite. Réciproquement, quand la forme de cette courbe sera connue,
on en pourra déduire l'intensité de la force attractive qui courbe et infléchit la ligne décrite par le
corps. Or, nous connaissons par les observations
astronomiques la courbure de l'orbite que la lune
parcourt, la vitesse avec laquelle elle se meut, et dès
lors nous pouvons assigner l'intensité de l'attraction
que la terre exerce sur la lune. En comparant cette
intensité avec celle de la gravitation à la surface de
la terre, qui nous est connue par des expériences
directes, on trouve que le rapport entre la première
intensité et la seconde est égal au rapport entre le
carré du rayon terrestre ou de la distance du centre
à la surface, et le carré de la distance de la lune au
centre de la terre.

Si ce fait était unique, on pourrait regarder la relation qui vient d'être signalée comme accidentelle ;
mais, en comparant de la même manière les cour-
bures des orbites et les vitesses des diverses planètes, on obtient des résultats semblables. D'abord,
comme les orbites décrites par les planètes autour
du soleil ne sont pas circulaires, et que la distance du soleil à la planète varie notablement d'un
point à l'autre de l'orbite, on trouve que, pour
chaque planète en particulier, l'intensité de la force
attractive du soleil varie aussi d'un point à l'autre
de l'orbite suivant la loi énoncée plus haut. On
trouve ensuite que l'attraction solaire varie d'une

planète à l'autre d'une manière beaucoup plus sensible, mais toujours suivant la même loi. Enfin, on
vérifie encore le principe de la même manière à
l'égard de l'attraction exercée par les planètes qui
ont, comme Jupiter, plusieurs satellites.

114. — Les corps placés à la surface de la terre s'attirent mutuellement aussi bien que les corps célestes
distribués dans l'espace ; mais, vu leur peu de masse,
cette attraction est si faible en comparaison de l'attraction prédominante exercée par la masse entière de
la terre, que dans les circonstances ordinaires elle
ne peut pas produire d'effets appréciables. Cependant lorsqu'un fil-à-plomb se trouve dans le voisinage d'une montagne, on remarque qu'il est dévié
de la verticale, du côté de la montagne, d'une
quantité très-petite, mais appréciable. Cet effet a
été observé par Maskeline, près du mont *Skehal-*
*lien* en Écosse, et par les astronomes français
chargés de la mesure du degré de l'équateur, près
du Chimboraço.

Cavendish est parvenu à rendre sensibles les
effets de la gravitation mutuelle de deux sphères
métalliques. Deux globes de plomb A, B (*Fig.* 21),
chacun d'environ quinze centimètres de rayon,
étaient fixés à une certaine distance l'un de l'autre.
Une aiguille légère, suspendue à son centre E par
un fil très-fin, et portant à ses extrémités deux
petites balles métalliques C, D, était placée comme
l'indique la figure ; de sorte que les attractions
exercées par chacun des globes de plomb conspi-
raient pour faire marcher l'aiguille dans le même
sens. Cavendish produisait ainsi, en prenant d'ail-

leurs une foule de précautions très-délicates, un effet perceptible et même mesurable. Le rapport de l'intensité de l'action de la terre à celle de l'action qu'exerçaient les globes de plomb, lui donnait le rapport de la masse de la terre à la masse des globes de plomb ; et comme les dimensions de la terre sont connues, il en pouvait conclure (art. 20) le rapport de la densité du plomb à la densité *moyenne* de la terre, ou à la densité d'un globe qui aurait mêmes dimensions et même masse que la terre, et une densité égale dans toutes ses parties. Cavendish a trouvé ainsi la densité moyenne de la terre égale à environ cinq fois et demie celle de l'eau ; et comme les substances qui en composent l'écorce ou les couches superficielles ont en général une densité moindre, cette expérience a conduit à la conclusion très-importante que la densité du globe terrestre va en croissant de la surface au centre : ce qui s'accorde très-bien avec l'hypothèse de la fluidité des couches centrales du globe, admise maintenant par tous les géologues.

Après avoir exposé les notions fondamentales sur lesquelles repose la théorie de la gravitation, nous renverrons le lecteur aux traités d'astronomie physique pour la complète démonstration de cette loi et pour le développement détaillé de ses nombreuses et importantes conséquences [1].

[1] *Voyez* le *Traité d'Astronomie* de sir John Herschel, et spécialement les chapitres VII et XI.

Cet ouvrage fait partie de la Bibliothèque industrielle, chez L. MATHIAS.

# CHAPITRE VII.

## PESANTEUR TERRESTRE.

Phénomènes qui accompagnent la chute des corps. — Décroissement de la pesanteur, des pôles à l'équateur. — Dans le vide, tous les corps tombent vers la terre avec la même vitesse. — Accroissement de la vitesse des corps pendant leur chute. — Théorie du mouvement uniformément accéléré. — Relation entre les espaces, les temps et les vitesses. — Machine d'Attwood. — Mouvement retardé.

115. — On désigne d'une manière générale, par le mot de *gravitation*, cette attraction qui s'exerce à toutes distances, entre toutes les particules de la matière. Lorsque l'on considère spécialement l'attraction exercée par la masse de la terre sur les corps placés à sa surface, cette attraction prend le nom de *pesanteur terrestre*, ou simplement de *pesanteur*.

L'attraction exercée par la masse de la terre est dirigée vers le centre du globe, ou plus exactement, à cause de l'aplatissement du sphéroïde terrestre, cette attraction s'exerce perpendiculairement à la surface des eaux tranquilles. Il en résulte que deux fils-à-plomb ne sont pas parallèles, mais inclinés l'un à l'autre, de manière que leurs prolongements se couperaient en un point situé dans l'intérieur de la terre. Ainsi A B, C D (*Fig.* 22) sont deux fils-à-plomb dont les prolongements se coupent au point O ; et par conséquent si on laisse tomber deux corps des points A , C , ils descendront suivant les directions convergentes A O, C O. Cependant l'observation semble démontrer que des fils-à-plomb peu éloignés l'un de l'autre sont exactement parallèles ; et que des corps également peu distants l'un de l'autre pendant leur chute, tombent suivant des directions parallèles. Ce parallélisme apparent tient à l'énormité des dimensions du sphéroïde terrestre, comparées à la distance des fils-à-plomb ou des corps que l'on observe. Si la distance des points B , D était de 500 mètres, l'inclinaison des lignes A B , CD ne s'élèverait qu'à 16 secondes ( environ un quart de minute ou la 225e partie d'un degré). Mais dans les applications de mécanique usuelle, où l'on admet que la pesanteur agit suivant des lignes parallèles, les distances de ces lignes ne sont jamais que d'un petit nombre de mètres ; en sorte que la déviation du parallélisme est trop petite pour ne pas échapper à nos mesures. Nous supposerons donc désormais , dans l'analyse du phénomène de la chute des corps, que toutes les particules d'un même corps sont attirées suivant des directions parallèles, perpendiculairement à un plan horizontal.

116. — Puisque l'intensité de la pesanteur terrestre varie en raison inverse du carré de la distance du corps attiré au centre de la terre , il semble que plus un corps en tombant s'approche de la surface terrestre, plus la force qui accélère son mouvement doit aller en croissant ; et , à la rigueur, c'est aussi ce qui a lieu. Mais toutes les hauteurs d'où les

corps soumis à nos observations peuvent tomber, sont si petites en comparaison de la distance de ces corps au centre de la terre, que nous ne pouvons apprécier par aucun procédé pratique les effets de la variation qui en résulte dans l'intensité de la pesanteur. Le rayon terrestre, ou la distance de la surface de la terre au centre, est d'environ 637 myriamètres, ou de plus de 6 millions de mètres. Supposons maintenant un corps qui tombe d'une hauteur de 500 mètres, ce qui excède de beaucoup les hauteurs sur lesquelles nous pouvons expérimenter : les distances de ce corps au centre de la terre, au commencement et à la fin de sa chute, seront entre elles dans le rapport de 12 001 à 12 000 ; les intensités de la pesanteur à la fin et au commencement de la chute seront entre elles comme les carrés de ces nombres, ou dans le rapport de 144 024 001 à 144 000 000 , ce qui donne pour l'accroissement final d'intensité environ un 6 000ᵉ de l'intensité initiale, quantité tout à fait négligeable et insignifiante dans la pratique. Nous supposerons donc, en expliquant les lois de la chute des corps, que pendant toute la durée de la chute le corps est sollicité par une force d'une intensité uniforme.

Néanmoins, quoique l'intensité de la pesanteur soit sensiblement la même sur tous les points de la verticale qu'un corps décrit dans sa chute, et qui correspond à un point donné de la surface terrestre, cette intensité varie sensiblement sur les différentes verticales qui correspondent à des points très-distants, pris sur la surface de la terre. L'intensité de la pesanteur diminue avec la latitude, de façon qu'elle est plus grande quand on se rapproche des pôles, et moindre quand on se rapproche de l'équateur. Nous exposerons plus tard, après que nous aurons traité de la force centrifuge et du mouvement des pendules, les preuves expérimentales de cette variation d'intensité, les causes qui la produisent et les lois qui la régissent. Pour le moment il suffira d'en avoir prévenu le lecteur.

117.—Puisque l'attraction de la terre agit séparément et également sur chaque particule de matière, sans égard à la nature ou à l'espèce du corps, il s'ensuit que tous les corps, quelles que soient leurs masses et leur nature chimique, doivent se mouvoir avec la même vitesse, en vertu de cette attraction. Si deux particules égales de matière sont placées à une certaine hauteur au-dessus de la surface de la terre, elles tomberont suivant des lignes parallèles, et avec des vitesses exactement les mêmes, puisque la terre les attire également. Ce que nous disons ici de deux particules pourrait se dire d'un millier. Or, il n'y aura rien de changé aux circonstances de la chute si ces mille particules, au lieu d'être isolées les unes des autres, sont agrégées en deux masses solides, l'une formée de 990 particules, et l'autre de 10. De cette manière nous aurons deux corps, dont l'un pourra passer pour lourd, et l'autre pour léger comparativement : néanmoins notre raisonnement fait voir que tous deux devront tomber vers la terre avec la même vitesse.

Il semble, au premier aperçu, que l'expérience commune ne s'accorde pas toujours avec cette théo-

rie. Nous voyons que les corps qu'on appelle légers,
tels que des plumes, des feuilles d'or, du papier,
tombent d'une manière lente et irrégulière ; tandis
que des masses lourdes, comme des pièces de métal, des pierres, tombent avec rapidité. Il semble
même en certains cas que la terre, au lieu d'attirer
les corps, les repousse, à en juger par l'ascension
de la fumée, des vapeurs, des ballons. Mais il ne
faut pas oublier que la masse solide de la terre n'agit
pas seule dans ces phénomènes. La terre est enve-
loppée d'une atmosphère formée d'un fluide élastique ou aériforme. D'une part ce fluide oppose une
résistance au mouvement des corps, et cette résistance est d'autant plus grande que les corps ont
moins de masse relativement à leurs surfaces : d'autre part la pression du fluide sur les corps qui y sont
plongés les oblige à remonter lorsque leur densité
est moindre que celle du fluide ambiant, ainsi qu'on
l'explique dans l'hydrostatique. Les corps légers remontent dans l'atmosphère par la même raison
qu'un morceau de liége placé au fond d'un vase
plein d'eau remonte à la surface. Et si certains corps
tombent dans l'air avec plus de lenteur que d'autres,
c'est par la même raison qui fait qu'un œuf tombe
dans l'eau plus lentement qu'une balle de plomb.
Nous n'avons pas à entrer ici dans de plus amples
explications au sujet de ces phénomènes : il suffira
de rappeler qu'on démontre en effet par l'expérience
que tous les corps tomberaient avec la même vitesse,
sans la présence de l'atmosphère. Pour cela on fait
le vide avec la machine pneumatique dans un long
tube de verre, fermé aux deux extrémités, c'est-à-

dire qu'on en extrait tout l'air qu'il contient ; puis en tenant ce tube vertical, on fait tomber en même temps du haut jusqu'en bas , à l'aide d'un appareil convenable , des corps de nature diverse : des plumes , du papier, des feuilles d'or, des pièces de monnaie. On voit alors tous ces corps descendre avec la même vitesse, et atteindre en même temps le fond du tube.

118. — Quiconque a vu des corps pesants tomber d'une certaine hauteur, a remarqué que leur vitesse va en croissant à mesure qu'ils s'éloignent du point de départ. Lors même qu'on ne pourrait pas observer avec les yeux cet accroissement de vitesse, on le reconnaîtrait par ses effets. On sait très-bien que la force avec laquelle un corps qui tombe vient frapper le sol, croît avec la hauteur d'où le corps est tombé. Or, cette force est proportionnelle à la vitesse dont le corps est animé, au moment où il rencontre le sol.

Si l'on a bien compris les remarques que nous avons faites dans le dernier chapitre sur les forces attractives, on regardera comme évident que la vitesse acquise par un corps en tombant d'une certaine hauteur, résulte de l'accumulation des effets de la pesanteur terrestre pendant tout le temps de la chute. Ce corps reçoit en chaque instant une nouvelle impulsion qui lui communique une vitesse additionelle, et la vitesse finale est la somme de tous les petits accroissements de vitesse communiqués de la sorte. Comme nous pouvons dans le cas présent supposer l'intensité de l'attraction invariable, il en résulte que la vitesse communiquée au corps en chaque instant est la même, et par conséquent que la vitesse accumulée au bout d'un temps donné, est proportionnelle à la durée de ce temps. Ainsi, la vitesse acquise par le corps au bout d'une seconde étant prise pour unité, sa vitesse au bout de deux secondes sera 2; au bout de trois secondes elle sera 3, et ainsi de suite. Telle est la propriété fondamentale ou caractéristique du *mouvement uniformément accéléré*. Pour bien comprendre ce qu'on entend par la vitesse acquise, il faut supposer que la force qui sollicite le corps cesserait tout à coup d'agir. Alors, en raison de son inertie, le corps continuerait à se mouvoir d'un mouvement uniforme, s'il n'était retenu par aucun obstacle; et l'espace qu'il décrirait dans un temps donné, en vertu de ce mouvement uniforme, mesurerait la vitesse qu'il avait acquise, au moment où il a été soustrait à l'action de la force.

119. — Dans l'analyse des diverses circonstances de la chute d'un corps, il ne suffit pas de considérer le temps de la chute et la vitesse en chaque instant; il faut avoir égard aux espaces décrits par le corps, à partir du commencement de la chute ou de toute autre époque du mouvement. On doit remarquer que ces espaces sont décrits avec des vitesses variables, et qui croissent uniformément avec le temps; Or, de cette uniformité d'accroissement de la vitesse, il résulte que la vitesse *moyenne* du corps dans l'intervalle de temps que l'on considère, est celle que le corps possédait au milieu de cet intervalle de temps; et puisque les vitesses sont proportionnelles aux temps, comptés depuis le commencement de la

chute, la vitesse correspondante au milieu de l'intervalle, ou la vitesse moyenne, sera la moitié de la vitesse finale, si l'on fixe au premier instant de la chute le commencement de l'intervalle. Il est évident d'ailleurs que l'espace décrit par le corps en vertu de sa vitesse variable, sera le même que celui qu'il eût décrit d'un mouvement uniforme en vertu de sa vitesse moyenne. Par conséquent, la hauteur d'où un corps tombe dans un temps donné et compté depuis le commencement de la chute (abstraction faite de la résistance de l'atmosphère) est égale à l'espace que le corps décrirait dans le même temps, avec une vitesse qui serait la moitié de la vitesse finale; ou, en d'autres termes, cette hauteur est égale à la moitié de l'espace que le corps décrirait en vertu de sa vitesse finale.

120. — Nous avons donc entre ces trois quantités, la hauteur, le temps et la vitesse finale, les deux relations suivantes : *premièrement,* la vitesse finale est proportionnelle au temps, compté depuis le commencement de la chute; *secondement,* la hauteur étant égale à la moitié de l'espace que le corps décrirait pendant un *temps* égal à celui de la chute, s'il était animé de la *vitesse finale,* croît en raison, tant de la vitesse finale que du temps de la chute; c'est-à-dire que cette hauteur est proportionnelle au produit des deux nombres dont l'un mesure le temps et l'autre la vitesse finale. Mais les temps étant proportionnels aux vitesses finales, en vertu de la première règle, les vitesses finales et les temps pourront être exprimés par des nombres égaux, et le produit qu'on obtient en multipliant

un nombre par lui-même est ce qu'on appelle le *carré* de ce nombre (art. 108). De là nous conclurons que les hauteurs sont proportionnelles aux carrés des nombres qui expriment les temps écoulés pendant la chute, ou bien aux carrés des nombres qui expriment les vitesses finales.

121. — L'emploi d'un petit nombre de signes algébriques rendra ces résultats plus distincts, même pour les lecteurs qui ne sont pas familiarisés avec l'algèbre. Désignons par H la hauteur d'où un corps est tombé, par V la vitesse finale, par T le temps de la chute, et indiquons le carré d'un nombre par le chiffre 2 placé en haut et sur la droite du nombre, de cette manière $T^2$, $V^2$. Le signe $\times$ placé entre deux nombres indiquera qu'il faut les multiplier l'un par l'autre. Ceci convenu, nous pourrons exprimer de la manière suivante les résultats auxquels nos raisonnements nous ont conduits :

$$V \text{ croît proportionnellement à} \qquad T \qquad [1]$$
$$H \dots\dots\dots\dots\dots\dots à \; V \times T \quad [2]$$
$$H \dots\dots\dots\dots\dots\dots à \qquad T^2 \qquad [3]$$
$$H \dots\dots\dots\dots\dots\dots à \qquad V^2 \qquad [4]$$

Les propositions [3] et [4] se déduisent des propositions [1] et [2]; car T étant proportionnel à V, en vertu de la proposition [1], peut être substitué à V dans la formule [2], ce qui donne la formule [3]; et de même la substitution de V pour T dans la formule [2] conduit à la formule [4].

Connaissant une fois la hauteur d'où un corps tombe librement pendant la durée d'une seconde, rien ne sera plus facile, d'après ce qui précède, que de calculer la hauteur d'où il tombera dans un temps quelconque. Cette hauteur, pour *deux* secondes, sera égale à *quatre* fois l'espace décrit en *une* seconde; pour *trois* secondes, elle sera égale à *neuf* fois le même espace; pour *quatre* secondes à *seize* fois; pour *cinq* secondes à *vingt-cinq* fois, et ainsi de suite. La règle, énoncée d'une manière générale, est celle-ci : « Réduisez le temps en secondes, prenez le carré du nombre de secondes, multipliez-le par le nombre qui exprime la hauteur d'où le corps tombe dans la première seconde de sa chute, le produit donnera la hauteur cherchée. »

Des expériences très-précises ont appris que l'espace décrit par un corps qui tombe, dans la première seconde de sa chute, est 4<sup>m</sup>,905, ou un peu moins de cinq mètres, à la latitude de Paris. En appliquant donc la règle précédente, on construira le tableau qui suit :

| TEMPS de la chute exprimés en secondes. | CARRÉS des temps. | ESPACES décrits par le corps pendant sa chute. |
|:---:|:---:|:---:|
| | | m |
| 1 | 1 | 4,905 |
| 2 | 4 | 19,620 |
| 3 | 9 | 44,145 |
| 4 | 16 | 78,480 |
| 5 | 25 | 122,625 |
| 6 | 36 | 176,580 |
| 7 | 49 | 240,345 |
| 8 | 64 | 313,920 |
| 9 | 81 | 397,305 |
| 10 | 100 | 490,500 |

**122.** — Les espaces décrits par le corps, pendant chaque seconde de sa chute, peuvent se déduire du tableau précédent, ce qui conduira à un résultat remarquable. En effet, l'espace décrit pendant la première seconde étant 1, et celui décrit pendant les deux premières secondes étant 4, l'espace décrit pendant la deuxième seconde sera 4 moins 1, ou 3. De même l'espace décrit pendant la troisième seconde sera 9 moins 4, ou 5; l'espace décrit pendant la quatrième sera 16 moins 9, ou 7; et en continuant ainsi on trouvera que les espaces successivement décrits pendant chaque seconde de chute, sont exprimés par la série des nombres impairs,

$$1, 3, 5, 7, 9, 11, 13, 15, 17, 19, \text{ etc.};$$

de sorte, par exemple, que dans la dixième seconde de sa chute, le corps décrira, à la latitude de Paris, 19 fois $4^m,905$ ou $93^m,195$. Cette remarque rend très-facile à saisir la loi de l'accélération du mouvement des corps soumis à l'action de la pesanteur.

**123.** — En mesurant la vitesse finale du corps par l'espace qu'il décrirait pendant une seconde d'un mouvement uniforme, si la pesanteur cessait d'agir, et en prenant pour unité l'espace décrit pendant la première seconde de chute, la vitesse finale, au bout de cette première seconde, sera 2; et puisqu'elle croît proportionnellement au nombre de secondes écoulées depuis le commencement de la chute, au bout de deux secondes elle sera 4, au bout de trois secondes elle sera 6; c'est-à-dire que les vitesses finales, à la fin de chaque seconde de chute, pourront être exprimées par la série des nombres pairs,

2, 4, 6, 8, 10, 12, 14, 16, 18, 20, etc.

A la latitude de Paris, la vitesse finale sera donc de $9^m,81$ par seconde, au bout de la première seconde de chute, et de $98^m,1$ au bout de la dixième seconde.

124. — Après avoir développé théoriquement les lois du mouvement des corps qui obéissent librement à l'action de la pesanteur, ou de toute autre force dont l'intensité et la direction ne varient pas, il est utile d'expliquer comment ces lois peuvent être établies par l'expérience. Plusieurs circonstances rendent difficiles, sinon impossibles, les expériences directes sur la chute des corps. Nous voyons par le tableau de l'art. 121 que, pour pouvoir observer les lois du mouvement, seulement pendant 4 secondes de chute, il faudrait disposer d'une hauteur de près de 80 mètres. La vitesse finale, au bout de la quatrième seconde de chute, serait d'environ 40 mètres par seconde, vitesse beaucoup trop rapide pour qu'on puisse la mesurer avec exactitude, lors même qu'on disposerait de la hauteur convenable. Enfin, lorsqu'on opère sur de telles hauteurs, il est impossible de se débarrasser de la résistance de l'air, qui devient très-considérable pour des vitesses aussi rapides.

125. — Ces considérations ont suggéré à George Attwood, géomètre et physicien du dernier siècle, l'idée d'observer les phénomènes de la chute des

corps, en substituant à l'action de la pesanteur celle
d'une force de même genre, c'est-à-dire agissant
d'une manière continue et uniforme, mais avec une
moindre intensité. Les lois du mouvement devant
être les mêmes en pareil cas que celles qui régissent
la chute des corps pesants, il lui suffisait de modérer
l'intensité de la force, de manière que l'expérience,
prolongée même pendant un assez grand nombre
de secondes, permît de prendre des mesures précises; après quoi une simple proportion lui donnait
les résultats qu'on aurait obtenus, si les corps
avaient été soumis à une force aussi intense que la
pesanteur terrestre.

126. — Voici le mécanisme imaginé par Attwood
pour réaliser cette idée. Un fil de soie très-fin
(*Fig.* 23), aux deux extrémités duquel sont sus-
pendus des poids cylindriques égaux, est enroulé
sur la gorge d'une poulie qui tourne autour d'un axe
fixe, avec le moins de frottement possible. Les poids,
ainsi placés, se font parfaitement équilibre, et il
n'y a aucun mouvement produit. On surcharge alors
l'un des poids d'un petit poids additionnel qui rompt
l'équilibre, et fait descendre le poids surchargé
pendant que l'autre remonte. La force qui imprime
ce mouvement au système est la pesanteur, mais
diminuée d'intensité, suivant une proportion qui
dépend du rapport entre la masse du poids additionnel et celle des poids principaux qui s'équilibrent. En effet, les actions exercées par la pesanteur sur les deux principaux poids se détruisent
réciproquement et ne contribuent en rien au mouvement du système. L'action de la pesanteur sur le

poids additionnel est employée à mouvoir tant ce poids additionnel que les deux poids principaux avec lesquels il est uni. La vitesse que cette force imprime au système doit donc être à la vitesse que prendrait le poids additionnel, s'il tombait seul, dans le rapport inverse de la somme des masses des trois poids à la masse additionnelle. On comprend dès-lors comment, en prenant les masses des poids principaux suffisamment grandes relativement à celle du poids additionnel, on peut modérer, à tel degré qu'on veut, l'intensité du mouvement du système. D'ailleurs ce mouvement étant déterminé par une force accélératrice constante, reproduira sur une échelle différente toutes les circonstances de la chute des corps, quand ils tombent librement. On fait ici abstraction du poids du fil, du frottement qu'il exerce contre la gorge de la poulie, et de celui de la poulie sur son axe.

Pour faciliter les observations, on fait descendre l'un des poids le long d'un pilier vertical, divisé en centimètres et en millimètres, auquel, pour plus de précision, on peut adapter un vernier. L'observateur a près de lui un pendule à secondes, dont il compte les battements, et quelquefois ce pendule fait partie de l'appareil. Le pilier vertical porte, en outre, un petit plan horizontal, que l'on peut fixer à diverses hauteurs, et qui est destiné à arrêter le poids dans sa chute à la hauteur voulue. Enfin, on peut faire glisser le long de ce pilier un anneau dont le diamètre est tel qu'il laisse passer le poids principal, tandis qu'il retient le poids additionnel. De cette manière, la cause qui accélérait le mouvement du système cesse d'agir, et les deux poids principaux continuent de se mouvoir uniformément avec la vitesse qu'ils avaient acquise avant qu'on eût arrêté la masse additionnelle. Il est visible qu'au moyen de ces dispositions on peut observer les hauteurs de chute et les vitesses finales correspondantes à un nombre donné de secondes, et vérifier ainsi expérimentalement les lois du mouvement uniformément accéléré, dont nous avons donné la démonstration théorique.

127. — En renversant les énoncés de ces lois, on les rendra applicables à l'ascension des corps projetés verticalement de bas en haut. Un corps lancé de la sorte avec une vitesse donnée remontera précisément à la hauteur d'où il aurait dû tomber pour acquérir cette vitesse. A chaque instant du mouvement l'attraction de la terre lui enlèvera une égale portion de sa vitesse initiale, de sorte que le mouvement sera *uniformément retardé*. De plus, en chaque point de sa course ascensionnelle, il aura précisément la même vitesse qu'il aurait acquise en tombant depuis le point le plus haut où il s'élève jusqu'au point que l'on considère. On peut donc déduire immédiatement toutes les particularités du mouvement ascensionnel, de celles qui ont lieu dans la chute des corps, et il serait superflu de nous y arrêter plus longtemps.

Pour compléter le sujet qui nous occupe, il ne resterait plus qu'à exposer les méthodes propres à déterminer exactement la hauteur d'où un corps tomberait dans une seconde, si l'on écartait la résistance de l'atmosphère et les autres causes de perturbation. La machine d'Attwood, dont nous avons expliqué le principe, pourrait sans doute servir à cette détermination ; mais les résultats ne comporteraient pas encore le degré d'exactitude désirable, quand il s'agit de la détermination d'un élément si important. Les expériences du pendule peuvent seules atteindre à ce degré d'exactitude, et par conséquent nous devons remettre à en parler jusqu'à ce que la théorie du pendule nous soit connue.

---

# CHAPITRE VIII.

## DU MOUVEMENT SUR LES PLANS INCLINÉS ET SUR LES COURBES.

Accélération uniforme du mouvement des corps pesants sur un plan incliné à l'horizon. — Mouvement sur une courbe. — Force centrifuge. — Rayon et centre de courbure. — Cercle osculateur. — Vitesse angulaire. — Appareil destiné à démontrer expérimentalement les lois de la force centrifuge. — Exemples familiers des effets de la force centrifuge. — Application au mouvement de rotation de la terre, — A l'aplatissement de cette planète, — Et au décroissement de la pesanteur, des pôles à l'équateur.

128. — Dans le dernier chapitre nous recherchions les phénomènes qui accompagnent la chute libre des corps dans une direction verticale, et en général le mouvement des corps sollicités par une force quelconque, pourvu qu'elle agisse avec une intensité uniforme. Nous allons examiner mainte-

nant quelques-uns des cas les plus ordinaires où les corps cessent de pouvoir tomber librement, et où par suite les effets de la gravitation se trouvent modifiés.

129. — Lorsqu'un corps sollicité par un nombre quelconque de forces est placé sur une surface dure et inflexible, il doit évidemment rester en repos, si la résultante de toutes les forces qui lui sont appliquées est dirigée perpendiculairement à la surface. Dans ce cas il n'y a pas d'autre effet produit qu'une pression. Si le corps est sollicité par une force unique, il faudra de même, pour qu'il reste immobile, que cette force soit dirigée perpendiculairement à la surface (art. 80).

Au contraire, si la résultante des forces, ou (ce qui est plus simple et revient au même) si la force unique est dirigée obliquement à la surface, on pourra la considérer comme équivalant à deux forces, l'une parallèle, l'autre perpendiculaire à la surface. Celle-ci sera neutralisée par la résistance de la surface, et il en résultera simplement une pression ; la première aura pour effet de mettre le corps en mouvement. On comprendra peut-être ceci plus aisément en s'aidant d'une figure.

130. — Soient donc AB la surface (*Fig.* 24), P une particule de matière placée sur cette surface, et sollicitée par une force qui agit dans la direction PD, perpendiculaire à AB. Il est clair que cette force aura pour effet de presser la particule P contre la surface AB, sans lui imprimer aucun mouvement.

Supposons ensuite que la force qui sollicite la particule P ait la direction PF oblique à AB. En considérant PF comme la diagonale d'un parallélogramme dont les côtés sont PD et PC (art. 75), la force PF équivaudra à deux forces représentées par les lignes PD, PC. La force PD, perpendiculaire à AB, produira une pression sans engendrer de mouvement, tandis que la force PC engendrera un mouvement sans produire de pression. La force PF produira donc à la fois une pression et un mouvement; et, son intensité restant la même, la vitesse imprimée sera plus grande et la pression moindre, ou la vitesse moindre et la pression plus grande, selon la grandeur de l'angle que la direction de la force fait avec la surface. Ainsi, sur les deux figures 24 et 25, les forces représentées par PF sont égales; mais les rapports des forces PD, PC sont très-différents.

131. — Ces principes généraux une fois compris, il est facile d'en faire l'application aux mouvements des corps soumis à l'action de la pesanteur, et placés sur des plans inclinés ou sur des surfaces courbes. Si un corps est placé sur un plan fixe horizontal, il demeurera immobile, et exercera sur le plan une pression égale à tout son poids. Mais si ce même corps P (*Fig.* 24) est placé sur un plan AB incliné à l'horizon, le poids du corps se décomposera en deux forces PC, PD, dont l'une (PD) produira la pression supportée par le plan, et l'autre déterminera le mouvement du corps. D'ailleurs, comme l'inclinaison de la force verticale PF sur le plan AB reste la même, en quelque point du plan que le corps soit placé, qu'en outre l'intensité de la pesanteur ne varie pas (art. 116), il en résulte que la force PC qui détermine le mouvement du corps sur le plan incliné restera constante pendant toute la durée du mouvement; qu'ainsi ce

mouvement sera uniformément accéléré, et qu'on pourra y appliquer toutes les lois du mouvement uniformément accéléré, développées dans le précédent chapitre.

132. — Puisque PF représente la force de la pesanteur, et PC celle qui imprime au corps un mouvement parallèle au plan, le temps que le corps emploierait à tomber librement de P en F, serait le même que celui qu'il mettra à se mouvoir de P en C. Ainsi, connaissant la hauteur d'où un corps tombe librement dans un temps donné, dans une seconde par exemple, on pourra, au moyen d'une construction géométrique très-simple, ou du calcul trigonométrique qui en tient lieu, déterminer l'espace qu'il décrira dans le même temps sur un plan incliné qui fait un angle donné avec l'horizon. Cet espace sera d'autant plus petit que le plan incliné fera un plus petit angle avec l'horizon ; et l'on pourra, au moyen d'un plan incliné, comme avec la machine d'Attwood, obtenir des forces accélératrices uniformes, d'intensités aussi petites qu'on le voudra.

133. — D'après le même principe, nous pouvons déterminer la vitesse finale qu'un corps acquiert en descendant le long d'un plan incliné. Supposons le corps P (*Fig.* 26) placé au sommet du plan, et du point H menons sur ce plan la perpendiculaire HC. Si BH représente l'intensité de la pesanteur terrestre, BC représente l'intensité de la force qui imprime le mouvement parallèlement au plan (art 131). Or on démontre, à l'aide des premières notions de géométrie, que le triangle ABH est sous tous les rapports *semblable* au triangle HBC, ces deux triangles ne

différant que par l'*échelle* sur laquelle ils sont construits ; de sorte que les lignes A B, B H ont entre elles le même rapport que les lignes B H, BC. Il résulte de là que le corps, en décrivant l'espace B A le long du plan incliné, aura acquis la même vitesse finale que s'il eût décrit l'espace B H, en tombant librement sous l'action de la pesanteur.

On voit clairement que le même résultat doit subsister, à quelque niveau qu'on ait mené la ligne horizontale. Si I K désigne une de ces lignes horizontales, autres que A H, le corps aura acquis la même vitesse finale en décrivant sur le plan l'espace B I, que s'il fût tombé librement de B en K.

134. — Mais il est bien essentiel d'observer que dans l'exposition de cette théorie nous faisons abstraction du *frottement* qui retarde toujours d'une manière très-notable le mouvement du corps sur le plan, et qui même pourrait empêcher le mouvement de se produire, si l'angle du plan avec l'horizon était suffisamment petit. Pour plus de simplicité, nous commençons dans chaque cas par expliquer les propriétés mécaniques des corps, telles qu'elles auraient lieu si le frottement n'existait pas, nous réservant de traiter ensuite à part du frottement et des modifications qu'il apporte aux résultats obtenus.

135. — Le mouvement d'un corps pesant le long d'une courbe diffère sous un rapport essentiel du mouvement sur un plan incliné. Les angles que les perpendiculaires au plan font avec la verticale étant les mêmes partout, l'action de la pesanteur, dans la direction du plan, est uniforme, et le mouvement devient uniformément accéléré. Mais si le corps P

descend en suivant une courbe BA (*Fig.* 27), la direction du mouvement, par rapport à la verticale, varie à chaque instant. D'après la figure, l'inclinaison de la courbe à l'horizon est plus grande vers B que vers A, en sorte que la force motrice a moins d'énergie vers A que vers B. La loi de ce décroissement dépend de la nature de la courbe, et peut se déduire des propriétés de cette courbe par une suite de raisonnements mathématiques. Nous n'entrerons point dans ces détails, qui ne conserveraient pas un caractère assez élémentaire pour cadrer avec le plan de notre ouvrage. Nous nous bornerons à ce qui est nécessaire pour le développement des autres parties de la science.

136. — Quand un corps se meut sur un plan incliné, en vertu de l'action de la pesanteur, le corps exerce, comme on l'a vu, une certaine pression sur le plan, due à l'action de la pesanteur dans le sens PD (*Fig.* 24). Il en est absolument de même lorsque le corps pesant se meut sur une courbe BA (*Fig.* 27). Seulement, dans ce cas, la pression varie aussi bien que la force motrice, selon la direction des éléments de la courbe par rapport à l'horizon. Mais il y a encore une autre cause qui produit une pression sur la courbe, et qui n'agit pas dans le cas du mouvement sur un plan incliné. Un corps mis en mouvement doit, en vertu de son inertie, persévérer dans la direction qu'il a prise, tant qu'il n'en est pas dévié par l'action d'une force extérieure. La direction du mouvement sur un plan incliné ne change pas, attendu que rien ne s'oppose à ce que le corps conserve en se

mouvant la direction qu'il a prise ; mais il n'en est plus de même sur une courbe. La direction du mouvement y varie continuellement ; et comme la résistance de la courbe est la seule cause qui puisse infléchir ainsi le mouvement du corps, la courbe éprouve une pression proportionnelle à la force qui serait capable de dévier le corps de la route rectiligne, s'il se mouvait librement. Cette pression dépend uniquement de l'inertie du corps, et de la courbure de la ligne qu'il est contraint de décrire : elle est par conséquent indépendante de la pesanteur et subsisterait quand même le corps ne serait pas soumis à l'action d'une telle force ; il suffirait qu'une autre cause quelconque eût mis originairement le corps en mouvement sur la courbe.

137. — On a donné le nom de *force centrifuge* à la pression qui dérive ainsi du fait seul du mouvement curviligne, parce que le corps qui tend, en vertu de son inertie, à se mouvoir dans le prolongement rectiligne de l'élément de courbe qu'il décrit, en suivant la tangente à la courbe au point où il se trouve, tend par cela même à s'éloigner du centre de courbure de la courbe au point en question ; et l'intensité de la force centrifuge dépend à la fois de la vitesse du mouvement et du degré de courbure au point de la courbe où le corps se trouve placé. Pour se faire une idée juste de ce qu'on doit entendre par centre de courbure et par degré de courbure, il faut remarquer que le cercle, qui est la courbe la plus simple et dont la courbure est partout uniforme, offre évidemment en chaque point une courbure d'autant moins grande que son

rayon est plus grand. Maintenant si, par un point $m$ pris sur une courbe quelconque (*Fig.* 28), on mène une tangente $mt$ à la courbe, puis une ligne droite $mn$ perpendiculaire à cette tangente, et que de différents points C', C",... pris sur la perpendiculaire, avec des rayons $mC'$, $mC''$..., on décrive des arcs de cercles $a'b'$, $a''b''$,..., ceux de ces arcs, tels que $a'b'$, qui envelopperont la courbe extérieurement, auront une moindre courbure, tandis que d'autres arcs, tels que $a''b''$, qui seront enveloppés par la courbe, auront une courbure plus grande. Or on conçoit que le passage des arcs circulaires à contact extérieur, aux arcs circulaires à contact intérieur, doit correspondre à une certaine longueur de rayon $mC$, intermédiaire entre $mC'$ et $mC''$. Ce rayon $mC$, qui détermine la courbure de la courbe au point $m$, est ce qu'on nomme le *rayon de courbure* de la courbe, et le point C en est le *centre de courbure*. Le cercle décrit avec le rayon $mC$ se nomme encore le *cercle osculateur* de la courbe. Il est évident que, pour toute autre courbe que le cercle, le centre et le rayon de courbure varient d'un point à l'autre.

138. — La force centrifuge augmente ou diminue en raison inverse du rayon de courbure, mais elle dépend aussi de la vitesse avec laquelle le corps se meut, et varie proportionnellement au carré de cette vitesse, ou au carré du nombre qui mesure l'espace décrit par le corps dans l'unité de temps. On évalue encore d'une autre manière la force centrifuge. Imaginons que le corps soit réuni au centre de courbure par une verge inflexible, qui

puisse tourner autour de ce centre comme autour d'un pivot. Le corps, en vertu de sa vitesse, fera décrire à chaque point de la verge, pendant l'unité de temps, un arc dont le rapport à la circonférence entière sera ce que l'on nomme la *vitesse angulaire* du corps. Il est évident que, si la vitesse absolue du corps reste la même, la vitesse angulaire varie en raison inverse de la grandeur du rayon de courbure, ou que la vitesse absolue est égale à la vitesse angulaire multipliée par le rayon de courbure. On en conclut que la force centrifuge a pour mesure le produit de deux nombres, dont l'un exprime la longueur du rayon de courbure, et l'autre est le carré du nombre qui exprime la vitesse angulaire, en supposant d'ailleurs que l'on prenne pour unité de masse la masse du corps. Car il est évident qu'une même force centrifuge réside dans chacune des particules matérielles d'égales masses dont le corps se compose, et qu'ainsi, à inégalité de masses, la force centrifuge varie proportionnellement à la masse.

139. — Toutes les lois que nous venons d'énoncer, et dont la découverte est due à Huygens, se démontrent par le raisonnement mathématique, mais on peut aussi les vérifier expérimentalement à l'aide d'un appareil dont la construction est facile à comprendre. Imaginons que des poids donnés puissent être placés à des distances inégales d'un centre autour duquel on les fait tourner avec une vitesse de rotation plus ou moins rapide. Ces poids conduisent des fils qui viennent s'enrouler sur des poulies placées au centre de rotation, et qui sup-

portent d'autres poids par leurs extrémités inférieures. Quand on fait tourner l'appareil, les poids
animés du mouvement de rotation s'éloignent du
centre en vertu de leurs forces centrifuges ; et l'on
mesure les intensités de ces forces par les poids
attachés aux extrémités inférieures des fils, que les
forces centrifuges des masses animées du mouvement rotatoire sont capables de soulever.

140. — D'après les considérations dans lesquelles
nous venons d'entrer, il est clair que, toutes les
fois qu'un corps se meut en décrivant une route ou
une orbite curviligne, il doit y avoir une cause qui
l'empêche de poursuivre sa route le long de la
tangente à la courbe, et qui l'oblige à tourner autour
du centre de courbure. Si le corps est uni à un
centre fixe par un fil, une corde, une verge, l'effet
de la force centrifuge sera de communiquer une
tension à la verge, au fil ou à la corde. Si le corps
repose sur une surface inflexible, la force centrifuge produira une pression contre cette surface.
Mais s'il paraît que le corps se meut librement dans
l'espace sans liens ni obstacles matériels, comme
c'est le cas pour les mouvements des planètes autour
du soleil et des satellites autour des planètes principales, nous devrons conclure de la forme curviligne
de l'orbite, que le corps est sans cesse sollicité par une
force centrale, capable de le retenir sur son orbite,
en combattant la tendance de la force centrifuge
( art. 111 et 112 ).

141. — Il est aisé de citer une foule d'exemples
où les effets de la force centrifuge se manifestent.

Si l'on place sur une fronde une pierre ou un

autre corps lourd, et qu'on lui imprime avec le bras un mouvement de rotation dans un plan perpendiculaire à l'horizon, la pierre ne tombera pas de la fronde, même quand celle-ci sera dans le haut de sa course, et que par conséquent la pierre ne se trouvera plus soutenue par rien. La force centrifuge, dirigée en pareil cas de bas en haut, l'emportera sur l'action de la pesanteur, et s'opposera à la chute de la pierre.

On peut de même faire tourner un verre plein d'eau avec assez de rapidité, pour que l'eau soit retenue dans le verre par la force centrifuge, même lorsque le verre est renversé.

Si l'on suspend un seau d'eau à des fils que l'on tordra fortement en faisant faire au seau un certain nombre de tours dans le même sens, puis qu'on laisse les fils se détordre, le seau se mettra à tourner rapidement, et l'on verra l'eau s'élever vers les bords, en s'abaissant vers le centre, par suite de la force centrifuge. On pourra même, en accélérant suffisamment la rotation, obliger l'eau à s'échapper du vase.

142. — Une voiture, un cavalier ou un piéton, qui doublent une borne, décrivent en la doublant une portion de ligne courbe, et subissent l'action d'une force centrifuge dont la borne est le centre, et qui augmente avec la vitesse. Un animal oppose comme résistance à cette force son propre poids, en inclinant son corps vers la borne d'un mouvement spontané. Désignons par A B (*Fig.* 29) le corps de l'animal, par CD la direction suivant laquelle agit le poids du corps, par CF la direction de la

force centrifuge qui agit à partir de la borne parallèlement au sol. La résultante C A de ces deux forces ( art. 75 ) aura la même direction que le corps de l'animal : elle l'appuiera contre le sol, de même que la pesanteur l'appuierait, si elle agissait seule et que le corps fût dans la station verticale. L'animal évitera ainsi d'être renversé par l'action de la force centrifuge, comme il pourrait l'être, s'il se tenait dans la station verticale. L'animal devra s'incliner d'autant plus qu'il doublera plus rapidement la borne.

143. — Une voiture qui n'est pas, comme l'animal, douée de mouvement spontané, ne pourra se prêter à une semblable manœuvre, et en certains cas la force centrifuge la fera chavirer extérieurement, c'est-à-dire du côté opposé à la borne. Soient A B la voiture (*Fig.* 30 ), C le point où peut être censé concentré tout le poids de la voiture, ainsi que nous l'expliquerons dans le chapitre suivant, en traitant du centre de gravité; ce point C sera sous l'influence de deux forces : le poids de la voiture qui peut être représenté par la longueur de la ligne verticale C D, et la force centrifuge représentée par une ligne C F. La résultante de ces deux forces sera représentée par la ligne C G; en sorte que, dans le cas de la *Fig.* 30, la force centrifuge se bornera à augmenter la pression supportée par la roue B, en diminuant celle que supporte l'autre roue située sur la droite. Quand le rapport de F C à C D est celui qu'indique la *Fig.* 31, la roue B supporte toute la pression, et l'autre n'en supporte aucune.

Enfin, quand la force centrifuge augmente encore, et qu'on se trouve dans le cas représenté par la *Fig.* 32, la diagonale CG va rencontrer le sol sur la gauche de la roue B; et la résultante du poids et de la force centrifuge, représentée en intensité et en direction par cette diagonale, tend à soulever la voiture. Pour le voir plus clairement, imaginons que la force résultante CG soit de nouveau décomposée en deux autres, l'une dirigée suivant CB et l'autre suivant CK, perpendiculaire à CB. La force CB sera détruite par la résistance de la route, mais la force CK tendra à soulever la voiture, en la faisant tourner autour du point d'appui B. Si la vitesse de la voiture et la courbure de la route se prolongent assez pour laisser à la force CK le temps d'amener le centre de gravité au-dessus du point B, la voiture chavirera. La stabilité de la voiture tiendra donc à la grandeur de l'espacement des roues, et au peu d'élévation du centre de gravité au-dessus du sol; car l'une ou l'autre de ces deux circonstances tendra à accroître le rapport de BD à CD.

Dans les courses équestres exécutées autour d'un amphithéâtre par des écuyers qui se tiennent debout sur leurs chevaux, le cheval et l'écuyer s'inclinent sans cesse vers le centre du cercle qu'ils décrivent, pour combattre l'effet de la force centrifuge, d'après le même principe expliqué précédemment.

144. — Quand un corps glisse en vertu de son poids sur une surface convexe, telle que AB (*Fig.* 33, *Pl.* III), il devrait, à ce qu'il semble, continuer à s'appuyer sur la surface jusqu'à ce qu'il

fût arrivé en B : mais à cause de la force centrifuge
qui tend à l'éloigner de la surface, et qui, nulle
d'abord au point A, va en augmentant à mesure
que le mouvement du corps s'accélère, il quittera la
surface en un certain point C, situé entre A et B, et
que l'on peut déterminer à l'aide de formules mathématiques.

145. — L'action de la force centrifuge ne se manifeste nulle part d'une manière plus remarquable
que dans les circonstances qui accompagnent le
mouvement de rotation de la terre autour de son
axe. Supposons que le cercle de la *Fig.* 34 représente
une coupe de la terre, A B étant l'axe autour duquel
elle tourne. Chaque particule de la masse décrit avec
la même vitesse angulaire un cercle dont le rayon
varie, selon la distance de cette particule à l'axe de
rotation. La force centrifuge dont la particule est
animée se trouve d'autant plus grande que la distance à l'axe est plus grande elle-même. Conséquemment, les particules situées à la surface, près
de l'équateur, ont une force centrifuge beaucoup
plus grande que celle des particules situées près des
pôles A, B. Si nous supposons pour un moment la
terre fluide, ou entièrement recouverte d'une
couche liquide, l'effet de cette différence sera de
renfler la surface vers l'équateur et de l'aplatir vers
les pôles, en donnant à peu près à la terre la figure
d'une orange. Telle est effectivement la figure que
la terre a prise, soit qu'elle ait été primitivement
fluide, comme il le paraît, soit que les dégradations
de son écorce solide l'aient rapprochée à la longue
de la surface de niveau des mers. La *Fig.* 35 offre

une image fort exagérée de l'aplatissement du sphéroïde terrestre, car cet aplatissement est beaucoup
trop petit pour devenir sensible sur une pareille
échelle. D'après l'ensemble des observations, il paraît que l'aplatissement, ou l'excès du rayon équatorial CD sur le rayon polaire CA, est environ un
300ᵉ du rayon équatorial.

La même cause a modifié d'une manière encore
plus sensible la figure des planètes qui tournent sur
leurs axes avec une plus grande vitesse angulaire
de rotation. Jupiter et Saturne sont des sphéroïdes
beaucoup plus aplatis que la terre.

146. — La force centrifuge agit aussi sur les
corps détachés de la surface du globe terrestre, et
qui participent à son mouvement de rotation. Si ces
corps n'étaient pas soumis à l'attraction de la terre,
ils seraient lancés dans l'espace en vertu de la force
centrifuge qui les sollicite. Dans l'état des choses,
la force centrifuge a pour effet de combattre et de
neutraliser partiellement l'attraction de la terre sur
ces corps, ou en d'autres termes de diminuer l'intensité de la pesanteur et le poids des corps. La pesanteur doit donc aller en décroissant des pôles à
l'équateur, par cela seul que la force centrifuge va
en décroissant de l'équateur aux pôles. Mais de plus
il faut remarquer que la force centrifuge est perpendiculaire en chaque lieu à l'axe de la terre, et
non pas dirigée vers le centre comme l'attraction
terrestre, de sorte qu'elle ne combat directement
cette attraction qu'aux points situés à l'équateur
même de la terre. Si l'on jette un coup d'œil sur la
Fig. 34, où les flèches PC représentent la direction

de l'attraction terrestre, tandis que les flèches P P représentent celle de la force centrifuge, on comprendra aussitôt que l'efficacité de la force centrifuge, pour combattre l'attraction de la terre, doit aller en décroissant de l'équateur aux pôles, dans la supposition même où la force centrifuge aurait partout la même intensité. Ainsi la pesanteur des corps, résultant de la combinaison de l'attraction terrestre avec la force centrifuge, doit diminuer des pôles à l'équateur, non-seulement parce que l'intensité de la force centrifuge va en augmentant, mais encore parce qu'elle agit dans des directions de plus en plus favorables pour combattre l'attraction terrestre.

Si la terre tournait sur son axe avec une vitesse angulaire dix-sept fois plus grande, la force centrifuge neutraliserait complétement l'attraction de la masse terrestre sur les corps placés à l'équateur : ces corps cesseraient d'être pesants, et ne retomberaient point à la surface, lorsqu'on les abandonnerait à eux-mêmes.

Ce n'est pas en pesant les corps avec une balance proprement dite que l'on peut reconnaître les variations de la pesanteur et du poids des corps, des pôles à l'équateur, puisque ces variations affectent également le corps que l'on veut peser et le poids avec lequel on le pèse. Mais on peut comparer directement l'action de la pesanteur avec celle d'une autre force sur laquelle la force centrifuge n'influe en rien, par exemple avec la force élastique d'un ressort. Ainsi, les balances à ressort, dont il sera question dans le chapitre XV, seraient propres à mesurer les variations de la pesanteur à la surface de la terre, si elles étaient exécutées avec le soin et la précision convenables. On constate également les variations d'intensité de la pesanteur, en déterminant la hauteur d'où les corps tombent aux diverses latitudes pendant la première seconde de leur chute, soit qu'on ait recours pour cette détermination aux expériences faites avec la machine d'Attwood (art. 126), soit qu'on emploie (ce qui est bien préférable) les observations du pendule, ainsi que nous l'expliquerons dans le chapitre XI [1].

[1] *Voyez* le *Traité d'Astronomie* de sir John Herschel, n°° 187 et suiv.

# CHAPITRE IX.

## DU CENTRE DE GRAVITÉ.

Composition des forces parallèles. — Définition du centre
de gravité. — Exemples de la détermination du centre
de gravité. — De l'équilibre stable et de l'équilibre instable. — Mesure du degré de stabilité. — Applications de la théorie du centre de gravité aux postures
et aux mouvements de l'homme et des animaux. —
— Principe de la conservation du mouvement du centre
de gravité. — Application au système solaire. — Propriétés du centre de gravité relativement aux effets du
choc.

147. — En vertu de l'attraction de la terre, toutes
les particules qui entrent dans la masse d'un corps
sont sollicitées de haut en bas suivant des directions
parallèles. Si ces particules étaient simplement juxtaposées, sans aucune adhérence entre elles, la force
qui solliciterait chaque particule isolément n'aurait
aucune influence sur les autres ; mais c'est ce qui
n'a pas lieu pour les corps que l'on considère en
mécanique, et en particulier pour les corps solides
dont nous nous occupons spécialement dans cet ouvrage. Ces corps sont des masses cohérentes, et la
force qui agit directement sur chaque particule influe sur les mouvements de toute la masse. Comme
nous n'opérons à la surface de la terre que sur des
corps soumis à l'action de la pesanteur, dans lesquels on peut concevoir une infinité de particules,
il semble que dans toutes les questions de mécani-

que on aurait à combiner les actions d'une infinité de forces agissant suivant des directions parallèles. Mais le problème qui, posé de la sorte, paraît insoluble, deviendra au contraire très-simple, s'il est permis de remplacer ces forces, en nombre infini, par une force unique dont l'action soit la même, et dont on puisse déterminer convenablement la direction, l'intensité et le point d'application.

148. — C'est à quoi l'on parvient en vertu du principe *de la composition des forces parallèles.* Soient P, Q (*Fig.* 36) deux forces égales appliquées perpendiculairement aux extrémités A B d'une barre rigide, nous disons que ces forces ont pour résultante une force R, parallèle aux forces P, Q, appliquée au point C, milieu de la droite A B, et dont l'intensité est la somme des intensités des deux forces composantes. Cela revient à dire (art. 75) que, si l'on applique au point C, en sens contraire de R, deux forces R', R'', égales en intensité à P et à Q, il y aura équilibre entre les quatre forces P, R', R'', Q. Or, en effet, les deux premières forces tendent à faire tourner la barre A B dans le plan de la figure et dans le sens indiqué par la flèche M; les deux autres forces tendent à la faire tourner dans le sens indiqué par la flèche N; et comme il y a une symétrie parfaite entre ces deux couples de forces, on ne pourrait assigner aucune raison pour que la barre A B tournât dans un sens plutôt que dans l'autre.

Supposons maintenant que les deux forces P, Q ne soient plus égales, et pour fixer les idées admettons qu'elles soient dans le rapport de 3 à 5 : la force

P, par exemple, étant un poids de 3 kilogrammes, et la force Q un poids de 5 kilogrammes. Partageons la barre A B (*Fig.* 37) en quatre parties égales, et supposons-la prolongée des deux côtés, de manière que nous puissions prendre, tant sur la barre que sur son prolongement, huit points équidistants $a$, A, $b$, $c$, $d$, B, $e$, $f$. Deux forces, d'un kilogramme chacune, appliquées respectivement aux points $a$ et $b$, auraient pour résultante une force de 2 kilogrammes appliquée en A : donc réciproquement on peut concevoir que la force de 3 kilogrammes, appliquée primitivement en A, est remplacée par trois forces parallèles, chacune d'un kilogramme, appliquées respectivement aux points $a$, A, $b$. De même, la force de 5 kilogrammes, appliquée en B, pourra être censée remplacée par cinq forces parallèles, chacune d'un kilogramme, appliquées aux points $c$, $d$, B, $e$, $f$ : la résultante des forces appliquées en $c$ et $f$, comme aussi celle des forces appliquées en $d$ et $e$ venant passer par le point B. Or, la résultante des forces appliquées en $a$ et $f$ est une force parallèle, de 2 kilogrammes, passant par le point C, milieu de $af$; celle des forces appliquées en A et en $e$ est une autre force parallèle, de 2 kilogrammes, passant aussi par le point C, milieu de A$e$, et ainsi de suite. Donc les huit forces parallèles, d'un kilogramme chacune, qui déjà remplaçaient les forces primitives P, Q, peuvent à leur tour être remplacées par une force parallèle, de 8 kilogrammes, appliquée au point C, qui partage évidemment la barre A B dans le rapport de $2\frac{1}{4}$ à $1\frac{1}{4}$, ou dans le rapport de 5 à 3, ou enfin de manière que la distance AC soit à la distance BC dans un rapport inverse de celui de la force P à la force Q.

Comme ce raisonnement est indépendant des nombres pris pour exemple, nous en conclurons que « deux forces parallèles, appliquées à deux points invariablement liés entre eux, ont pour résultante une autre force parallèle, égale à leur somme, dirigée dans le même sens, et qui peut être censée appliquée à un point pris sur la droite qui joint les points d'application des composantes, de manière que les distances du point d'application de la résultante aux points d'application des composantes soient en raison inverse des intensités des deux forces composantes. »

Nous avons supposé dans notre raisonnement les forces P, Q, R perpendiculaires à la barre AB; mais rien n'empêche de les supposer appliquées obliquement (*Fig.* 38). En effet, imaginons dans le plan de la figure une barre A′B′ liée invariablement à la barre AB, et soit toujours CR la direction de la résultante : on pourra concevoir les forces P, Q, R appliquées aux points A′, B′, C′; car, sur un système dont toutes les parties sont invariablement liées entre elles, une force produit évidemment le même effet, quel que soit le point, pris sur sa direction, auquel elle est censée appliquée. Puisque R est par hypothèse la résultante des forces P, Q, les distances ′C′, B′C′ seront, d'après ce qui précède, inversement proportionnelles aux forces P et Q. Mais, d'un autre côté, il résulte des premières notions de la

7

géométrie que le rapport des lignes A C , B C est le
même que celui des lignes A' C', B' C'.

149. — Considérons maintenant un système de
molécules pesantes $m, m', m'', m'''$ (*Fig.* 39), invariablement liées entre elles : on pourra, dans la re-
cherche des conditions d'équilibre du système, concevoir que les poids des molécules $m$, $m'$ sont rem-
placés par le poids d'un molécule ayant une masse
égale à la somme des masses $m$ et $m'$, et situé en $i$,
de manière que la distance $i\,m$ soit à la distance
$i\,m'$ dans le rapport de la masse $m'$ à la masse $m$.
On remplacera de même les poids appliqués en $i$ et
en $m''$ par un poids égal à la somme des poids
$m, m', m''$, et appliqué en un certain point $k$ convenablement déterminé sur la droite $i\,m''$. En continuant toujours de la sorte, on remplacera les poids
de toutes les molécules ainsi liées entre elles, par un
poids unique égal à la somme des poids de toutes
les molécules, et appliqué en un certain point $g$.
Ce point, où l'on peut concevoir que toute la masse
des molécules est concentrée, se nomme le *centre
de masse*, ou plus habituellement le *centre de
gravité* du système.

150. — Ce que nous disons pour un système de
molécules disjointes, mais invariablement liées entre
elles, s'applique aux molécules, en nombre inassi-
gnable, dont tout corps solide est composé. On
déterminera le centre de gravité du corps à l'aide
de formules mathématiques, dès que l'on connaîtra
la figure du corps, ses dimensions et la densité de ses
parties. Mais sans chercher à faire connaître ces for-

mules, ce qui exigerait l'emploi de signes spéciaux,
nous pouvons indiquer ici la position du centre de
gravité pour des corps de formes très-simples, et
dans des cas où le raisonnement la fait découvrir,
sans aucun calcul.

151. — Si un corps de densité uniforme a une
figure telle que l'on puisse assigner un point de part
et d'autre duquel la matière qui compose ce corps
soit semblablement distribuée suivant toutes les directions, ce point sera évidemment le centre de
gravité. En effet, dès l'instant que ce point sera soutenu, les poids des particules situées de part et
d'autre à égales distances, suivant chaque direction,
se balanceront mutuellement, et le corps restera immobile.

Ainsi, pour choisir d'abord l'exemple le plus
simple, il est clair que le centre de figure d'une
sphère homogène en est aussi le centre de gravité.

Les polyèdres réguliers, tels que le cube ou l'oc-
taèdre, ont leurs centres de gravité en des points
intérieurs situés à égales distances de tous les sommets des polyèdres.

Une verge droite, d'épaisseur uniforme, a son
centre de gravité au milieu de sa longueur ; et un
cylindre droit a son centre de gravité au milieu de
son axe.

Une plaque homogène et d'épaisseur uniforme a
son centre de gravité au milieu de son épaisseur,
sur une ligne perpendiculaire à la base de la plaque, et menée par un point dont la position dépend
de la figure de cette base. Si la base est circulaire
ou elliptique, ce point sera le centre du cercle ou

de l'ellipse. Si la base est un polygone régulier, le point dont il s'agit sera celui qui se trouve à égales distances de tous les angles du polygone.

152. — Quelquefois la position du centre de gravité, quoiqu'elle ne se présente pas du premier coup d'œil, comme dans les exemples cités précédemment, peut encore être assignée facilement, sans qu'on ait besoin pour cela d'être familiarisé avec la géométrie et le calcul. Supposons que A B C (*Fig.* 43) soit une plaque triangulaire, de densité et d'épaisseur uniformes. Concevons qu'on l'ait divisée en barres contiguës les unes aux autres, et séparées par des lignes parallèles au côté A C, ainsi que la figure l'indique. Menons une ligne B D du sommet de l'angle B au point D situé au milieu du côté A C. Il est aisé d'apercevoir que cette ligne B D divisera en deux parties égales toutes les barres dont nous concevons que la plaque triangulaire est formée. Si donc la plaque reposait horizontalement sur une arête rectiligne, qui coïnciderait avec B D, elle se tiendrait en équilibre, et par conséquent le centre de gravité de la plaque doit se trouver quelque part dans l'alignement B D. Un raisonnement absolument semblable prouverait que le centre de gravité doit se trouver quelque part dans l'alignement A E, la droite A E étant menée du sommet de l'angle A au point E, milieu du côté B C. Donc le centre de gravité doit se trouver au milieu de l'épaisseur de la plaque; immédiatement au-dessous du point G, où se coupent les deux droites B D, A E. C'est un fait que l'on peut vérifier facilement par l'expérience. On prouve d'ailleurs par un raisonnement géomé-

trique très-simple, que la distance GD est la moitié de la distance GB, et, de même, que la distance GE est la moitié de la distance GA.

153.— On peut déterminer la position du centre de gravité d'une plaque quelconque, de densité et d'épaisseur uniformes, terminée par des arêtes rectilignes, en la divisant en segments triangulaires, comme l'indique la *Fig.* 40, et en déterminant les centres de gravité de chacun de ces segments au moyen de la construction qui vient d'être exposée. On imaginera en chacun de ces centres de gravité des masses proportionnelles aux aires triangulaires correspondantes ; et l'on déterminera le centre de gravité d'un pareil système de masses disjointes, ainsi que cela a été expliqué plus haut (art. 149).

154.— Le centre de gravité n'est pas toujours compris dans la masse du corps. Le centre de gravité d'un anneau circulaire se trouve évidemment au centre même du cercle ; et quoique ce point ne fasse pas partie de l'anneau, il jouit de toutes les propriétés qui caractérisent le centre de gravité. Si l'anneau est suspendu par un point quelconque, le centre du cercle se trouvera dans la verticale menée par le point de suspension. Si des fils très-fins attachés à l'anneau, et dont on peut négliger le poids en comparaison de celui de l'anneau même, viennent se nouer au centre du cercle, l'anneau restera en équilibre toutes les fois que ce nœud sera soutenu.

155.— Pour découvrir par expérience le centre de gravité d'un corps, il suffit de le suspendre successivement par deux points différents, et de faire dans l'intérieur du corps ou à l'extérieur le prolongement des lignes verticales de suspension, quand l'équilibre s'est établi. Le point où ces lignes se coupent est le centre de gravité ; et il faut nécessairement qu'on retrouve toujours le même point d'intersection en suspendant le corps par d'autres points.

Lorsqu'il s'agit d'un corps plat, terminé par des faces parallèles, comme une plaque de métal, une feuille de carton, une planche, on peut trouver le centre de gravité en équilibrant le corps dans deux positions différentes sur une arête rectiligne horizontale, ou, ce qui est plus commode, en le faisant glisser sur une table horizontale à bords rectilignes, jusqu'à ce qu'il soit au moment de trébucher, et recommençant la même épreuve dans un autre sens. On tracera de cette manière sur la surface de la plaque deux lignes droites, dont l'intersection déterminera la position du centre de gravité, à une distance de la surface égale à la moitié de l'épaisseur de la plaque.

156. — Toutes les fois qu'un corps est parfaitement libre, son centre de gravité doit descendre dans une direction verticale. Il n'en est plus de même lorsque des obstacles gênent en certains sens les mouvements du corps. Par exemple, si le corps est suspendu à un point fixe par une corde flexible attachée au centre de gravité, le centre pourra se mouvoir librement dans toutes les directions, excepté dans celles qui tendraient à l'éloigner du point de suspension d'une distance plus grande que la longueur de la corde. En d'autres termes, si nous concevons une sphère qui ait pour centre le point

de suspension et pour rayon la longueur de la corde, le centre de gravité ne pourra se mouvoir librement que dans l'intérieur de cette sphère.

157. — Dans ce cas supposons que P (*Fig.* 44) soit le point de suspension, O le centre de gravité, et que la corde ne soit pas tendue, ou que le centre de gravité se trouve dans l'intérieur de la sphère que nous venons d'imaginer; le centre de gravité se trouvant libre, descendra verticalement jusqu'à ce que la corde soit tendue, et qu'elle mette obstacle par sa tension à la prolongation du mouvement dans le sens vertical. Soit C la position du centre de gravité quand la corde commence à être tendue. La force de la pesanteur, dirigée verticalement de haut en bas, et représentée par la ligne CG, peut être considérée comme équivalente aux deux forces CD, CE, dirigées suivant les côtés du parallélogramme CDGE. La force CE est neutralisée par la tension du fil; la force CD tend à amener le centre de gravité sur la ligne verticale PF, qui passe par le point de suspension. Comme la pesanteur agit continuellement, le centre de gravité est mû vers PF avec une vitesse sans cesse accélérée; et arrivé sur la ligne PF, ne trouvant point d'obstacle qui l'arrête, il doit, en vertu de sa vitesse acquise, continuer à se mouvoir de l'autre côté de cette ligne. Lorsque le point C se trouve sur la ligne PF, il est au point le plus bas de sa course; il ne peut passer outre sans remonter, et alors la pesanteur, qui tout à l'heure accélérait son mouvement de descente, agit en sens contraire avec la même énergie, pour retarder son mouvement ascensionnel. Si,

par exemple, le centre de gravité occupe en remontant la position C', la force de la pesanteur C'G' sera équivalente aux deux forces C'E', C'D', dont la première sera neutralisée, comme précédemment, par la tension du fil, et l'autre retardera le mouvement d'ascension. Enfin le corps aura perdu en remontant toute la vitesse qu'il avait acquise en descendant, et alors il commencera à rétrograder vers PF, pour osciller ainsi de part et d'autre de cette ligne jusqu'à ce que les frottements et la résistance de l'air aient tout à fait anéanti son mouvement, auquel cas il restera en équilibre, le centre de gravité se trouvant sur la verticale PF. S'il n'y avait ni frottement ni résistance atmosphérique, les oscillations continueraient indéfiniment.

158. — Le phénomène dont nous venons de décrire les circonstances avec quelque détail, n'est qu'un exemple choisi entre une infinité de cas analogues. Toutes les fois que les obstacles qui gênent le mouvement d'un corps sont tels que le centre de gravité ne peut descendre au-dessous d'un certain niveau, en conservant néanmoins la faculté de s'élever au-dessus, le corps ne peut rester en équilibre que si le centre de gravité se trouve au point le plus bas qu'il puisse atteindre. Dès que le centre de gravité en est écarté tant soit peu, le corps oscille autour de la position d'équilibre, et il ne reviendrait jamais au repos, si les frottements ou d'autres causes retardatrices n'en amortissaient à la longue les oscillations.

159. — Il y a pourtant des cas où l'équilibre est possible, du moins en théorie, quoique le centre de

gravité n'occupe pas le point le plus bas de l'espace dans lequel il est assujetti à se mouvoir. Pour en donner un exemple, supposons que le corps soit suspendu par une verge rigide, et non plus par une corde flexible : la distance du centre de gravité au point de suspension devra rester invariable ; elle ne pourra pas plus diminuer qu'augmenter. C'est dire en d'autres termes que le centre de gravité sera assujetti à rester sur la surface d'une sphère qui a pour centre le point de suspension, sans pouvoir, comme précédemment, se mouvoir dans l'intérieur de cette sphère. Le raisonnement employé tout à l'heure servira encore à montrer que si le centre de gravité est situé de part ou d'autre de la verticale PF, le corps oscillera, et qu'il restera en équilibre si le centre de gravité est placé sur la ligne PF, au point le plus bas de la surface sphérique sur laquelle il est assujetti à demeurer. Mais de plus, il y a une autre position du centre de gravité où l'on conçoit que l'équilibre est possible : c'est lorsque ce centre se trouve au contraire au point le plus haut de la surface sphérique, au-dessus du point P, et dans la verticale qui passe par ce point. Car alors le poids du corps est complétement supporté par le point de suspension, et ne produit qu'une pression contre ce point. Néanmoins l'état d'équilibre dont nous parlons diffère essentiellement de celui qui a lieu quand le centre de gravité occupe le point le plus bas de la sphère. Dans le cas actuel, un déplacement du centre de gravité, quelque léger qu'il soit, fait chavirer le corps, en entraînant le centre de gravité vers son niveau le plus bas ; et ensuite la force de la pesanteur l'empêche de revenir à sa position primitive, et le fait osciller de part et d'autre du point le plus bas de la sphère, jusqu'à ce que les frottements aient anéanti le mouvement vibratoire et ramené le corps à l'équilibre, mais dans une position telle que le centre de gravité occupe le point le plus bas.

160. — Les deux états d'équilibre dont nous venons de déterminer les caractères, se nomment l'équilibre *stable* et l'équilibre *instable*. La propriété essentielle de l'équilibre stable, c'est que l'action d'une force perturbatrice, tant qu'elle reste renfermée entre de certaines limites, n'a pas d'autre résultat que celui de faire osciller le corps autour de la position d'équilibre ; tandis que, si l'équilibre est instable, la plus petite perturbation suffit pour produire une subversion totale qui peut amener ensuite, et qui amène toujours, à cause des frottements et des autres résistances, une série d'oscillations autour de la position d'équilibre stable.

On voit, d'après cela, que si l'équilibre instable est possible dans la théorie mathématique, il ne l'est pas physiquement et dans la pratique, puisqu'il existe toujours des causes de perturbation, telles que l'agitation de l'air, la trépidation du sol. Si des corps semblent rester quelque temps dans des positions d'équilibre instable, ce ne peut être qu'à la faveur de frottements ou d'autres résistances, qui en font réellement des positions d'équilibre stable, comme nous le démontrerions, si nous pouvions entrer à ce sujet dans de plus grands détails.

161. — Soit A B (*Fig.* 45) un plateau elliptique qui repose par sa tranche sur un plan horizontal,

de manière que le point de support se trouve à l'extrémité du petit axe, qui lui-même est dans une position verticale. Dans cette position, le plateau est en équilibre stable, car on ne pourra l'écarter de cette position dans un sens ou dans l'autre sans faire remonter le centre de gravité de C en O, et la pesanteur le forçant ensuite à redescendre, il en résultera une série d'oscillations. Au contraire, si le plateau repose sur l'extrémité du grand axe, ainsi qu'on le voit sur la *Fig.* 46, il y aura équilibre, puisque le centre de gravité se trouvera immédiatement au-dessus du point de support; mais l'équilibre sera instable, car le moindre dérangement du centre de gravité le fera descendre, et ensuite l'action de la pesanteur tendra à le faire descendre de plus en plus.

162. — Quand la forme et la situation du corps permettent au centre de gravité de se mouvoir sur une ligne droite horizontale, le corps est dans l'état d'équilibre que l'on appelle *neutre* ou *indifférent*. La plus petite force suffit pour déplacer le centre de gravité, sans qu'il tende nécessairement à revenir à sa position primitive, et sans qu'il tende nécessairement non plus à s'en écarter indéfiniment. Ainsi, quand un cylindre homogène roule sur un plan horizontal, le centre de gravité C (*Fig.* 47) décrit une ligne droite, parallèle au plan AB, située à une distance de ce plan égale au rayon du cylindre. Le corps reste alors indifféremment en équilibre dans toutes les positions, parce que le centre de gravité se trouve toujours dans la même verticale que le point de support P.

163. — Lorsque le plan est incliné, comme dans la *Fig.* 48, on peut encore imaginer un corps de forme telle que le centre de gravité se meuve horizontalement, tandis que le corps roule sur le plan. En pareil cas ce corps restera indifféremment en équilibre dans toutes les positions, comme si le plan était horizontal, pourvu toutefois que le frottement suffise pour empêcher le corps de glisser.

Si un cylindre est hétérogène, de telle sorte que le centre de gravité ne coïncide pas avec le centre de figure, l'équilibre sur un plan horizontal cessera d'être indifférent; il y aura deux positions, l'une d'équilibre stable, l'autre d'équilibre instable, selon que le centre de gravité G se trouvera au-dessous du centre de figure C (*Fig.* 49), ou au-dessus (*Fig.* 50).

164. — Un pareil cylindre pourra, dans certaines circonstances, rouler en remontant sur un plan incliné. Soit AB (*Fig.* 51) le plan incliné, et supposons le cylindre tellement placé que la ligne verticale menée par le centre de gravité G rencontre le plan au-dessus du point de contact P du plan et du cylindre. Le poids du corps agissant dans la direction GD oblige évidemment le cylindre à rouler vers A, pourvu que le frottement suffise pour l'empêcher de glisser. Mais alors, quoique le cylindre remonte, en réalité le centre de gravité descend.

Si la verticale menée par le centre de gravité rencontre le plan incliné au point de contact du plan et du cylindre, le corps sera en équilibre, en admettant toujours que le frottement suffise pour rendre le glissement impossible. L'équilibre sera stable dans le cas représenté sur la *Fig.* 52 (*Pl.* IV), et instable dans le cas de de la *Fig.* 53.

165. — Quand un corps repose sur une base, sa stabilité dépend de la position de la ligne verticale menée par le centre de gravité, ou de ce que nous appelerons, pour abréger, la *ligne de direction* du poids, et, en second lieu, de la hauteur du centre de gravité au-dessus de la base. Si la ligne de direction tombe dans l'intérieur de la base, le corps sera stable dans tous les sens. Si elle tombe sur un des côtés qui terminent la base, il suffira de la plus petite force pour faire chavirer le corps autour du côté sur lequel tombe la ligne de direction ; et enfin si cette ligne tombe en dehors de la base, dès que le corps sera abandonné à lui-même, il chavirera autour du côté le plus rapproché de la ligne de direction.

Sur les *Fig.* 54 et 55, la ligne de direction G P tombe dans l'intérieur de la base, et il est visible que le corps se trouve en équilibre stable, puisqu'il ne pourrait tourner dans un sens ou dans l'autre sans que son centre de gravité remontât. Dans la *Fig.* 56, la ligne de direction tombe sur un côté de la base, et dès qu'on fait tourner le corps tant soit peu dans le sens G O, le centre de gravité commence immédiatement à descendre. Enfin, dans le cas de la *Fig.* 57, où la ligne de direction tombe en dehors de la base, le centre de gravité tend de lui-même à descendre de G vers A, et à entraîner le corps dans sa chute.

**166.** — Toutes les fois que la ligne de direction tombe dans l'intérieur de la base, le corps se tient ferme, dans une position d'équilibre stable ; mais pour cela le degré de stabilité n'est pas le même. En général, la stabilité dépend de la hauteur à laquelle il faut élever le centre de gravité avant que le corps ne chavire. Plus cette hauteur est grande, plus la stabilité l'est aussi.

Soit B A C (*Fig.* 58) la coupe d'un prisme triangulaire dont le centre de gravité est en G. Pour que le corps soit sur le point de chavirer autour de l'arête B, il faut que le centre de gravité ait décrit l'arc G E, et qu'il ait été soulevé de la hauteur H E. Si le prisme est plus aigu, ou que la hauteur soit plus grande relativement à la base sur laquelle il repose, comme l'indique la *Fig.* 59, la hauteur H E sera beaucoup moindre ; et enfin, dans le cas de la *Fig.* 60, cette hauteur H E sera si petite qu'une légère déviation du centre de gravité suffira pour faire chavirer le prisme.

Il est visible qu'on pourrait appliquer à des corps de toute autre forme des raisonnements et des constructions analogues.

**167.** — Nous voyons par là en vertu de quel principe la stabilité des voitures est liée à leur mode de chargement. Quand la charge est considérablement élevée au-dessus des roues, le centre de gravité se trouve élevé en proportion, et la voiture est d'autant plus exposée à verser. Aussi les entrepreneurs de diligences ont-ils imaginé quelquefois de charger les bagages sous la caisse de la voiture, en ne laissant sur l'impériale que les corps légers, d'un grand volume, qui peuvent y rester sans danger.

168. — Lorsque la voiture doit tourner rapidement et sur un arc d'un petit rayon, la trop grande hauteur du centre de gravité, résultant du mode de chargement, augmente beaucoup les chances de verser. Car alors la force centrifuge a peu à faire pour soulever le centre de gravité à une hauteur telle, que la voiture chavire en tournant autour des roues extérieures à l'arc de cercle décrit (art. 143).

Chacun sait qu'un chariot chargé de marchandises très-lourdes, et dont le poids est concentré dans un petit espace, telles que des barres de métaux, est moins sujet à verser qu'un chariot chargé du même poids, mais en denrées très-légères, telles que du foin. La raison en est que le centre de gravité de la charge se trouve beaucoup plus élevé dans ce dernier cas que dans l'autre.

169. — Quand un corps solide repose sur plusieurs points d'appui, il n'est pas nécessaire pour l'équilibre que la ligne de direction tombe précisément sur l'un de ces points. S'il n'y a que deux points d'appui, il suffit que la ligne de direction tombe entre ces deux points, et sur la ligne droite qui les joint l'un à l'autre. Les conditions d'équilibre sont les mêmes que si le corps reposait sur une arête rectiligne passant par les deux points de support. Lorsqu'il y a trois points d'appui, non rangés en ligne droite, le corps est supporté de la même manière qu'il le serait par une base triangulaire, dont les côtés seraient formés par des lignes

droites joignant deux à deux les trois points d'appui. En général, quel que soit le nombre des points de support, si l'on joint ces points deux à deux par des lignes droites, de manière à former un polygone convexe, sur le contour ou dans l'intérieur duquel tous les points en question soient situés, on pourra considérer ce polygone comme la base sur laquelle le corps repose. Il ne pourra rester en équilibre qu'autant que la ligne de direction tombera dans l'intérieur de cette base idéale. Le degré de stabilité se déterminera de la même manière que si le corps reposait effectivement sur une portion de surface plane.

Pour que l'équilibre ait de la stabilité et soit physiquement possible, il faut au moins trois points d'appui, non rangés en ligne droite. On sait que lorsqu'une table d'assez grandes dimensions n'est soutenue que par un pied placé au centre, il est impossible de l'asseoir d'une manière solide ; mais, si cette table est portée par un pilier terminé en forme de trépied, elle aura la même stabilité que si elle était portée directement par trois pieds qui viendraient rencontrer le sol aux mêmes points que le trépied, ou si elle reposait sur une base triangulaire ayant ses sommets aux mêmes points.

170. — Les leçons de la nécessité et de l'expérience enseignent à chaque animal à adapter ses mouvements et ses postures à la position du centre de gravité de son propre corps. Quand un homme se tient debout, la ligne de direction de son poids doit tomber dans l'intérieur de la base formée par les plantes de ses pieds. Si A B, C D (*Fig.* 61)

sont les empreintes des deux pieds , la base est l'espace A B D C. Il est évident que plus les pieds sont tournés en dehors ou en dedans , plus la base se trouve rétrécie dans la direction EF, et plus l'homme est exposé à tomber en avant ou en arrière. D'un autre côté, plus les pieds sont rapprochés l'un de l'autre, plus la base est resserrée dans la direction G H , plus l'homme court risque de tomber de côté, à droite ou à gauche.

Pendant que l'homme marche , ses pieds quittent alternativement le sol , et le centre de gravité cesse par intervalles d'être soutenu, ou bien , quand il cesse d'être soutenu par un pied, l'autre commence à le soutenir. En même temps , le corps est porté un peu en avant, afin que la tendance du centre de gravité à tomber dans cette direction concoure avec l'action de la force musculaire qui imprime au corps un mouvement progressif. L'inclinaison du corps en avant augmente avec la vitesse de la marche ou de la course.

171. — Sans la flexibilité des articulations des genoux, le travail de la marche serait beaucoup plus pénible qu'il ne l'est, car le centre de gravité serait soulevé plus haut à chaque pas. La ligne de mouvement du centre de gravité pendant la marche est représentée sur la *Fig.* 62 par une courbe ondulée, qui dévie peu d'une ligne droite horizontale. La courbe à rebroussements de la *Fig.* 63 est celle qui décrit le centre de gravité d'un homme privé des articulations des genoux , et qui marche avec des jambes de bois. La marche devient alors plus saccadée et beaucoup plus fatigante.

Quand un homme se tient sur une seule jambe, la ligne de direction de son poids doit tomber sur l'espace recouvert par la plante du pied qui le soutient. La petitesse de cet espace, comparée à la hauteur du centre de gravité, explique pourquoi il est difficile de garder l'équilibre dans une semblable posture.

172. — La position du centre de gravité du corps humain change avec la posture et la situation des membres. En étendant le bras d'un côté, on rapproche de ce côté le centre de gravité. Lorsqu'un danseur pirouette sur une jambe en tenant l'autre étendue, il doit incliner son corps dans le sens opposé, pour que le centre de gravité corresponde toujours verticalement à la plante du pied qui le supporte.

Quand un homme porte un fardeau sur ses épaules, il est obligé de s'incliner en avant (*Fig.* 64); et par une raison semblable, la nourrice qui porte un enfant entre ses bras, est obligée de jeter son corps en arrière. Enfin celui qui porte un fardeau sur la tête, a soin de se tenir aussi droit que possible.

Un piéton a l'air de se pencher en avant quand il monte une colline, et en arrière quand il la descend: mais en réalité il cherche toujours à conserver la position verticale, ou à se tenir droit par rapport à un plan de niveau. C'est ce que l'on comprendra à l'inspection de la *Fig.* 65.

Une personne assise sur un tabouret ne peut se lever qu'en penchant son corps en avant pour amener le centre de gravité au-dessus des pieds, ou en ramenant les pieds en arrière pour les placer sous le centre de gravité.

Un quadrupède ne lève jamais à la fois les deux pieds de droite ni ceux de gauche ; car alors le centre de gravité cesserait d'être soutenu. Soient A, B, C, D (*Fig.* 66) les points où les quatre pieds touchent le sol : le centre de gravité est à peu près au-dessus du point O où se croisent les diagonales AC, BD. En conséquence, lorsque les pieds A et C sont soulevés, le centre de gravité est encore soutenu par les pieds B et D, attendu qu'il tombe entre les points B, D, et sur la ligne de jonction. De même il est soutenu par les pieds A et C, lorsque les pieds B, D sont soulevés. Cependant, plus l'allure de l'animal est rapide, plus il arrive fréquemment que le centre de gravité cesse par intervalles d'être soutenu, le pied B quittant le sol pendant que le pied A est encore en l'air, et réciproquement.

Les tours des danseurs de corde sont autant d'expériences sur le centre de gravité. Le danseur tient ordinairement un grand balancier qui facilite singulièrement ses exercices. En effet, comme les conditions d'équilibre dépendent de la position du centre de gravité du corps du danseur et du balancier réunis, et que le centre de gravité du balancier tombe à peu près au milieu de sa longueur, à l'endroit où le danseur le saisit, on peut dire qu'il tient en quelque sorte dans sa main le centre de gravité du système, qu'il peut placer de la manière le plus propre à assurer son équilibre.

173. — Nous venons de passer en revue les propriétés les plus connues, et en quelque sorte les plus

vulgaires du centre de gravité, celles d'où il tire son nom et que nous remarquons dans les corps détachés, placés à la surface de la terre ; mais il jouit en outre de propriétés beaucoup plus générales et non moins importantes. Celle qu'il est le plus essentiel de signaler consiste en ce que le centre commun de gravité d'un nombre quelconque de corps ne varie jamais de position, de quelque manière que ces corps agissent les uns sur les autres, par attraction, par choc ou autrement. Ceci est une conséquence nécessaire du principe de l'égalité entre l'action et la réaction, tel qu'on l'a expliqué dans le chapitre IV. Si, par exemple les corps A et B ( *Fig.* 67, *Pl.* IV ) s'attirent l'un l'autre, et qu'en vertu de leur attraction ils viennent occuper les positions A', B', l'espace $a\,a'$ sera à l'espace $b\,b'$ dans le rapport de la masse B à la masse A, qui est celui de $a\,C$ à $b\,C$, d'après les art. 148 et 149. Il en résulte que $a\,C$ moins $a\,a'$, ou $a'\,C$, sera à $b\,C$ moins $b\,b'$, ou à $b'\,C$, dans le rapport de la masse B à la masse A, et par conséquent que le point C sera encore le centre commun de gravité des deux corps transportés en vertu de leur attraction mutuelle dans les positions A', B'.

174. — Fixons ces idées abstraites par un exemple numérique. Supposons que le corps A pèse 50 kilogrammes, le corps B 20 kilogrammes, et que leurs masses soient par conséquent dans le rapport de 5 à 2. Supposons de plus que la distance $a\,b$ soit de 35 mètres. La distance $a\,C$ devra être à la distance $b\,C$ dans le rapport de 2 à 5, d'où il est facile de voir que la première sera de 10 mètres, et la seconde de 25 mètres. Admettons que les deux masses s'attirent

l'une l'autre, et qu'en vertu de leur attraction le
centre de gravité *a*, transporté en *a'*, se soit déplacé
de 4 mètres ; il faudra que dans le même temps le
centre de gravité *b*, transporté en *b'*, ait été déplacé
de 10 mètres. La distance *a'*C se trouvera de 6 mètres, et la distance *b'*C de 15 mètres. Or le rapport
de 6 à 15 est le même que celui de 2 à 5 : donc le
point C sera encore le centre commun de gravité des
deux corps.

Ces considérations, qu'il est facile d'étendre à un
système formé d'un nombre quelconque de corps,
montrent que si ces corps, en partant de l'état de
repos, se meuvent sous l'influence de leurs attractions mutuelles, leur centre commun de gravité restera fixe, bien que chacun de ces corps se déplace
sans cesse. Et si les corps viennent à se choquer, le
centre commun de gravité ne sera point déplacé en
vertu du choc, toujours par suite du principe de
l'égalité entre l'action et la réaction, qui subsiste,
soit qu'il s'agisse de corps dépourvus d'élasticité,
comme nous l'avons supposé dans le chapitre IV,
soit qu'il s'agisse de corps élastiques à des degrés
divers.

175. — Si l'on a deux corps dont l'un reste immobile et l'autre se meuve en ligne droite, leur
centre commun de gravité se mouvra suivant une
ligne droite parallèle. Cela se voit par la *Fig.* 68
(*Pl.* V), où le point B désigne le centre de gravité
du corps immobile, le point A la position initiale
du centre de gravité du corps en mouvement sur la
ligne droite A *a*, et le point C la position initiale
du centre commun de gravité. Il est clair que ce

point C doit se mouvoir sur la ligne droite C c, parallèle à A a : car les notions élémentaires de géométrie nous apprennent que a c est à c B dans le rapport de AC à CB, et que toutes les droites menées du point B à la ligne A a sont partagées dans le même rapport par la ligne parallèle C c.

176. — Si les deux corps A et B se meuvent chacun uniformément suivant des lignes droites, le centre commun de gravité aura un mouvement composé rectiligne, résultant des deux mouvements qu'il prendrait en vertu du mouvement de A et du mouvement de B, si l'on considérait successivement B et A comme étant fixes. En général, quel que soit le nombre des corps en mouvement dont le système est formé, le déplacement de chacun de ces corps considéré isolément et comme si tous les autres étaient fixes, imprimera un mouvement au centre de gravité du système. Le mouvement définitif de ce point résultera de la composition de tous ces mouvements partiels, de la même manière qu'une force résultante dérive des forces composantes (art. 75). Il peut arriver que la résultante soit nulle et que tous les mouvements partiels combinés se neutralisent. Ce cas se produit, lorsque les mouvements de chaque corps ne sont dus qu'aux actions mutuelles exercées par ces corps les uns sur les autres.

177. — Concevons un système de corps qui ne soient point soumis à l'influence de forces extérieures, et dont les attractions mutuelles restent pour un instant suspendues. Chacun de ces corps demeurera en repos et se mouvra d'un mouvement rectiligne

uniforme, en vertu de son inertie et de sa vitesse acquise. Il en résulte que le centre commun de gravité doit aussi être en repos ou doué d'un mouvement rectiligne uniforme. Imaginons maintenant que les attractions mutuelles reprennent leur effet : chaque corps du système prendra un autre mouvement, résultant du mouvement rectiligne uniforme dont il était primitivement animé, et du mouvement nouveau que lui impriment les forces attractives. Mais, ce qu'il importe de remarquer, l'influence de ces nouveaux mouvements combinés sur le centre de gravité du système sera nulle, de sorte qu'il restera comme il était primitivement, c'est-à-dire en repos, ou animé d'un mouvement rectiligne uniforme.

La loi que nous venons d'énoncer, l'une des plus générales et des plus importantes de la mécanique, s'appelle *la conservation du mouvement du centre de gravité.* Elle joue un grand rôle en astronomie physique. En effet, le système solaire nous offre l'exemple d'un assemblage de corps qui s'influencent par leurs attractions mutuelles, et qui ne paraissent pas être soumis à des forces extérieures d'une intensité appréciable, à cause de l'immense distance des étoiles. On en conclut que le centre de gravité du système solaire est fixe ou animé d'un mouvement rectiligne uniforme. Mais nous ne devons pas insister davantage sur une théorie qui appartient spécialement à une autre branche de la science.

178. — Quand un corps solide est choqué dans une direction qui passe par le centre de gravité,

toutes les particules prennent la même vitesse dans des directions parallèles à celles du choc, et la vitesse commune se détermine d'après les principes exposés dans le chapitre IV. La quantité de mouvement que le corps prend par le choc, étant distribuée uniformément dans toutes les particules du corps, on calcule la vitesse en divisant l'expression numérique de la quantité de mouvement ou de la force de percussion, par l'expression numérique de la masse.

Quand au contraire un corps est choqué en un ou plusieurs points, suivant des directions qui ne passent plus par le centre de gravité, il en résulte des mouvements plus compliqués. D'abord le centre de gravité se meut d'un mouvement rectiligne et uniforme, en entraînant le corps avec lui, et ce mouvement est le même que si toutes les forces impulsives étaient transportées parallèlement à elles-mêmes et immédiatement appliquées au centre de gravité. D'après le principe de la composition des forces, toutes les forces ainsi appliquées à un même point équivalent à une force résultante unique, dans la direction de laquelle le centre de gravité se meut d'un mouvement uniforme, avec une vitesse proportionnelle à l'intensité de la résultante. En outre de ce mouvement, le corps tourne autour du centre de gravité, et le mouvement relatif est le même que si le centre de gravité était rendu fixe, le corps ayant seulement la liberté de tourner autour de ce point, et les forces impulsives continuant d'être appliquées aux mêmes points de la masse du corps où elles sont appliquées effectivement.

179. — On voit que la dénomination de *centre de gravité* ne répond plus à ces propriétés générales, tout à fait indépendantes de l'espèce de force appelée gravitation; aussi quelques auteurs ont proposé d'y substituer celle de *centre de masse* ou *d'inertie* [149]; mais la première dénomination a continué d'être universellement admise.

----

# CHAPITRE X.

## PROPRIÉTÉS DES AXES DE ROTATION.

Mouvements de rotation continus et alternatifs, oscillations ou vibrations. — Principe d'équilibre du levier. — Définitions des bras de levier et des moments. — Moments d'inertie. — Axes principaux. — Des pressions éprouvées par l'axe de rotation, en vertu des forces centrifuges. — Condition pour que ces pressions s'évanouissent. — Des pressions ou des percussions que l'axe éprouve par suite de l'action des forces qui mettent le corps en mouvement. — Cas où ces pressions ou percussions s'évanouissent. — Centre de percussion.

180. — Quand un corps est animé d'un mouvement de rotation, la ligne autour de laquelle il tourne se nomme un *axe*. Chaque point du corps décrit un cercle dont le centre est sur l'axe, et qui a pour rayon la distance de ce point à l'axe de rotation. Quelquefois, pendant que la rotation du corps a lieu, l'axe peut se mouvoir, ou même se meut effectivement: c'est le cas de la terre et des

planètes, et en mécanique ordinaire les moufles et les poulies mobiles nous en offrent des exemples. Mais nous nous occuperons principalement, dans le présent chapitre, des cas où l'axe est immobile, et de ceux où le mouvement de l'axe n'a aucune influence sur le mouvement de rotation autour de l'axe. Les exemples de pareils mouvements sont si fréquents, qu'il serait inutile ou même impossible d'en faire l'énumération. Nous aurions à citer toutes les machines à rouages, les moulins, les appareils de tour, les instruments d'horlogerie, etc.

Tantôt le corps animé d'un mouvement de rotation autour d'un axe tourne constamment dans le même sens, en sorte que chaque point du corps décrit un cercle complet à chaque révolution autour de l'axe : c'est le cas de la plupart des roues dans les instruments à rouages. Tantôt le mouvement de rotation est *alternatif*, c'est-à-dire qu'après avoir eu lieu dans un sens, il a lieu ensuite dans un sens opposé. Ce mouvement alternatif est celui des pendules des horloges, des balanciers des chronomètres, de la pédale du tourneur; des portes sur leurs gonds, etc. Lorsque les alternations sont régulières, comme pour le pendule et les balanciers, on les appelle *oscillations* ou *vibrations*.

181. — Afin d'expliquer les propriétés des axes de rotation, il est nécessaire de considérer les différentes espèces de forces qui peuvent agir sur un corps mobile autour d'un axe. On distingue les forces, d'après la durée de leur action, en forces *instantanées* et en forces *continues*. Une force instantanée n'agit que pendant un intervalle de temps

inappréciable. Si le corps soumis à son action était auparavant libre et en repos, il se mouvra avec une vitesse uniforme dans la direction suivant laquelle la force a agi sur lui (art. 90). Si au contraire le corps n'était pas libre, mais assujetti par des points ou par des lignes fixes, ces points ou ces lignes éprouveront une action au moment de l'impulsion communiquée au corps. L'effet produit en pareil cas se nomme une *percussion*, et il s'opère dans un intervalle de temps inappréciable, comme la durée de l'action de la force qui le produit.

Une force continue produit un effet continu. Si le corps était auparavant libre et en repos, cet effet consistera, d'abord à lui communiquer une vitesse, ensuite à l'accroître sans cesse. Si le corps est retenu par des obstacles qui l'empêchent de se mouvoir, l'effet consistera dans une *pression* continue, exercée sur les points ou sur les lignes fixes qui le retiennent (art. 91).

Il peut arriver que le corps, sans être absolument libre, ne soit pas retenu de manière à ne pouvoir prendre aucun mouvement. Si le point où la force est appliquée est libre de se mouvoir dans une direction qui ne coïncide pas avec la direction de la force, cette force pourra être censée décomposée en deux, l'une dirigée dans le sens du mouvement que le point est libre de prendre, l'autre perpendiculaire à cette direction. La première composante produira le mouvement du point matériel ; l'autre produira une percussion ou une pression sur les obstacles qui assujettissent le corps.

Il peut arriver encore que les forces instantanées

ou continues qui sollicitent le corps soient dirigées de telle sorte que le mouvement qu'elles tendent à imprimer au corps ne soit gêné en rien par les obstacles qui l'assujettissent. En pareil cas, les points ou les lignes fixes ne supportent ni pression ni percussion, et toutes les circonstances du mouvement sont les mêmes que si les obstacles n'existaient pas.

182. — Maintenant il est facile d'appliquer ces considérations générales au mouvement d'un corps solide autour d'un axe fixe. En pareil cas, le corps ne peut prendre aucun mouvement, si ce n'est celui de rotation autour de l'axe. S'il est soumis à l'action de forces instantanées, l'une des trois hypothèses suivantes aura lieu : 1°. La résistance de l'axe épuisera toute l'action de la force, et empêchera tout mouvement. 2°. L'axe modifiera l'action de la force en subissant une percussion, et le corps prendra un mouvement de rotation uniforme. 3°. Les forces seront tellement disposées, qu'elles tendront d'elles-mêmes à imprimer au corps un mouvement de rotation autour de l'axe ; auquel cas l'axe n'éprouvera aucune percussion, et le corps prendra, comme précédemment, une vitesse de rotation uniforme.

Trois hypothèses exactement parallèles peuvent être posées lorsque le corps est soumis à l'action de forces continues : 1°. L'axe empêchera tout mouvement, en subissant une pression qui s'évaluera d'après les règles de la décomposition des forces. 2°. La résistance de l'axe modifiera le mouvement, et alors la pression qu'il supportera, ainsi que la vitesse de rotation du corps, pourront varier sans cesse, à cause de l'action continuellement renouvelée des

mêmes forces. 3°. Les forces pourront tendre d'elles-
mêmes à communiquer au corps un mouvement de
rotation autour de l'axe, et alors les forces motrices
ne feront éprouver à cet axe aucune pression.

183. — L'action des forces extérieures n'est pas
la seule cause qui influe sur la pression éprouvée
par l'axe pendant la durée du mouvement. On a
déjà établi que toute particule matérielle douée d'un
mouvement circulaire est animée d'une force centrifuge proportionnelle au rayon du cercle qu'elle décrit, et au carré de sa vitesse angulaire (art. 138).
Quand un corps solide tourne autour d'un axe,
toutes les particules accomplissent dans le même
temps une révolution complète, c'est-à-dire possèdent la même vitesse angulaire, et la force centrifuge ne varie d'une particule à l'autre qu'en raison des rayons des cercles qu'elles décrivent, ou de
leurs distances à l'axe de rotation. La tendance de
chaque particule à s'éloigner de l'axe, ou sa force
centrifuge, est neutralisée par la cohésion des particules entre elles, et en général il n'en résulte qu'une
pression supportée par l'axe. Il ne faut pas confondre cette pression avec celle dont on a déjà parlé,
et qui provient de l'action directe des forces extérieures par lesquelles le corps est mis en mouvement. Cette dernière pression dépend de l'intensité
des forces, de leur direction et des distances de l'axe
aux points où elles sont appliquées : la pression
provenant de la force centrifuge dépend de la figure
du corps, de ses dimensions, de sa densité et de sa
vitesse de rotation.

La complication de tous ces effets divers rend

difficile une exposition élémentaire de la théorie
mécanique des axes. On peut même dire que le développement complet de cette théorie a échappé
longtemps aux efforts des plus habiles géomètres,
et n'a acquis sa perfection qu'à une époque très-
moderne.

184. — L'énergie avec laquelle une force tend à
faire tourner un corps autour d'un axe ne dépend
pas seulement de l'intensité de cette force : elle dépend aussi de la distance de l'axe de rotation à la
ligne suivant laquelle cette force est dirigée. Cette
distance se nomme souvent le *bras de levier* de la
force, parce que le cas le plus simple du mouvement de rotation est celui où l'on considère le mouvement d'un levier ou d'une barre autour d'un point
d'appui, les forces motrices étant dirigées dans un
même plan, perpendiculairement à cette barre.

Soient deux forces P, Q ( *Fig.* 69) appliquées
perpendiculairement en A et B à un levier, de la
pesanteur duquel nous ferons abstraction ici, et qui
peut tourner dans le plan de la figure autour du
*point d'appui* F : d'après le principe de la composition des forces parallèles (art. 149), les deux forces
P et Q se feront équilibre, si les intensités des forces
P, Q sont en raison inverse des *bras de levier*
FA, FB, ou des perpendiculaires abaissées du point
d'appui F sur les lignes de direction des forces; car
alors la résultante des forces P, Q passera par le
point F, et ne pourra tendre à faire tourner le levier,
à cause de la fixité de ce point. Le point d'appui F
éprouvera une pression ou une *charge* égale à la
somme des pressions qu'exerceraient isolément les

deux forces P, Q. Ainsi, le principe de la composition des forces parallèles est au fond identique avec le *principe de l'équilibre du levier*. On peut en déduire, si l'on veut, la règle du parallélogramme des forces, et en faire la base de toute la mécanique.

Au lieu de supposer la barre droite, on peut la supposer coudée comme l'indique la *Fig.* 70. En effet, imaginons que la barre A F soit prolongée d'une longueur F B' égale à F B, et appliquons au point B', perpendiculairement à A B', dans deux directions contraires, deux forces Q', Q" égales à Q, et qui se détruisent. Si le système était primitivement en équilibre, il y sera encore après cette addition. Mais les forces Q et Q", qui tendent à faire tourner le système en sens contraires, se font évidemment équilibre, puisque, à cause de l'égalité des intensités Q, Q" et des bras de levier F B, F B', il n'y a aucune raison pour que l'une de ces forces l'emporte sur l'autre. Supprimons ces deux forces, et il restera les deux forces P, Q' qui s'équilibreront, si les bras de levier F A, F B' sont en raison inverse des forces P, Q' : donc il y avait primitivement équilibre entre les forces P, Q, en supposant que les bras de levier F A, F B fussent en raison inverse des forces P, Q, comme dans le cas du levier droit.

Ainsi la force peut tourner avec son bras de levier, dans le plan où s'accomplirait le mouvement de rotation du levier, sans que les conditions d'équilibre soient changées. L'énergie de la force, pour faire tourner le levier, est mesurée par le produit de deux nombres, dont l'un exprime l'intensité de la force et l'autre la longueur de son bras de levier. Par exemple, si la force P est de 4 kilogrammes et son bras de levier de 3 mètres, elle équilibre une force Q dont l'intensité serait de 6 kilogrammes et le bras de levier de 2 mètres. Les forces P et Q auront donc la même énergie pour faire tourner le levier, et l'on pourra prendre pour mesure commune de cette énergie le produit de 4 par 3, égal au produit de 6 par 2. On donne en mécanique à l'énergie dont il s'agit, et au produit qui en est la mesure, le nom de *moment*. Pour des forces d'égale intensité, les moments sont proportionnels aux bras de levier ; les bras de levier étant égaux, les moments sont proportionnels aux intensités des forces.

185. — Concevons actuellement qu'il s'agisse, non plus d'une barre droite ou coudée, mais d'un corps de forme quelconque, mobile autour d'un axe, et supposons d'abord ce corps soumis à l'action d'une force unique. Il y a deux manières de concevoir la mobilité d'un corps autour d'un axe. On peut imaginer qu'il tourne sur deux pivots, et que l'axe de rotation est la ligne idéale menée d'un pivot à l'autre ; on peut supposer aussi que le corps est traversé par une tige cylindrique autour de laquelle il tourne comme une roue sur son essieu. Ceci compris, si l'on admet que la force soit appliquée au corps dans la direction même de l'axe, il est évident qu'aucun mouvement ne peut s'ensuivre, et que tout l'effet se réduira à une pression exercée contre un des pivots, ou à une tendance du corps à glisser le long de la tige cylindrique qui le traverse.

Supposons maintenant que la force soit appliquée parallèlement à l'axe, et non plus précisément sui-

vant l'axe même. Désignons cet axe par la ligne
A B (*Fig* 71), les points A et B étant les deux
pivots, et indiquons par la ligne CD la direction de
la force; menons AG et BF perpendiculaires à AB.
On peut démontrer, au moyen de ce qui précède, que l'action de la force CD équivaut à celle
de trois forces, dont l'une, dirigée de B vers A,
serait égale en intensité à la force CD, tandis que
les deux autres, dirigées respectivement suivant AG
et BF, seraient à la force CD dans le rapport de
AE à AB. La première de ces trois forces aura
pour effet de produire une pression sur le pivot A
dans le sens BA. Les deux autres forces qui passent
par les points A, B seront également détruites par
la résistance des pivots, et le corps ne pourra prendre aucun mouvement.

Si le corps est enfilé par une tige cylindrique,
les forces AG et BF exerceront une pression contre la tige, tandis que la force dirigée suivant BA
tendra à faire glisser le corps le long de la tige.

186. — Si la ligne suivant laquelle la force est
dirigée vient couper l'axe à angles droits, il ne peut
encore en résulter de mouvement. Dans ce cas, en
admettant que le corps soit supporté par les pivots
A, B, et que KL soit la direction de la force, la
pression supportée par le pivot A sera à la pression
supportée par le pivot B, dans le rapport de LB à
LA.

Lorsque le corps est sollicité par une force KH
qui vient couper l'axe obliquement, cette force est
équivalente à deux autres (art. 75), l'une KL perpendiculaire à l'axe, l'autre KM dirigée parallèlement

à l'axe. On rentre ainsi dans les deux cas traités précédemment. On déterminerait de la même manière les effets produits par un nombre quelconque de forces, quand les directions de ces forces sont parallèles à l'axe, ou qu'elles viennent le couper, soit perpendiculairement, soit obliquement. Des forces ainsi dirigées, en quelque nombre qu'elles se trouvent, ne peuvent jamais produire de mouvement de rotation.

187. — Quand une force est dirigée dans un plan oblique à l'axe, elle peut toujours être décomposée en deux autres, dont l'une est parallèle à l'axe, et l'autre située dans un plan perpendiculaire à l'axe. On a déjà rendu compte de l'effet de la première composante; la seconde tendra à faire tourner le corps avec une énergie mesurée par son *moment*, c'est-à-dire par le produit du nombre qui exprime l'intensité de cette force, et du nombre qui exprime la longueur de la perpendiculaire abaissée sur la direction de la force, du point où l'axe de rotation est coupé par le plan perpendiculaire dans lequel cette seconde composante est dirigée (art. 184).

On comprend sans peine que si un corps mobile autour d'un axe est soumis à l'action d'un nombre quelconque de forces, dont les unes tendent à le faire tourner dans un sens, et les autres à le faire tourner en sens contraire, il faudra, pour qu'elles se neutralisent et pour que le corps reste en équilibre, que la somme des moments des forces qui tendent à le faire tourner dans un sens, soit égale à la somme des moments des forces qui tendent à lui imprimer un mouvement de rotation en sens contraire. Quand l'une de ces sommes l'emportera sur l'autre, le corps tournera, et le sens de sa rotation sera déterminé par les forces pour lesquelles la somme des moments est prépondérante.

188. — Lorsqu'un corps a reçu une impulsion dirigée dans un plan perpendiculaire à l'axe, et suivant une ligne qui ne rencontre pas l'axe, ce corps prend un mouvement de rotation uniforme. La vitesse de rotation dépend de l'intensité de la force d'impulsion, de la distance de l'axe à la ligne suivant laquelle cette force est dirigée, et du mode de distribution de la masse du corps autour de l'axe. On doit concevoir que toute la force d'impulsion est répartie sur la multitude de particules matérielles qui composent le corps, et qu'elle se transmet du point d'application de la force à ces particules, en raison de la cohésion des particules entre elles, et de l'impossibilité où est chacune d'elles de se mouvoir indépendamment des autres.

Désignons par $m$ la masse de l'une des particules qui composent le corps, par $r$ sa distance à l'axe de rotation, par $v$ la *vitesse angulaire* du corps (art. 138) : d'après la définition de la vitesse angulaire, la *vitesse absolue* de la molécule $m$ est égale au produit des deux nombres $v$ et $r$. Sa *quantité de mouvement*, ou la force dont elle est animée, est égale au produit de sa vitesse absolue par sa masse, ou au produit des trois nombres $v, m, r$. Désignons ce produit par $f$ : on peut considérer la force $f$ comme tendant à faire tourner le système de toutes les particules, avec une énergie ou un *moment* mesuré par le produit de la force $f$ et du bras de levier $r$, ou par le produit des trois nombres $v, m, r^2$, le signe $r^2$ indiquant comme à l'ordinaire (art. 121) le carré du nombre $r$. Pour une autre particule, le facteur $v$, qui exprime la vitesse angulaire du corps, ne changera pas, mais les facteurs $m, r^2$ changeront. La somme des produits $m \times r^2$, faite ou censée faite pour toutes les particules du corps, est ce qu'on nomme le *moment d'inertie* du corps, par rapport à l'axe de rotation que l'on considère.

189. — Soit M la masse du corps C D (*Fig.* 72) tournant autour de l'axe A B : on peut supposer toute la masse du corps concentrée en un point G, tellement choisi que le produit de M par le carré de la distance O G soit précisément égal à la somme des produits $m \times r^2$, ou au moment d'inertie du corps. La force impulsive qui communiquerait au corps la vitesse angulaire $v$, en agissant au point P, perpendiculairement au plan de la figure, communiquerait la même vitesse angulaire à la masse M concentrée en G, en la supposant liée invariablement au point P et à l'axe A B. Car la même force qui donne au système la vitesse angulaire $v$ devrait réduire le système au repos si elle agissait au même point en sens opposé, le corps étant primitivement animé de cette vitesse angulaire $v$. Il faut donc que le moment de la force P, par rapport à l'axe A B, ou le produit de son intensité P par son bras de levier O P, soit égal au produit de la vitesse angulaire $v$ par le moment d'inertie du corps, ou au produit de $v$ par la masse M et par le carré de la distance O G. Conséquemment, le moment d'inertie

peut être considéré dans le mouvement rotatoire comme l'analogue de la masse du corps dans le mouvement de translation rectiligne.

190. — Puisque la grandeur du moment d'inertie dépend de la manière dont la masse est distribuée autour de l'axe, il s'ensuit que pour différents axes autour desquels on fait tourner le même corps, les moments d'inertie sont différents. De tous les axes parallèles entre eux, celui qui passe par le centre de gravité a le moindre moment d'inertie. Quand une fois on connaît le moment d'inertie relatif à cet axe, ceux de tous les axes parallèles sont faciles à calculer : en effet, le carré du moment d'inertie relatif à l'un quelconque de ces axes, est égal au carré du moment d'inertie relatif à l'axe parallèle qui passe par le centre de gravité, plus au carré de la distance de ces axes, ou de la perpendiculaire abaissée du centre de gravité sur l'axe parallèle.

191. — Si l'on prend un point quelconque, situé dans l'intérieur de la masse du corps, ou lié à cette masse, et que par ce point on imagine une infinité de lignes droites divergeant dans toutes les directions ; entre toutes ces lignes, que l'on peut considérer comme autant d'axes de rotation, il y en aura deux dont l'une correspondra au plus grand, et l'autre au plus petit moment d'inertie. La théorie démontre cette particularité remarquable que, quelles que soient la nature et la forme du corps, ainsi que la position du point par lequel on fait passer toutes ces lignes droites, les deux axes du plus grand et du plus petit moment d'inertie sont perpendiculaires

entre eux. Ces deux axes, et un troisième mené par le même point, sous la condition d'être perpendiculaire aux deux autres, se nomment les *axes principaux* du corps, pour le point dont il s'agit. Ces axes jouent en mécanique un rôle considérable, et jouissent de propriétés dont nous indiquerons tout à l'heure les plus importantes. Pour nous représenter nettement leurs situations respectives, imaginons que l'axe du plus grand moment d'inertie soit dirigé horizontalement suivant la ligne nord-sud, que l'axe du plus petit moment soit dirigé aussi horizontalement suivant la ligne qui va de l'est à l'ouest; le troisième axe principal, que l'on peut nommer l'*axe principal moyen*, sera dirigé verticalement de haut en bas.

192. — Quoique les moments d'inertie relatifs aux trois axes principaux soient en général inégaux, il peut arriver, d'après la forme particulière du corps, que deux de ces moments d'inertie, ou même tous trois, deviennent égaux entre eux. Si c'est le premier cas qui a lieu, tous les axes menés par le même point, dans le plan qui comprend les deux axes principaux dont les moments sont égaux entre eux, tous ces axes, disons-nous, auront leurs moments d'inertie égaux à ceux de ces deux axes principaux. Si les trois axes principaux ont leurs moments d'inertie égaux, tous les axes menés par le même point auront aussi le même moment d'inertie.

193. — Lorsque l'on connaît les moment d'inertie des trois axes principaux menés par le centre de gravité, ont peut calculer facilement, au moyen d'une formule que l'on trouvera dans les traités

mathématiques, le moment d'inertie relatif à un axe mené aussi par le centre de gravité, mais dans une direction quelconque, et, par suite (art. 190), le moment d'inertie relatif à un axe parallèle, qui passe en un point quelconque du corps. Le calcul des moments d'inertie se ramène donc en général à la détermination des moments d'inertie relatifs aux trois axes principaux qui se coupent au centre de gravité.

194. — Cherchons maintenant à expliquer, autant qu'on peut y parvenir sans le secours du langage mathématique, les effets des forces centrifuges et les pressions qu'elles font éprouver à l'axe de rotation (art. 183). Il est clair que si des masses égales, liées invariablement entre elles, sont situées à des distances égales de l'axe de rotation, des deux côtés opposés de cet axe, leurs forces centrifuges se neutraliseront mutuellement, et l'axe n'en éprouvera aucune pression ni aucune tendance à se déplacer. Par conséquent, si des particules matérielles de même masse sont uniformément distribuées sur un cercle dont le plan soit perpendiculaire à l'axe de rotation, et qui ait son centre sur l'axe, toutes les forces centrifuges se neutraliseront deux à deux, et l'axe ne supportera encore aucune pression. Quand la masse animée d'un mouvement de rotation fait éprouver à l'axe une pression provenant de la combinaison des forces centrifuges, cela ne peut avoir lieu qu'autant que la masse est inégalement distribuée autour de l'axe.

Dès lors, voici des cas où l'on est sûr, d'après le

raisonnement précédent, que l'axe n'éprouve aucune pression due à la force centrifuge :

1°. Celui d'une sphère dont la densité est la même pour tous les points situés à égales distances du centre, et qui tourne autour de l'un de ses diamètres ;

2°. Celui d'un cylindre ou d'un sphéroïde de révolution qui tourne autour de son axe de révolution, la densité étant la même à égales distances de l'axe ;

3°. Celui d'un cube de densité uniforme qui tourne autour d'un axe mené par les points d'intersection des diagonales des deux bases opposées ;

4°. Celui d'une plaque circulaire, d'épaisseur et de densité uniformes, qui tourne autour de l'un de ses diamètres.

195. — Dans tous ces exemples, on peut remarquer que l'axe de rotation passe par le centre de gravité. Ce n'est là qu'une application particulière d'une proposition générale dont voici l'énoncé : «Si le corps tourne autour de l'un des axes principaux qui passent par le centre de gravité, l'axe n'éprouvera aucune pression par suite des forces centrifuges qui naissent du mouvement de rotation ; et de plus, cette propriété appartient exclusivement aux axes principaux menés par le centre de gravité. »

Si deux des axes principaux menés par le centre de gravité ont leurs moments d'inertie égaux entre eux, tout autre axe mené dans leur plan, et passant aussi par le centre de gravité, aura le même moment d'inertie (art. 192), et pourra être considéré comme un axe principal. Il jouira donc de la propriété énoncée dans le théorème précédent.

On peut citer comme exemple du cas dont nous nous occupons ici, un sphéroïde de révolution qui serait homogène, ou dont la densité serait la même à égales distances de l'axe. En supposant que la terre fût dans ce cas, et qu'elle vînt à tourner autour de l'un quelconque des diamètres de l'équateur, elle tournerait sans que la force centrifuge fît subir de pression à l'axe de rotation.

Dans le cas où les trois axes principaux menés par le centre de gravité ont des moments d'inertie égaux, tout autre axe mené par le centre a le même moment d'inertie, et peut être considéré comme un axe principal autour duquel le corps tournerait sans lui faire éprouver de pression. C'est ce qui arrive pour un globe formé de couches concentriques homogènes.

196. — Toutes les fois que l'axe n'éprouve aucune pression pendant la durée de la rotation du corps, le mouvement ne sera modifié en rien si l'axe cesse d'être fixe : la rotation continuera d'avoir lieu, et l'axe conservera son immobilité. Ainsi, quand une toupie de matière homogène et de forme symétrique dort debout sur son axe, le mouvement de rotation est le même que si l'on rendait cet axe fixe, et il continue jusqu'à ce que le frottement au point de contact avec le sol et la résistance de l'air aient détruit la vitesse angulaire primitivement communiquée à la toupie.

197. — Quand un corps tourne autour d'un axe mené par le centre de gravité, mais qui n'est pas

un axe principal, la pression due à la force centrifuge est représentée par l'action de deux forces
égales et parallèles qui seraient appliquées à deux
points différents de l'axe, dans des directions opposées. Ces forces exercent un effort contre l'axe,
et impriment au corps une tendance à se mouvoir
autour d'un autre axe, perpendiculaire au premier.

198. — Si l'axe de rotation est un axe principal,
mené par un autre point que le centre de gravité,
la pression résultant de la force centrifuge sera représentée par une force appliquée perpendiculairement à l'axe, au point par rapport auquel il joue le
rôle d'axe principal, et dans le plan mené par cet
axe et par le centre de gravité. En pareil cas, toute
la pression pouvant être censée appliquée à un point
unique, la stabilité de l'axe sera assurée, pourvu
que l'on fixe ce point; et quoique l'axe conserve par
cette disposition la faculté de tourner autour du point
fixe, ce mouvement ne se produira pas, tant que
des forces extérieures n'agiront point sur le corps.

199. — Quand l'axe de rotation n'est pas un axe
principal, l'action des forces centrifuges ne peut
plus équivaloir à celle d'une force unique. Pour s'en
faire une idée, il faut concevoir deux forces appliquées à deux points différents de l'axe, et formant
des angles droits tant entre elles qu'avec l'axe. Ces
pressions dépendent, en intensité et en direction, de
la figure du corps, de sa densité et de la position de
l'axe, suivant des lois qui ne peuvent être expliquées
qu'à l'aide du langage mathématique.

200. — Après avoir traité des pressions que l'axe
supporte par suite du mouvement même de rota-

tion, de quelque manière que ce mouvement soit produit, parlons encore des pressions ou des percussions que l'axe éprouve par l'action des forces qui mettent le corps en mouvement, selon que ces forces sont continues ou instantanées. Nous pouvons toujours concevoir chacune des forces agissantes décomposées en deux autres, la première dirigée dans un plan perpendiculaire à l'axe, la seconde dirigée dans un plan mené par l'axe. Si les premières composantes sont nulles ou se détruisent mutuellement, le corps ne pourra prendre aucun mouvement de rotation, et les secondes composantes feront subir à l'axe des pressions ou des percussions dont il a déjà été rendu compte dans l'article 184. Nous pourrons donc nous borner ici à considérer les effets dus aux premières composantes, et même, pour plus de simplicité, à une seule d'entre elles ; car on pourra toujours étendre les résultats obtenus dans cette hypothèse, au cas où il y a un nombre quelconque de forces agissantes.

En général, le choc que fait éprouver à l'axe une force d'impulsion dirigée dans un plan perpendiculaire à cet axe, équivaut à deux chocs que subirait l'axe en deux points différents, l'un parallèlement à la force d'impulsion dont il s'agit, l'autre dirigé suivant une ligne perpendiculaire à la fois à l'axe et à la direction de la force. Dans certaines circonstances, pourtant, cette proposition a besoin d'être modifiée.

Si l'impulsion est dirigée perpendiculairement au plan mené par l'axe et par le centre de gravité, et à une distance convenable de l'axe, il y aura des cas (dans la définition desquels nous n'entrerons pas ici) où la force impulsive ne fera éprouver à l'axe aucune percussion. Le point du plan mené par l'axe et par le centre de gravité, où la force impulsive doit être appliquée pour qu'un pareil résultat puisse avoir lieu, se nomme, pour cette raison, le *centre de percussion*.

201. — Si l'axe de rotation est un axe principal, ou s'il est parallèle à l'un des axes principaux menés par le centre de gravité, le centre de percussion se trouvera sur la droite menée perpendiculairement à l'axe et passant par le centre de gravité.

L'axe de rotation peut avoir une infinité de positions auxquelles ne correspondront pas des centres de percussion ; de sorte que, pour de semblables positions de l'axe, il sera impossible de communiquer une impulsion au corps sans faire éprouver à l'axe une percussion. C'est ce qui arrive notamment quand l'axe de rotation passe par le centre de gravité ; et conséquemment (art. 195) dans les seuls cas où la force centrifuge soit sans action sur l'axe, cet axe subit nécessairement une action de la part des forces qui mettent le corps en mouvement.

# CHAPITRE XI.

### DU PENDULE.

Pendule simple. — Isochronisme des petites oscillations. — La durée des vibrations est indépendante de la masse et de la nature chimique du corps pendulaire. — Influence de la résistance de l'air. — Centre d'oscillation. — Influence des variations d'intensité de la pesanteur sur la durée des oscillations d'un pendule. — Expériences du pendule, entreprises pour déterminer la figure de la terre et les variations de l'intensité de la pesanteur à sa surface. — Pendule cycloïdal de Huygens.

202. — Quand un corps est suspendu à un axe horizontal qui ne passe point par son centre de gravité, il ne peut rester dans un état d'équilibre stable que lorsque le centre de gravité est situé au-dessous de l'axe, dans un même plan vertical. Si cette condition n'est pas satisfaite, le corps oscille de part et d'autre de la verticale, jusqu'à ce que la résistance de l'air et le frottement sur l'axe aient anéanti son mouvement (articles 156-157). Un corps suspendu de la sorte se nomme un *pendule*, et le mouvement de va-et-vient s'appelle indifféremment *oscillation* ou *vibration*. Les applications du pendule, non-seulement aux sciences physiques, mais aussi aux besoins ordinaires de la vie, donnent une grande importance à la théorie qui le concerne. Le pendule nous fournit le moyen le plus exact de mesurer le temps, et de déterminer avec précision des phénomènes naturels très-variés. Par exemple, c'est avec

cet instrument qu'on a mesuré l'intensité de la pesanteur à diverses latitudes, et fixé expérimentalement les lois suivant lesquelles cette intensité varie.
D'après ces considérations, nous nous proposons
d'exposer avec assez de détails, non-seulement les
principes généraux de la théorie du pendule, mais
les procédés de construction qu'il faut suivre pour
en faire un instrument précis.

203. — On nomme *pendule simple* celui qui
serait formé d'une molécule pesante, attachée à
l'une des extrémités d'un fil inflexible, dont l'autre
extrémité serait attachée à un point fixe O (*Fig.* 73).
Quand ce pendule est dans la position O C, la molécule se trouve située au-dessous du point de suspension O, dans la même verticale, et elle reste en équilibre ; mais si l'on écarte le pendule de la verticale,
pour l'amener dans la position O A, et qu'on l'abandonne ensuite à lui-même, la molécule pesante descendra vers C, en décrivant l'arc A C d'un mouvement accéléré. Arrivée en C avec une certaine
vitesse acquise, elle continuera à se mouvoir dans
la même direction, à cause de son inertie, c'est-à-
dire qu'elle remontera en décrivant l'arc C A'. Tandis qu'elle remontera, la pesanteur retardera son
mouvement, précisément de la même manière qu'elle
l'avait accéléré pendant le temps de la descente. En
conséquence, lorsque la molécule aura décrit un
arc C A' égal à C A, toute sa vitesse sera détruite,
et elle cessera de se mouvoir dans cette direction.
Mais alors elle se trouvera placée en A' dans les
mêmes circonstances où elle était placée en A : elle
descendra donc de A' en C d'un mouvement conti-

nuellement accéléré ; puis elle remontera de C en
A pour redescendre ensuite de A en C, et ainsi indéfiniment. Toutefois, il ne faut pas perdre de vue
que nous supposons le fil parfaitement inflexible et
inextensible, et sans poids appréciable ; que nous
faisons, en outre, abstraction de la résistance de
l'atmosphère et des frottements au point de suspension. A la faveur de ces hypothèses, il est clair que
les temps employés par la molécule à se mouvoir
de A en A' et de A' en A sont égaux, et demeureront
tels aussi longtemps que le pendule continuera de
vibrer. Si le temps de chaque vibration est connu,
il suffira de tenir registre du nombre de vibrations
exécutées par le pendule dans un temps donné,
pour faire de cet instrument un véritable chronomètre.

Le mouvement du pendule, pendant qu'il descend,
n'est pas uniformément accéléré, à cause que la force
qui le sollicite, au lieu de rester constante, va toujours en décroissant, et finalement s'évanouit au
point C. En effet, cette force résulte de l'action de la
pesanteur sur la molécule suspendue, action toujours
dirigée suivant une ligne verticale telle que A V. Plus
l'angle O A V est grand, moins l'action de la gravité
est efficace pour accélérer le mouvement de la molécule ; et cet angle va en croissant à mesure que le
molécule approche de C, ainsi que le démontre l'inspection de la *Fig.* 73. Au point C, la force de la
pesanteur, dirigée suivant CB, n'a d'autre effet que
d'opérer la traction ou la tension du fil ; elle ne peut
tendre à mouvoir la molécule. Par la même raison,
le mouvement de C en A' n'est pas uniformément re-

tardé, la force retardatrice ayant une intensité toujours croissante de C en A'.

204. — Quand la longueur du fil et l'intensité de
la pesanteur sont déterminées, la durée de la vibration dépend de la longueur de l'arc AC, ou de la
grandeur de l'angle AOC. Néanmoins, si cette
grandeur n'excède pas certaines limites, la durée de
la vibration ne variera pas sensiblement, quoique
l'angle varie. Ainsi la durée de la vibration serait
sensiblement la même, si l'angle AOC était de 2°, ou
de 1° 30', ou de 1°, ou qu'il eût toute autre valeur
encore plus petite. Cette propriété du pendule est
désignée sous le nom d'*isochronisme*. Pour la démontrer rigoureusement, il faudrait s'appuyer sur
des principes mathématiques dont nous ne supposons
pas la connaissance dans ce traité. Mais, sans avoir
besoin d'y recourir, on peut comprendre, en général,
comment il arrive que le même pendule exécute
dans le même temps des vibrations d'une amplitude
plus ou moins grande. Lorsque la molécule part de
A, l'impulsion que lui communique la pesanteur
dépend de l'inclinaison de la ligne OA sur la ligne
AV ; lorsqu'elle part du point *a*, l'action impulsive
de la gravité est beaucoup moins grande qu'en A, et
doit communiquer à la molécule une moindre vitesse.
On conçoit donc comment il peut arriver que l'effet de
la diminution de vitesse compense celui du raccour-
cissement de l'arc, de manière que la molécule décrive
dans le même temps le plus grand et le plus petit arc.

Pour établir cette propriété par expérience, il suffit
de suspendre à un fil une petite boule de métal, ou
de toute autre matière lourde, et de la mettre en vi-

bration, en ayant soin que l'écart primitif de la verticale n'excède pas 4 ou 5 degrés ; le frottement qui a lieu au point de suspension et les autres résistances diminueront graduellement l'amplitude des oscillations, de sorte qu'au bout de quelques heures elles seront assez petites pour ne pouvoir être discernées qu'à la loupe. Si l'on observe avec une bonne montre à secondes les vibrations de ce pendule, au commencement, au milieu et à la fin du mouvement, on trouvera que leur durée n'a pas éprouvé d'altération sensible.

La loi remarquable de l'isochronisme est une des premières découvertes de Galilée. On rapporte qu'étant très-jeune, il observait le mouvement d'une lampe suspendue à la nef d'une église de Pise, et qu'il fut frappé de l'uniformité qui régnait dans la durée des oscillations, quoiqu'elles eussent des amplitudes très-visiblement inégales. Ce fait aurait sans doute passé inaperçu, ou du moins eût semblé très-insignifiant à un esprit qui n'aurait pas été formé par la culture des sciences ; mais les circonstances les plus triviales en apparence peuvent devenir pour un homme de génie l'occasion d'importantes découvertes. Ce fut, dit-on, la chute d'une pomme qui suggéra à Newton sa théorie de la gravitation : et sa puissante intelligence eut bientôt appliqué au système du monde la loi dont il venait de voir un résultat si ordinaire. Les oscillations d'une lampe d'église, venant à frapper l'esprit méditatif de Galilée, lui ont fait inventer un instrument qui devait servir à mesurer le temps avec la dernière exactitude, à déterminer la figure de la terre, et à porter l'astronomie moderne à sa perfection.

205. — On a vu dans l'art. 117 que l'attraction de la terre agit sur tous les corps également, et leur imprime la même vitesse, quelle que soit l'espèce ou la quantité de matière qui les constitue. Puisque cette attraction est la force qui met le pendule en mouvement, nous devons nous attendre à ce que les circonstances du mouvement pendulaire soient indépendantes de la masse et de la nature chimique du pendule. L'expérience confirme cet aperçu, et l'on trouve en effet que de petites boules de plomb, de cuivre, d'ivoire, etc., suspendues à des fils très-fins d'égales longueurs, vibrent dans le même temps, pourvu qu'elles aient assez de masse pour vaincre facilement la résistance de l'air, ou qu'on les fasse osciller dans le vide.

La résistance de l'air a pour effet de retarder le mouvement du pendule, et de diminuer la vitesse que l'action de la pesanteur tend à lui imprimer. En conséquence, le pendule met plus de temps à descendre du point le plus haut de sa course au point le plus bas, et la durée de sa demi-oscillation *descendante* se trouve augmentée. Mais, d'autre part, comme il remonte moins haut, la durée de sa demi-oscillation *ascendante* se trouve raccourcie ; et le calcul, d'accord avec l'expérience, démontre que ces deux effets se compensent à très-peu près quand le pendule ne décrit de part et d'autre de la verticale que des excursions très-petites. Dans ce cas, il arrive insensiblement au repos, en décrivant des oscillations isochrones dont les amplitudes décroissent en progression géométrique. Lorsque les arcs de vibration sont plus considérables, et qu'ils montent, par exemple, à un ou plusieurs degrés, la compensation dont nous venons de parler n'a plus lieu, du moins dans les expériences très-exactes ; et alors il faut tenir compte de la résistance de l'air, ainsi que nous l'indiquerons dans la suite ( art. 237 ).

206. — Après avoir reconnu que la durée des vibrations d'un pendule, qui décrit de petits arcs, ne dépend ni de l'amplitude des arcs de vibration, ni de la nature non plus que de la masse du corps vibrant, il faut expliquer les causes qui font varier cette durée. L'expérience la plus grossière montre tout d'abord que la durée des vibrations croît avec la longueur du fil auquel le pendule est suspendu, ou avec la distance de la masse vibrante au point de suspension. Mais suivant quelle loi cet accroissement a-t-il lieu ? Si la longueur du fil est doublée ou triplée, la durée des vibrations devient-elle aussi double ou triple ? Ce problème comporte une solution mathématique exacte, et le calcul montre que la durée des vibrations varie, non pas proportionnellement aux longueurs du fil, mais proportionnellement aux *racines carrées* de ces longueurs ; c'est-à-dire que pour une longueur quadruple la durée des vibrations est double ; elle est triple pour une longueur de fil neuf fois plus grande, et ainsi de suite. Cette relation est exactement la même que celle qui subsiste entre les espaces que décrit un corps en tombant librement, et les temps de chute. On pourra se reporter au tableau de l'art. 121, et si l'on conçoit que les nombres de la seconde colonne expriment des longueurs de pendule, les nombres placés vis-à-vis dans la première colonne sur la gauche

exprimeront les temps de vibration correspondants.

207. — La loi que nous venons d'énoncer peut
être établie par expérience de la manière suivante :

Soient A, B, C (*Fig.* 74) trois petites pièces de
métal, attachées chacune par des fils à deux points
de suspension, et placées d'abord dans une même
ligne verticale qui passe par le point O : supposons
qu'on ait pris les distances O A, O B, OC, dans le
rapport des nombres 1, 4, 9. On écartera en même
temps les trois corps métalliques de la verticale,
dans un plan qu'il faut concevoir perpendiculaire à
celui du papier, de manière que les fils de suspension
restent dans un même plan, et qu'ainsi l'amplitude
de l'arc de vibration soit le même pour les trois pendules. On les abandonnera ensuite à eux-mêmes, et
aussitôt le pendule A gagnera sur B, et le pendule B
gagnera sur C. A la fin de la seconde vibration de A,
le pendule B arrivera seulement au terme de sa
première vibration. Au bout de la quatrième vibration de A, B aura accompli deux vibrations, et les
fils de suspension de ces deux pendules seront reve-
nus à leurs positions initiales. Après trois vibrations
de A, C n'aura fait que compléter une vibration, et
les fils qui les suspendent se retrouveront en coïnci-
dence dans un plan qui fait avec le plan de coïnci-
dence initiale un angle mesuré par l'arc de vibration.

208. — Nous avons constamment supposé jusqu'ici que le corps pendulaire avait des dimensions
très-petites, en sorte qu'on pouvait imaginer que
toute sa masse fût concentrée en un seul point physique. Il est évidemment impossible de réaliser cette

hypothèse, et de construire ce que nous avons nommé un pendule simple ; mais il n'était pas moins néces-saire de considérer d'abord cette hypothèse abstraite, pour analyser ensuite les lois qui régissent les mou-vements des pendules réels.

Un corps pendulaire, de dimensions appréciables, a ses particules situées à des distances inégales de l'axe de suspension. Si toutes ces particules étaient isolées les unes des autres, elles vibreraient chacune dans des temps inégaux comme autant de pendules simples indépendants. Mais la solidité du corps fait que toutes ces particules doivent accomplir leurs vibrations dans le même temps : il faut donc que les particules plus rapprochées de l'axe de suspension soient retardées dans leur mouvement, en vertu des liens qui les unissent aux particules plus éloi-gnées, et, réciproquement, que le mouvement de celles-ci soit accéléré par la réaction des particules plus rapprochées, lesquelles tendent à vibrer plus rapidement. C'est ce que l'on concevra plus claire-ment si l'on considère seulement deux particules matérielles A et B (*Fig.* 75), liées au même axe de suspension O par un fil inflexible OC, dont on re-garde le poids comme négligeable. Si la particule B était enlevée, A vibrerait dans un certain temps qui dépend de la distance O A. Si A était enlevée à son tour, et que B fût fixée à une distance BO égale à quatre fois AO, la durée de la vibration de B serait double du temps dans lequel s'accomplissaient les vibrations de A. Maintenant, que l'on attache au fil les deux particules matérielles à la fois : l'inflexi-bilité du fil les obligera à vibrer en même temps, et pour cela le mouvement de A sera ralenti, tandis que celui de B sera accéléré. On pourra donc prendre sur le fil un point intermédiaire entre A et B, et dont la distance au point de suspension O sera précisément la longueur du pendule simple qui oscillerait dans le même temps que le pendule composé des deux masses A, B. Ce point se nomme le *centre d'oscillation*, parce que le mouvement du pendule est le même que si les masses étaient concentrées en ce point.

Le raisonnement que nous venons de faire au sujet de deux particules matérielles unies par un fil inflexible, peut s'appliquer à un nombre quelconque de particules situées à des distances diverses de l'axe de suspension O, et finalement à la réunion des particules qui constituent un corps solide. Il y aura toujours un centre d'oscillation où il sera permis de concevoir que toute la masse du pendule est concentrée; en sorte que toutes les propriétés du mouvement du pendule simple pourront être transportées au mouvement pendulaire d'un corps de figure et de dimensions quelconques, en le réduisant par la pensée à une simple molécule vibrante, située au centre d'oscillation. Ainsi, les durées des vibrations de différents pendules seront entre elles dans les rapports des racines carrées des distances de leurs centres d'oscillation respectifs aux axes de suspension.

209. — Pour déterminer la position du centre d'oscillation, il faut en général appliquer des règles de calcul qui reposent sur des notions mathématiques assez compliquées. La position de ce point dépend de la figure et des dimensions du corps, de la

loi suivant laquelle la densité varie dans l'intérieur
du corps, et enfin de la situation de l'axe autour
duquel il oscille.

Cependant on détermine très-facilement la position du centre d'oscillation quand une fois l'on
connaît celle du centre de gravité et la valeur du
*moment d'inertie* du corps oscillant (art. 188) par
rapport à l'axe de suspension. En effet, la distance
du centre d'oscillation à l'axe dont il s'agit s'obtiendra en divisant le nombre qui exprime le moment d'inertie, par le produit de deux nombres,
dont l'un mesure la masse du corps oscillant, et
l'autre la distance du centre de gravité à l'axe de
suspension. Par conséquent, lorsque l'on mettra en
vibration des corps de dimensions et de masses considérables, et qu'en même temps on fera passer l'axe
de suspension très-près du centre de gravité, la
distance du centre d'oscillation à l'axe deviendra
très-grande, et pourra correspondre à un point
situé, non plus dans l'intérieur du corps, mais
beaucoup au delà. Ce point n'aura plus alors qu'une
existence idéale, et il servira seulement à déterminer la longueur du pendule simple, qui oscillerait dans le même temps que le corps emploie à
accomplir ses vibrations. C'est ainsi qu'une sphère
homogène d'un mètre de rayon, enfilée par un axe
horizontal qui passerait très-près de son centre,
pourrait exécuter des vibrations aussi lentes que
celles d'un pendule simple de dix mètres de longueur. Mais pour que le centre d'oscillation sorte
ainsi des limites du corps vibrant, ou pour que le
moment d'inertie soit très-grand, tandis que la dis-

tance du centre de gravité à l'axe de suspension
reste très-petite, il faut que la masse du corps soit
répartie de part et d'autre de l'axe de suspension,
ce qui n'arrive pas dans les instruments auxquels on
donne proprement le nom de pendules, et qui
sont construits de manière que la totalité ou la
presque totalité de la masse se trouve portée d'un
même côté de l'axe de suspension.

On peut cependant quelquefois avoir intérêt à
construire des corps pendulaires de petites dimensions, qui exécutent des vibrations lentes. Tels sont
les instruments appelés *métronomes*, usités en mu-
sique pour marquer les intervalles des notes. On les
construira d'après les principes qui viennent d'être
exposés.

210. — Le centre d'oscillation jouit, par rapport
à l'axe de suspension, d'une propriété remarquable.
Si le point A (*Fig.* 76) désigne le point de suspension d'un pendule, et que O soit le centre d'oscillation correspondant, on démontre, d'après la théorie
mathématique des moments d'inertie, que la durée
des oscillations du pendule ne sera point altérée,
quand on le renversera pour le suspendre au
point O, c'est-à-dire que A deviendra dans cette
hypothèse le centre d'oscillation. On énonce cette
propriété en disant que les centres d'oscillations et de
suspension sont *échangeables*. Pour la vérifier par
l'expérience, on mettra un pendule en vibration, et
l'on fera vibrer en même temps une masse très-
petite, suspendue à un fil très-fin, que l'on raccourcira ou allongera jusqu'à ce que ses vibrations
soient isochrones à celles du premier pendule. On

aura ainsi à très-peu près la longueur du pendule simple, isochrone au premier pendule, ou la distance du point de suspension au centre d'oscillation. On laissera le premier pendule revenir au repos, et quand il y sera parvenu, le centre de gravité se trouvant dans la verticale qui passe par le point de suspension, on prendra sur cette verticale, à partir du point de suspension, une distance égale à la longueur du pendule simple qu'on vient de déterminer. L'extrémité de cette distance sera le centre d'oscillation. On détachera alors le pendule pour le suspendre à un axe horizontal passant par le centre d'oscillation, puis on le fera vibrer de nouveau. On trouvera que ses vibrations ont la même durée qu'auparavant, et qu'elles sont encore isochrones à celles du pendule simple qui a servi de terme de comparaison.

La propriété qu'ont les centres de suspension et d'oscillation d'être échangeables, a été mise à profit dans ces derniers temps par le capitaine Kater, comme un moyen d'assigner exactement la longueur du pendule simple qui vibrerait dans le même temps qu'un pendule donné. Si l'on détermine deux points de suspension autour desquels le même corps vibre dans le même temps, ce qui peut se faire avec une grande précision, la distance de ces points sera la longueur que l'on cherche.

211. — Après avoir expliqué la loi suivant laquelle la durée des oscillations varie avec la longueur des pendules, il faut voir comment cette durée est affectée par les variations de la pesanteur. Il est évident que le pendule doit se mouvoir plus

rapidement, quand la pesanteur, ou la force qui le fait mouvoir, augmente d'intensité. De plus, on démontre mathématiquement que la durée de la vibration d'un pendule est à la durée de la chute d'un corps qui tomberait librement d'une hauteur égale à la moitié de la longueur du pendule, dans le rapport de la circonférence d'un cercle à son diamètre. La durée des vibrations varie donc avec la pesanteur comme varierait le temps que met un corps à tomber d'une hauteur donnée. Or, si l'intensité de la pesanteur était quadruplée, le temps employé par un corps à tomber d'une hauteur donnée serait réduit à moitié ; ce temps serait réduit au tiers, si l'intensité de la pesanteur était rendue neuf fois plus grande ; et en général, le temps de chute varie en raison inverse de la racine carrée du nombre qui mesure l'intensité de la pesanteur. Telle est donc aussi la loi suivant laquelle la durée des oscillations varie avec l'intensité de la pesanteur.

212. — Il ne reste plus, pour compléter la théorie du pendule, et pour pouvoir appliquer cet instrument, qu'à indiquer les moyens de déterminer d'une manière précise 1°. la durée d'une oscillation, 2°. la distance du point de suspension au centre d'oscillation.

Le premier de ces éléments s'obtiendra en faisant vibrer un pendule en présence d'un bon chronomètre, et en comptant soigneusement le nombre des vibrations qu'il a exécutées dans un nombre donné d'heures. On convertira ce dernier nombre en secondes , on le divisera par le nombre d'oscillations, et le quotient donnera la durée d'une oscillation, exprimée en secondes ou fractions de secondes. La marche du chronomètre est censée réglée par des observations astronomiques, indépendantes des variations que la pesanteur peut éprouver d'un point à l'autre de la surface terrestre [1].

La distance du centre d'oscillation au point de suspension pourra se déterminer expérimentalement d'après la méthode que nous avons indiquée dans l'article 210. Mais elle pourra aussi se calculer *à priori* d'une manière très-facile, en donnant au pendule une figure simple et symétrique, et en le construisant avec des matières sensiblement homogènes.

213. — Tout cela posé, on se trouvera en état de résoudre immédiatement les deux problèmes suivants :

1°. Déterminer la longueur du pendule qui exécute ses vibrations dans un temps donné ;

2°. Assigner la durée des vibrations d'un pendule qui a une longueur donnée.

Le premier problème se résoudra au moyen de cette proportion : la durée des vibrations d'un pendule de longueur connue est à la durée des vibrations du pendule cherché, comme la racine carrée de la longueur du pendule connu est à la racine carrée de la longueur du pendule cherché. Il suffira

---

[1] Voyez le *Traité d'Astronomie* de sir J. Herschel, chap. II et III.

donc d'appliquer à cette proportion les règles ordinaires de l'arithmétique.

Le second problème se résoudra par la même proportion, présentée d'une manière un peu différente : la longueur du pendule connu est à la longueur du pendule proposé, comme le carré du temps de vibration du premier pendule est au carré du temps de vibration du second.

214. — La liaison qui existe entre l'intensité de la pesanteur et la durée des oscillations du pendule nous met à même, non-seulement de déterminer les variations de la pesanteur à la surface de la terre, mais encore de mesurer l'intensité absolue de la pesanteur en un lieu donné, d'une manière bien plus exacte que nous ne pourrions le faire en observant directement la chute d'un corps qui tomberait librement, ou en ayant recours à d'autres appareils, tels que la machine d'Attwood (art. 126).

L'intensité de la pesanteur, en un lieu quelconque, a pour mesure la hauteur d'où ce corps tomberait librement dans un intervalle de temps donné, par exemple, dans une seconde ; au lieu d'observer directement cette hauteur, on observe la longueur du pendule dont les vibrations ont une seconde de durée. Ainsi, à Paris, on trouve pour la longueur du pendule simple qui battrait les secondes 0$^m$,99392. D'après ce que nous avons dit dans l'article 211, le rapport de la circonférence d'un cercle à son diamètre (rapport dont l'expression numérique, approchée jusqu'aux cent-millièmes, est 3,14159) est le même que le rapport d'une seconde au temps que mettrait un corps à tomber librement d'une hauteur égale à la moitié de la longueur de ce pendule, ou à 0$^m$,49696. En calculant cette proportion, on trouve que le temps employé par un corps à tomber de cette hauteur, sous la latitude de Paris, et abstraction faite de la résistance du vide, est 0$^m$,31831. Mais, d'un autre côté, nous avons vu dans l'art. 121 que les hauteurs d'où les corps tombent librement sont en raison des carrés des temps de chute. On aura donc cette proportion : le carré de 0,31831 est à 1 comme 0$^m$,49696 est à la hauteur d'où un corps tombe dans une seconde sous la latitude de Paris; proportion d'après laquelle on trouve, pour la hauteur dont il s'agit, 4$^m$,905. Ce nombre mesure donc l'intensité de la pesanteur à Paris, et l'on déterminerait de même l'intensité de la pesanteur en tout autre point de la surface terrestre.

215. — Si l'on transporte successivement le même pendule en des lieux différents, le rapport entre les carrés des vitesses de vibration donnera immédiatement le rapport entre les intensités de la pesanteur aux lieux où le pendule a vibré. Des observations de ce genre ont occupé, depuis un siècle et demi, les physiciens et les astronomes. Elles ont été surtout considérablement multipliées dans ces derniers temps, et l'on s'est attaché à les porter au plus haut degré de précision.

Comme la terre est une masse de forme à peu près sphérique, qui tourne autour d'un axe avec une grande vitesse, ses particules sont affectées d'une force centrifuge, en vertu de laquelle elles tendent à s'échapper dans une direction perpendiculaire à l'axe. Cette force, qui combat l'action de la pesanteur, croît en raison de la distance des particules à l'axe de rotation, et conséquemment elle va en diminuant à la surface terrestre, de l'équateur aux pôles. Nous avons déjà vu, dans l'article 145, que telle est la cause pour laquelle la terre a une forme sphéroïdale aplatie. D'un autre côté, par le fait seul de cet aplatissement, l'intensité de la pesanteur va en augmentant de l'équateur aux pôles, à cause que la distance au centre de la terre va en diminuant. Ces deux causes concourent à ralentir les vibrations du pendule, des pôles à l'équateur, suivant une loi qui se lie à la forme de la surface terrestre : les observations du pendule, faites sous des latitudes différentes, peuvent donc servir à calculer la figure de la terre, et à confronter la théorie avec les résultats de l'expérience.

Ce n'est pourtant pas là l'unique méthode au moyen de laquelle on ait déterminé la figure de la terre. On a aussi mesuré, sur une grande échelle, des arcs de méridiens situés dans des lieux très-éloignés, ce qui a servi à calculer directement la courbure des méridiens sous des latitudes très-différentes. Cette méthode a l'avantage d'être indépendante de toute hypothèse concernant la densité et la structure intérieure de la terre. Aussi beaucoup de personnes la regardent comme susceptible d'une plus grande exactitude que celle qui se fonde sur les observations du pendule. Il paraît, au surplus, que si l'on combine un grand nombre de mesures et d'expériences faites dans les deux méthodes, les résultats auxquels on parvient finalement s'accordent beaucoup plus qu'on ne l'avait pensé d'abord; et il faut

conclure de l'une comme de l'autre que l'aplatissement de la terre, ou l'excès du diamètre équatorial
sur le diamètre polaire, diffère très-peu d'un trois-
centième du diamètre équatorial.

216. — Nous avons eu soin de faire remarquer
(art. 204) que, quand l'arc de vibration d'un pendule n'est pas très-petit, une variation dans l'amplitude de cet arc produit un changement appréciable dans la durée de la vibration. Les géomètres se
sont beaucoup occupés de la construction d'un pendule pour lequel la durée des vibrations serait absolument indépendante de leur amplitude. Le problème
a été résolu, au moins en théorie, par Huygens,
qui a fait voir que la courbe nommée *cycloïde*,
précédemment découverte par Galilée, jouit de la
propriété de l'isochronisme ; c'est-à-dire qu'un corps
mû sur cette courbe, par l'action de la pesanteur,
accomplit des oscillations de même durée, quelle
que soit l'étendue des arcs qu'il décrit en oscillant.

Soient O A (*Fig*. 77) une ligne droite horizontale,
O B un cercle placé au-dessous de cette ligne et en
contact avec elle. Si ce cercle roule sur la ligne horizontale, en allant de O vers A, le point de sa circonférence, qui était placé en O au commencement
du mouvement, décrira la courbe O C A, que l'on
appelle *cycloïde*. Si le cercle roulait dans la direction opposée, c'est-à-dire de O en A', le même point
tracerait une autre cycloïde O C' A', superposable à la
première. En désignant par C et C' les points les plus
bas de ces courbes, les verticales C D, C'D' seront
égales au diamètre du cercle générateur ; les lignes
O A, O A' seront égales en longueur à la circonfé-

rence du même cercle : enfin, par une propriété
connue de la cycloïde, les arcs O C, O C' seront égaux
chacun au double du diamètre du cercle générateur.
Imaginons qu'au point O on suspende un fil parfaitement flexible, dont la longueur soit le double du
diamètre du cercle, et qui soutienne à son extrémité
une masse pendulaire P. Quand on fera osciller le
pendule dans le plan de la figure entre deux surfaces
solides O C, O C', de figure cycloïdale, le fil flexible
viendra s'appliquer, à partir du point O, contre l'une
des branches de cycloïde O C, O C', sur une portion
de sa longueur d'autant plus grande, que l'écart de
la verticale sera plus considérable. Si l'on courbe le
fil sur la cycloïde, jusqu'à ce que l'extrémité P atteigne un des points C, C', puisqu'on abandonne le
pendule à lui-même, l'extrémité P décrira une autre
cycloïde C P C', précisément égale à O C A ou à O C'A'.
Cette propriété de la cycloïde, découverte aussi par
Huygens, et combinée avec celle que nous avons
désignée plus haut sous le nom d'*isochronisme,*
lui a donné l'idée de la construction d'un pendule
*cycloïdal,* ou d'un pendule qui, étant obligé de
tracer un arc de cycloïde, en vertu de la disposition
précédemment décrite, jouirait par cela même de
la propriété d'effectuer ses vibrations dans le même
temps, quelle que fût l'amplitude de l'arc de vibration.

Quand on prend sur la cycloïde de petits arcs de
part et d'autre du point inférieur P, ces arcs ne diffèrent pas sensiblement des arcs de cercle qu'on
aurait décrits du point O comme centre, avec le rayon
O P, qui est le *rayon de courbure* de la cycloïde au

point P (art. 137). Telle est la raison pour laquelle les vibrations circulaires, lorsqu'elles sont suffisamment petites, participent sensiblement à la propriété d'isochronisme, qui appartient en général aux vibrations cycloïdales. Mais il n'en est plus de même, dès l'instant que le pendule à vibrations circulaires s'écarte considérablement de la verticale. Dans ce cas, la durée de l'oscillation est un peu augmentée par la grandeur de l'amplitude, et cette augmentation est proportionnelle au carré de l'amplitude ; de sorte, par exemple, que pour une amplitude de 6° l'augmentation de durée deviendra quadruple de ce qu'elle serait pour une amplitude de 3°.

217. — Lorsque le pendule reçoit son impulsion de l'échappement d'un horloge, ainsi que nous l'expliquerons dans le chapitre XVI, la force d'impulsion est sujette à des irrégularités qui proviennent des imperfections inévitables de la machine ; de sorte que les arcs de vibration peuvent être successivement plus grands ou plus petits, ce qui occasionne quelques variations dans la durée des oscillations du pendule. Il conviendrait, dans les observations très-exactes, de détruire ou d'atténuer ces causes de variations ; et c'était principalement dans cette vue que Huygens, à qui l'on doit l'application du pendule aux horloges, avait imaginé de faire décrire au pendule des vibrations cycloïdales. Mais le moyen qu'il proposait, tout élégant qu'il paraît en théorie, s'est trouvé sujet à trop d'inconvénients dans la pratique pour qu'on pût l'adopter. L'imparfaite flexibilité du fil et le frottement contre les lames cycloïdales entraînent des erreurs plus grandes que celles qu'on

se proposait d'éviter. Il y a quelques années que le
capitaine Kater a conçu l'idée d'un autre mode de
suspension destiné à remplir le même but ; idée, au
surplus, que d'autres auteurs paraissent également
avoir émise. La pièce de suspension du pendule
serait un ressort, de forme triangulaire, dont la
pointe ou le sommet se trouverait implanté dans
l'extrémité supérieure de la verge du pendule, tandis
que la base du même triangle serait encastrée, et
ferait fonction d'axe de suspension. Il est clair que
le ressort se courberait à mesure que l'écart du pendule de la verticale deviendrait plus grand, de manière à rapprocher le centre d'oscillation de l'axe de
suspension. On pourrait modifier cet effet jusqu'à ce
qu'on eût obtenu la compensation désirée, en faisant varier la base du triangle ou l'épaisseur du
ressort. Au reste, nous ne saurions dire jusqu'à
quel point cette combinaison réussirait dans la pratique. Les essais déjà tentés sont insuffisants pour
décider la question.

# CHAPITRE XII.

## DE LA COMPENSATION DES PENDULES.

Premières recherches de Graham. — Tables de dilatation
et manière d'en faire usage. — Pendule à châssis de
Harrison. — Pendule tubulaire de Troughton. — Pendules de Benzenberg, — De Julien Le Roy, — De
Deparcieux, — Du capitaine Kater, — De Reid, —
D'Ellicot, — De Martin. — Pendule à mercure. — Pendule de bois et de plomb, construit sur le principe du
pendule à mercure. — Pendule de Smeaton. — Mode
de suspension et d'ajustement du pendule.

218. — [1] Il nous reste maintenant à traiter de ce
qu'on appelle proprement la compensation des pendules, et de la construction des pendules *compensateurs*. Toutes les matières connues se dilatent par
la chaleur et se contractent par le froid, de sorte que
chaque changement de température fait varier la
longueur d'un pendule, et par suite la durée de ses
vibrations. Une différence de température de 16°,
qui est moyennement celle de l'été à l'hiver dans
nos climats, ferait gagner ou perdre 8 secondes en

---

[1] Les personnes dont le désir est seulement de prendre des
notions générales de la mécanique, pourront passer ce chapitre qui forme en quelque sorte un hors-d'œuvre; en re-
vanche, d'autres lecteurs verront avec plaisir le résumé d'une
question spéciale et intéressante de physique, fait par le capitaine Kater dont les travaux sur le pendule ont acquis parmi
les savants une si grande célébrité.

( *Note du Traducteur.* )

vingt-quatre heures à un pendule dont la tige serait de fer. En conséquence il est très-important, pour la perfection des instruments qui servent à mesurer le temps, de trouver un moyen de détruire cette variation, ou d'imaginer un procédé en vertu duquel le centre d'oscillation reste à la même distance du point de suspension, nonobstant les changements de température. C'est à quoi l'on parvient heureusement en profitant des différences que les divers métaux présentent, sous le rapport de la dilatabilité.

En 1715, Graham entreprit plusieurs expériences sur la dilatabilité relative des métaux, dans la vue de faire servir les inégalités de dilatation de deux ou de plusieurs métaux à la construction d'un pendule compensateur; mais il trouva les différences trop petites pour espérer d'atteindre le but de cette manière. Voyant que le mercure était plus affecté par les changements de température que toute autre substance métallique, il comprit que si l'on employait pour pendule une sorte de thermomètre, dans lequel le mercure monterait pendant que la tige s'allongerait par la chaleur, on pourrait faire en sorte que le centre d'oscillation restât toujours à la même distance du point de suspension. Cette heureuse idée a donné naissance au pendule à mercure, dont l'usage commence à se répandre.

Vers le même temps, les recherches de Graham piquèrent la sagacité de Harrison, originairement charpentier à Barton, dans le Lincolnshire, et il mit au jour, en 1726, son pendule formé de verges parallèles de cuivre et d'acier, connu sous le nom de pendule *à gril* ou à châssis.

Dans le pendule à mercure, l'élévation d'un poids contenu dans la *lentille* [1] produit la compensation. On l'obtient, dans le pendule à châssis, par la dilatation des tiges de laiton, qui soulève la lentille, autant que la dilatation des tiges d'acier la fait descendre.

Nous nous proposons de décrire ici les appareils de compensation qui nous paraissent les plus convenables dans la pratique, et nous espérons simplifier assez cette exposition pour la rendre indépendante de la connaissance des mathématiques.

219. — Voici d'abord une table qui donne les dilatations linéaires de diverses substances, correspondantes à une variation de température d'un degré du thermomètre centigrade, c'est-à-dire les quantités dont s'allongeraient des tiges formées de ces substances pour une élévation de température d'un degré, en prenant pour unité la longueur des tiges avant le changement de température. Cette table est calculée d'après celle que M. F. Baily a donnée dans son Mémoire sur le pendule à mercure, inséré parmi ceux de la Société astronomique de Londres pour 1824.

---

[1] Nous désignons par le mot de *lentille* la pièce où est concentré en plus grande partie le poids du pendule, celle qui est supportée par la tige, parce qu'elle a ordinairement une forme lenticulaire.

## TABLE I.

*Dilatations linéaires de diverses substances pour un degré du thermomètre centigrade.*

| SUBSTANCES. | DILATATIONS. | OBSERVATEURS. |
|---|---|---|
| Sapin.............. | 0,0000040833 | Kater. |
| | 0,0000051199 | Struve. |
| Flint-glass anglais..... | 0,0000086197 | Dulong et Petit. |
| Fonte de fer......... | 0,0000111060 | Général Roy. |
| | 0,0000118202 | Dulong et Petit. |
| Fer filé............. | 0,0000123504 | Lavoisier et Laplace. |
| Fer en barres........ | 0,0000125719 | Hasslar. |
| Acier en barres....... | 0,0000114473 | Général Roy. |
| Laiton (moyenne de plusieurs expériences).. | 0,0000187920 | Commission anglaise des poids et mesures. |
| Plomb.............. | 0,0000286666 | Smeaton. |
| Zinc............... | 0,0000294167 | *Idem.* |
| Zinc forgé.......... | 0,0000310833 | *Idem.* |
| Mercure (dilatation *en volume*)........... | 0,000180180 | Dulong et Petit. |

Avec le secours de cette table, il est aisé de déterminer quelle longueur doit avoir une tige formée de l'une des substances qui s'y trouvent inscrites, pour que la longueur dont elle se dilate, ou sa dilatation absolue, soit égale à la dilatation absolue d'une tige d'une autre substance de longueur donnée. Il suffit de remarquer que les longueurs de ces tiges doivent être en raison inverse des nombres qui expriment, dans le tableau précédent, les dilatations linéaires des substances dont les tiges sont formées. Par exemple : la dilatation de l'acier étant, d'après la table, 0,0000114473, et celle du laiton 0,0000187920, si nous cherchons la longueur de la tige de laiton qui se dilaterait d'une même quantité absolue qu'une tige d'acier de 0ᵐ,994, nous diviserons 0,0000114473 par 0,0000187920, ce qui nous donnera pour quotient ou pour rapport 0,6091 ; multipliant ce rapport par 0ᵐ,994, nous aurons 0ᵐ,605 pour la longueur de la tige de laiton.

Dans la vue de faciliter ces calculs, nous donnons ici une table des rapports de longueur entre les substances qui peuvent entrer dans la construction d'un pendule compensateur, rapports tels que celui qu'on vient de trouver entre l'acier et le laiton. La substance énoncée la dernière dans chaque ligne du tableau est celle dont la dilatabilité est la plus grande.

## TABLE II.

*Rapports des dilatations.*

| | |
|---|---|
| Acier et laiton............................... | 0,6091 |
| Fer filé et plomb............................ | 0,4308 |
| Acier et plomb.............................. | 0,3993 |
| Fer filé et zinc.............................. | 0,3973 |
| Acier et zinc................................ | 0,3682 |
| Flint-glass et plomb........................ | 0,3007 |
| Flint-glass et zinc.......................... | 0,2773 |
| Sapin et plomb............................. | 0,1427 |
| Sapin et zinc............................... | 0,1313 |
| Acier et mercure dans un cylindre d'acier...... | 0,0728 |
| Acier et mercure dans un cylindre de flint..... | 0,0703 |
| Flint et mercure dans un cylindre de flint...... | 0,0529 |

220. — Le pendule d'une horloge est en général suspendu au moyen d'un ressort fixé à son extré-

mité supérieure, et qui traverse une fente pratiquée dans une pièce que nous nommerons la pièce
de suspension du pendule. Le point de suspension
est celui où le ressort s'appuie contre l'extrémité
inférieure de la fente. On peut faire varier la distance de ce point au centre d'oscillation de deux
manières : en remontant le fil à travers la fente, ou
en élevant directement le centre de gravité de la
lentille. L'un et l'autre procédé sont en usage dans
la construction des pendules compensateurs ; mais
le premier est sujet à des inconvénients dont l'autre
est exempt.

Supposons qu'il s'agisse de compenser par l'application d'une tige de laiton, un pendule à tige
d'acier, de 0$^m$,994 de longueur, c'est-à-dire un
pendule qui batte les secondes à la latitude de Paris.
SC désignera sur la *Fig.* 78, *Pl.* VI, la longueur 0$^m$,994 qui doit rester constante. Le ressort
qui traverse la pièce de suspension en S tient à une
tige d'acier, fixée elle-même en A à une pièce
transversale RA. L'autre extrémité R de la pièce
transversale est scellée à une tige de laiton dont
l'extrémité inférieure est unie en B à la pièce de
suspension BS. Les deux conditions auxquelles
doivent satisfaire les longueurs d'acier et de laiton AC, BR, sont : 1°. que BR se dilate de la même
quantité absolue que AC, ou que les tiges AC, BR
soient en raison inverse des dilatabilités des deux
métaux qui les composent respectivement, afin
que BR en soulevant la tige AC, élève la lentille C
autant que l'allongement de AC l'aura abaissée ;
2°. que la longueur SC, ou l'excès de AC sur BR,

reste constamment égale à 0^m,994, nonobstant la dilatation des deux tiges, afin que le pendule continue toujours à battre les secondes.

On pourrait déterminer par des tâtonnements les longueurs AC, BR, de manière à satisfaire à ces deux conditions avec une approximation plus ou moins grande; mais rien n'est plus facile que de résoudre directement la question avec l'aide de l'algèbre [1], et voici la règle à laquelle on est conduit :

Retranchez de l'unité le rapport de la dilatation de l'acier à la dilatation du laiton, rapport donné dans la table II, et qui est égal à 0,6091; vous aurez pour reste 0,3909. Divisez par ce nombre la longueur donnée SC, égale à 0^m,994; le quotient 2^m,542 sera la longueur qu'il faut donner à la tige AC. Multipliez ce dernier nombre par la fraction 0,6091, et le produit 1^m,548 sera la longueur que l'on doit donner à la tige BR.

221. — Dans ce cas on obtenait la compensation en faisant remonter le ressort à travers la fente; mais on parviendrait au même résultat en soulevant directement la lentille sans déplacer [le ressort, au moyen de la disposition représentée dans la *Fig.* 79, et qui s'explique d'elle-même. La dilata-

[1] Soient $x$ la longueur AC, $y$ la longueur BR, $a$ la longueur SC, $m$ le rapport de la dilatabilité du métal AC à la dilatabilité du métal BR, les conditions énoncées dans le texte s'exprimeront par ces deux équations :

$$y = mx, \quad x - y = a,$$

d'où l'on tire

$$x = \frac{a}{1-m}, \quad y = \frac{ma}{1-m}.$$

10

tion des longueurs d'acier **A E**, **S D**, **F C** tend à abaisser la lentille : celle de la longueur de laiton **B R** tend à la soulever. Si donc les longueurs d'acier **A E**, **S D**, **F C**, prises ensemble, font $2^m,542$, et que la tige de laiton **B R** ait $1^m,548$ de longueur comme précédemment, la distance **S C** restera constante et égale à $0^m,994$.

Cette forme donnée au pendule aurait des inconvénients manifestes, à cause de la longueur des tiges qui s'élèveraient au-dessus du point de suspension **S** ; mais rien n'empêche de faire les tiges d'acier et de laiton de plusieurs pièces, selon la disposition que représente la *Fig.* 80, pourvu que la somme des longueurs de tiges reste la même. La *Fig.* 80 représente la moitié d'un pendule compensateur à châssis. L'autre moitié, qui serait absolument symétrique, ne change rien à la compensation. Elle n'est ajoutée que pour donner plus de stabilité à l'appareil.

222. — *Pendule à châssis de Harrison.* — D'après les explications dans lesquelles nous venons d'entrer, il suffit presque de renvoyer à la *Fig.* 81, où ce pendule se trouve représenté. Les lignes ombrées désignent les lignes d'acier, et les lignes claires celles de laiton. La verge centrale est fixée par son extrémité inférieure au milieu de la troisième pièce transversale, à compter de bas en haut. Elle passe librement par des trous pratiqués dans les pièces transversales qui sont au-dessus ; tandis que les autres verges sont fixées par leurs extrémités aux pièces transversales qu'elles rencontrent. Afin d'augmenter la solidité de l'appareil, toutes les

verges passent librement à travers des trous pratiqués dans deux autres pièces transversales , fixées
aux verges extérieures d'acier. Comme la qualité
des métaux employés influe sur la loi de leur dilatation , il convient de soumettre le pendule à l'expérience, pour s'assurer que la compensation s'effectue
bien. Dans le cas contraire, on fait glisser sur
les barres une ou plusieurs des pièces transversales,
de bas en haut ou de haut en bas, et l'on fixe
définitivement l'appareil lorsqu'on est satisfait du
résultat.

223. — *Pendule tubulaire de Troughton.* —
Ce pendule est une modification très-heureuse de
celui de Harrison ; il ressemble extérieurement à
un pendule ordinaire, attendu que tout l'appareil
compensateur est caché dans un tube d'un centimètre et demi de diamètre. De plus, la forme tubulaire de l'appareil compensateur ne l'expose pas à
se courber par son propre poids, comme les verges
transversales du châssis de Harrison. M. Troughton
a donné une description de son pendule dans le
*Nicholson's Journal*, numéro de décembre 1804.
Attendu que cette description est un peu compliquée, et qu'elle exigerait , pour être bien comprise,
des figures construites sur une assez grande échelle,
nous ne l'insérerons pas ici.

224. — *Pendule de Benzenberg.* — La description de ce pendule a été donnée dans le *Maga-
zin für den neuesten Zustande der Naturkunde*,
de Voigt, t. IV, p. 787. La compensation s'opère
au moyen d'une tige de plomb placée au centre,
d'environ un centimètre de diamètre, et de gros fils

de fer de la meilleure qualité. Comme ce pendule
est d'une construction très-simple, et qu'il ressemble dans son principe à plusieurs autres qui ont
été imaginés depuis, nous en donnons ici la figure.
A B, C D (*Fig.* 82, *Pl.* VII) sont deux verges en
fil de fer, rivées dans les pièces transversales A C,
B D. E F est la verge de plomb, fixée au milieu de
la pièce B D, et portant à son extrémité supérieure
une autre pièce transversale G H, à laquelle est
fixée une autre paire de fils de fer qui passent librement par des trous pratiqués dans la pièce transversale B D. Les extrémités inférieures des fils G K,
H L, sont assujetties à une pièce K L qui porte la
lentille du pendule.

Pour appliquer la règle donnée dans l'art. 220,
nous prendrons dans la table II de l'art. 219 le
nombre qui se rapporte à la combinaison du fil de
fer et du plomb, nombre qui est 0,4308. Retranchant ce nombre de l'unité, nous aurons pour
reste 0,5692. Nous diviserons par ce reste la longueur du pendule à secondes, égale à 0$^m$,994;
le quotient 1$^m$,747 sera la somme des longueurs
des deux fils de fer A B, G K. Multipliant 1$^m$,747
par 0,4308, le produit 0$^m$,753 exprimera la longueur de la tige de plomb E F.

Nous proposerons de donner une autre forme à
ce pendule, qui offrirait l'avantage d'une grande
simplicité de construction.

S A (*Fig.* 83) est un fil de fer qui passe dans un
tube cylindrique de plomb, long de 0$^m$,753 : le
tube est assujetti par une cheville, ou fortement
vissé à l'extrémité inférieure de la tige de fer. Un

autre tube, en tôle, enveloppe le tube de plomb auquel il est assujetti par le haut. La lentille du pendule est soudée immédiatement au tube de tôle, ou, si l'on veut, à un fil de fer placé au bout de ce tube.

Par cette construction, on obtient évidemment la même compensation qu'avec les châssis du pendule de Benzenberg, et l'on a les avantages d'une forme compacte, analogue à celle du pendule tubulaire de Troughton.

225. — *Pendule de Julien Le Roy.* — Nous ne mentionnons cet appareil que pour rappeler qu'il ressemble à celui de la *Fig.* 78, avec cette seule différence que la tige d'acier, au lieu d'être fixée à la pièce transversale A R, qui fait corps avec la verge de laiton B R, est attachée à la calotte d'un tube de laiton dans lequel elle passe, et qui a la même longueur que la verge B R. Cassini fait l'éloge de ce pendule, dont il se servait dans son observatoire vers l'année 1748.

226. — *Pendule de Deparcieux.* — Il faut rapporter à la même époque l'invention de l'appareil compensateur de Deparcieux, fondé sur le même principe que celui de Le Roy, mais préférable à notre avis, en ce que l'appareil compensateur se trouve renfermé dans la cage de la pendule. Nous remarquons que tous les appareils à compensateurs fixes tels que ceux de Deparcieux et de Le Roy, dont la *Fig.* 78 offre le type, sont sujets au même inconvénient, celui de ne pas prendre précisément la même température que le pendule, puisque les ver-

ges compensatrices ne participent pas au mouvement pendulaire.

Deparcieux s'était déjà occupé en 1739 de perfectionner un appareil compensateur imaginé en 1733 par un horloger de Châlons, nommé Regnauld. Deparcieux employait un levier à bras inégaux, afin d'augmenter l'effet de la dilatation d'une tige de laiton, qui se trouvait trop courte pour opérer une compensation complète.

227. — *Pendule du capitaine Kater.* — La description détaillée de ce pendule a été donnée dans le *Nicholson's Journal*, numéro de juillet 1808. La tige AA (*Fig.* 84) est en sapin : elle a deux centimètres de largeur et 6 millimètres d'épaisseur. On la chauffe dans un four jusqu'à ce que la surface soit légèrement charbonnée. Les bouts sont ensuite trempés dans de la cire à cacheter, et après qu'on a bien nettoyé la surface, on la recouvre de plusieurs couches de vernis de copal. On assujettit fortement à l'extrémité inférieure de la tige une calotte de laiton *c*, terminée par une vis d'acier *v*, dont la fonction est de régler le pendule à la manière ordinaire.

On coule en zinc un tube carré BB, de 18 centimètres de long, et de 2 centimètres de côté. La section intérieure a un centimètre de côté. La partie inférieure de la verge AA a une entaille qui lui permet de glisser librement dans l'intérieur du tube de zinc. Au fond de ce tube est soudée une pièce de laiton de 6 millimètres d'épaisseur, dont l'intérieur est taillé en écrou d'environ un centimètre

de diamètre. Un cylindre de zinc E E, taillé en vis
à sa surface, entre dans cet écrou ; et une plaque de
laiton F F, vissée sur le cylindre, sert d'arrêt pour
prévenir tout ballottement, après que la longueur
du zinc, nécessaire pour la compensation, a été déterminée. L'axe du cylindre E E est creux, afin de
laisser passer la vis d'acier *v*, qui termine la tige.

La lentille du pendule est percée dans la partie
inférieure, pour laisser passer le tube carré de zinc,
fixé par son extrémité supérieure au centre de la
lentille. La tige en sapin traverse la lentille à la manière ordinaire ; elle est terminée en haut par une
vis d'acier qui s'adapte à un écrou.

Dans ce système, la compensation agit immédiatement sur le centre de la lentille qui se trouve soulevé
le long de la tige en sapin, d'une hauteur égale à
l'allongement de cette tige. La méthode pour calculer les dimensions en vertu desquelles la compensation doit avoir lieu, est celle que nous avons déjà
donnée (art. 220). Seulement le calcul est un peu
plus compliqué, parce qu'il faut avoir égard à la dilatation de la vis et de la tige d'acier qui s'ajoutent
en haut à la tige de sapin. D'ailleurs, la longueur de
la barre de zinc compensatrice peut être réglée au
moyen de la vis de zinc E E.

On a objecté contre l'emploi du pendule à tige de
bois qu'il est difficile, sinon impossible, de le ga-
rantir des effets de l'humidité, qui doivent en altérer
tout à coup la justesse. Cependant le pendule dont
nous nous servons a marché presque sans interruption depuis qu'il est construit. Il est adapté à une
pendule sidérale d'un mérite ordinaire, et qui est

exposée à toutes les alternatives de l'humidité et de la sécheresse. Malgré cela, sa marche est sujette à trop peu de variations pour qu'on soit fondé à croire que l'humidité exerce la moindre influence sur la tige, préparée de la manière que nous avons décrite.

228. — *Pendule de Reid.* — Ce pendule, présenté à la Société des Arts en 1809, est construit sur le même principe que le précédent ; seulement la tige est en acier au lieu d'être en bois, et l'appareil compensateur n'est pas muni d'un ajustement. On l'a représenté dans la *Fig.* 85. S B est la tige d'acier à laquelle on donne une plus grande épaisseur et une forme en losange, quand elle entre dans la lentille C, pour l'empêcher de tourner ; mais au-dessus et au-dessous, elle est cylindrique. Le tube de zinc D s'élève jusqu'au centre de la lentille, et la supporte au moyen d'une pièce transversale. La tige d'acier traverse la lentille et le tube de zinc, et est terminée inférieurement par une vis et un écrou, à la manière ordinaire. On raccourcit le tube de zinc jusqu'à ce que la compensation ait lieu. La longueur de ce tube est d'environ 58 centimètres.

On peut reprocher au pendule de Reid sa grande longueur, qui va jusqu'à 1$^m$,57. Nous croyons qu'il vaudrait mieux placer le zinc sur la lentille, selon la modification que nous avons proposé de faire au pendule de Benzenberg (art. 224).

229. — *Pendule d'Ellicot.* — Il paraît que l'idée de combiner par le moyen d'un levier les dilatations de deux métaux différents, de manière à obtenir un pendule compensateur, est due originairement à Graham ; car Short dit, dans les *Transactions phi-*

*losophiques* de 1752, tenir d'un M. Shelton que
Graham avait exécuté en 1737 un pendule formé
de trois barres, une d'acier entre deux de laiton; et
que celle d'acier agissait sur un levier, de manière
à soulever le pendule quand elle était allongée par
la chaleur, et à l'abaisser quand elle était raccourcie
par le froid; mais l'expérience ayant fait voir que ce
pendule se mouvait par secousses, l'inventeur le
laissa là.

Short ajoute qu'un quaker du Lincolnshire,
nommé Fotheringham, avait fait, vers 1738 ou
1739, un pendule compensateur de deux barres,
une d'acier et une de laiton, agissant l'une et l'autre
sur des leviers placés au-dessus de la lentille, pour
la soulever ou l'abaisser.

M. John Ellicot, de Londres', fit vers la même
époque des expériences très-soignées sur les dilatations relatives de sept métaux différents. Ses résultats diffèrent plus ou moins de ceux qu'ont trouvés
d'autres physiciens, mais il n'en faut pas conclure
que les premiers soient erronés; car la dilatabilité
d'un métal est singulièrement modifiée par les préparations mêmes qui le rendent propre à être employé dans la construction d'un pendule. Il est donc
désirable, toutes les fois qu'on veut construire un
appareil compensateur, de déterminer les dilatations
des matériaux employés, après qu'ils ont été passés
sous le marteau, à la filière, en un mot après qu'ils
ont subi les préparations nécessaires.

On avait objecté contre le pendule à châssis de
Harrison que les verges étaient imparfaitement
ajustées, et que la compensation ne pouvait s'opé-

rer exactement, parce qu'on ne tenait pas compte, en le construisant, de la dilatation de la lentille. Ces considérations paraissent avoir suggéré à Ellicot l'idée de son pendule à leviers, qu'il dit avoir exécuté en 1738, mais dont il n'a communiqué la description à la Société royale qu'en 1752. Comme ce pendule n'a été que très-rarement employé, nous jugeons inutile d'en insérer ici la figure et la description détaillée.

230.—*Pendule de Martin.*—On a proposé plusieurs moyens de compensation, fondés sur l'emploi d'une barre formée de deux morceaux d'acier et de laiton soudés ensemble. Comme le laiton se dilate plus que l'acier, la barre se courbe par une élévation de température, tournant sa concavité du côté de l'acier et sa convexité du côté du laiton. Concevons qu'une barre semblable soit fixée par des supports de chaque côté de la pièce de suspension d'un pendule, la bande de laiton se trouvant au-dessus de la bande d'acier, et qu'au milieu de la barre soit attaché le ressort qui vient s'engager, à la manière ordinaire, dans la fente de la pièce de suspension. Il est évident que par suite d'un accroissement de température, la barre se courbera en tournant sa convexité vers le haut, et que le ressort qui soutient le pendule sera soulevé dans la fente, de manière à compenser l'allongement survenu dans la tige du pendule. L'ajustement pourra se faire en variant les distances des points de support au milieu de la barre.

Tel était un des modes de compensation proposés par Nicholson. D'autres procédés analogues ont été mis en avant par MM. Doughty et Ritchie ; mais comme ils sont sujets, dans la pratique, à plusieurs inconvénients, nous ne nous arrêterons pas à les décrire d'une manière plus particulière.

Il y a cependant un mode de compensation fondé sur le même principe, que M. Biot a décrit avec de grands éloges dans le premier volume de son *Traité de Physique*, et dont il attribue l'invention à un horloger de Paris, nommé Martin. SC (*Fig.* 86, *Pl.* VIII) est la verge du pendule, construite à l'ordinaire, en fer ou en acier. Cette verge passe par le milieu d'une barre composée d'acier et de laiton (le laiton placé au-dessous). La barre est soutenue par un petit tube $t$ que l'on peut faire glisser le long de la verge, et ce tube lui-même est arrêté contre la verge par des vis, à l'endroit qu'on a jugé convenable pour l'ajustement du pendule ; enfin la barre porte à ses extrémités des poids W, W.

Maintenant, supposons que la température augmente. Comme le laiton se dilate plus que l'acier, la barre se courbera en tournant sa concavité vers le haut ; les poids W seront soulevés, et, par suite, le centre d'oscillation du système se rapprochera du point de suspension. On pourra donc combiner l'ajustement de façon que cet effet compense celui de l'allongement de la verge.

Il y a trois manières d'opérer l'ajustement : 1°. en augmentant ou diminuant les poids W ; 2°. en faisant varier les distances de ces poids au milieu de la barre ; 3°. en faisant varier la distance de la barre à la lentille, pourvu qu'on ne dépasse pas la moitié de la longueur de la verge. L'action compensatrice est d'autant plus grande que les poids sont plus grands, plus distants du milieu de la barre, et que la barre est plus rapprochée de la lentille.

M. Biot dit qu'il a employé ce pendule, avec M. Mathieu, pour des observations astronomiques qui demandaient une extrême précision, et qu'il en a toujours trouvé la marche parfaitement régulière. Ce savant physicien fait encore observer que le compensateur employé pour les chronomètres à ressort est précisément du même genre. Sans qu'il soit besoin d'anticiper sur les explications qui seront données dans un des chapitres suivants, on sait que le régulateur du mouvement, dans les montres en général, est un balancier mû par un ressort spiral, qui en se resserrant et se débandant tour à tour, force le balancier à tourner alternativement sur lui-même. Mais si la température vient à varier, les dimensions du balancier et du spiral varieront, aussi bien que la force de ressort, et, par suite, la durée des vibrations. Pour obvier à cet inconvénient, on fixe au balancier des lames compensatrices en cuivre et en fer, dont les extrémités libres portent de petites masses d'or que l'on peut approcher ou éloigner du point d'attache. Si la température change, la courbure des lames compensatrices changera aussi, et elles porteront les petites masses additionnelles plus loin ou plus près du centre de rotation. Dans le dernier cas, les masses agissant sur le centre par un levier plus court, il faudra moins de force dans le spiral pour les faire tourner; au contraire, quand elles s'éloigneront du centre de rotation, elles agiront par un levier plus long, et la rotation, pour être la même, exigera un plus grand effort de la part du spiral. On pourra donc, après des tâtonnements, disposer les lames de manière que les variations de ces forces correspondent à celles que le spiral éprouve par suite des changements de température, et que les effets contraires se neutralisent respectivement.

231. — *Pendule à mercure* ou *de Graham.* — Nous avons eu soin jusqu'ici de ranger les pendules suivant l'ordre qu'établissent entre eux les analogies des appareils compensateurs. Nous avons maintenant à parler d'un système où la compensation s'opère par la dilatation de la matière même de la lentille. On trouvera sur ce sujet, *dans les Mémoires de la Société astronomique de Londres,* un excellent Mémoire de M. Francis Baily, qui ne laissera rien à désirer au lecteur versé dans les mathématiques ; mais comme notre but est de simplifier la matière, nous tâcherons de substituer aux règles rigoureuses données par M. Baily d'autres règles plus aisées à comprendre et même aussi exactes dans la pratique, à cause que les erreurs qu'elles comportent tombent dans les limites des erreurs inévitables sur la dilatabilité des matériaux employés.

Représentons par S B (*Fig.* 87) la verge d'un pendule, par F C B un cylindre métallique que supporte, comme à l'ordinaire, un écrou fixé à l'extrémité inférieure de la verge, et dont la matière est douée d'une plus grande dilatabilité que celle de la tige S B. En négligeant le poids de la tige, le milieu C du cylindre sera le centre de gravité du système ; et si la longueur CB de la moitié du cylindre se dilate par la chaleur de la même quantité absolue que la tige S B, le centre de gravité C restera, pour toutes les températures, à la même distance du point de suspension S. Mais c'est la distance du point de suspension au centre d'oscillation O qui doit rester invariable pour la régularité de la marche du pendule. Le centre d'oscillation est toujours plus loin du point de suspension que le centre de gravité, ainsi qu'on pourrait le conclure des définitions données dans les art. 209 et 188. Il résulte pareillement des définitions que, si le cylindre se dilate de part et d'autre du point C, la distance du point S au point C restant invariable, la distance du centre d'oscillation au point C, et par conséquent sa distance au point S se trouvent augmentées. En conséquence, pour que la distance S O demeure invariable, la longueur B F du cylindre doit être calculée de manière que sa dilatation fasse remonter le point C plus que la dilatation de la tige S B ne le fait descendre ; ou en d'autres termes, de manière que la dilatation absolue de B F soit plus que double de la dilatation absolue de S B. La règle à suivre en pareil cas, dont l'exactitude est suffisante dans la pratique, consiste à *augmenter d'un dixième* la longueur B F, après l'avoir calculée par la condition que sa dilatation absolue soit double de celle de la verge S B.

232. — Ce fut en 1721 que Graham imagina et soumit à l'expérience le pendule dont nous allons donner la description. Ce pendule était, en quelque sorte, abandonné pour celui de Harrison ou pour d'autres d'une construction analogue : depuis quelques années seulement, le mérite en a été plus gé-

néralement reconnu, et il ne serait pas étonnant qu'on le préférât un jour à tous les autres, tant à cause de la simplicité de sa construction, que par la facilité extrême avec laquelle il s'ajuste. La *Fig.* 88 représente ce pendule avec les modifications que M. Baily a proposé d'y apporter.

La tige SF est en acier et parfaitement droite ; sa forme peut être celle d'un cylindre d'environ 6 millimètres de diamètre, ou celle d'une barre plate de 9 millimètres de largeur et de 3 millimètres d'épaisseur. Sa longueur de S en F est d'environ 86 centimètres. La partie inférieure de la verge, qui traverse l'étrier, doit être taillée en forme de vis très-forte d'environ 5 millimètres de diamètre, et de 12 tours au centimètre. Un écrou d'acier C supporte l'étrier, et un semblable écrou B sert à assujettir l'étrier sur la tige, après que l'ajustement a eu lieu d'une manière à peu près exacte. Une pointe d'acier E est vissée dans l'intérieur de la tige, pour l'empêcher de tourner. Cet étrier lui-même est en acier, et les pièces latérales ont la même forme que la verge, afin qu'elles puissent prendre plus facilement la même température. La partie supérieure de l'étrier est une pièce plate d'acier d'un centimètre d'épaisseur. Le trou qui livre passage à la tige doit être assez large pour qu'elle puisse passer librement, mais sans ballottement. La hauteur intérieure de l'étrier, de A en D, est d'environ 22 centimètres, et la distance intérieure des barres d'environ 7 centimètres et demi. La pièce du fond doit avoir près d'un centimètre d'épaisseur, et être creusée d'un demi-centimètre pour recevoir librement le cylindre de verre destiné à contenir le mercure. Ce cylindre a un couvercle G, en fer ou en laiton, qui dépasse le tube et se visse des deux côtés sur les montants de l'étrier. Le couvercle ne doit pas presser contre le cylindre de verre, afin de ne pas gêner la dilatation. Toutes les mesures indiquées précédemment demandent à être légèrement modifiées, selon la quantité de mercure employée et les dimensions du cylindre : c'est un soin qu'il faut confier à l'artiste chargé de l'ajustement final. La pièce de laiton marquée H est percée d'un trou dans lequel passe un petit fil d'acier destiné à indiquer sur une échelle le nombre de degrés contenus dans l'arc de vibration. Cette pièce est vissée sur la base de l'étrier, et peut être détachée, lorsqu'on décroche le pendule et qu'on veut le faire reposer sur la base.

La variation de hauteur que le mercure éprouve dans le cylindre par les changements ordinaires de température, est si petite, qu'il arriverait probablement dans la plupart des cas que le centre seul de la colonne s'élèverait ou se déprimerait, à cause du frottement du mercure contre les parois du cylindre, et à cause de la propriété qu'a le verre de n'être point *mouillé* par le mercure (art. 102). Pour obvier à cet inconvénient, M. Browne a proposé de faire flotter à la surface du mercure une plaque circulaire de verre, dont la présence maintient le parfait niveau de la surface.

233. — Nous voyons par la table I (art. 219) que la dilatation du mercure en *volume*, est 0,000180180 : or, ce n'est pas cette dilatation que nous avons besoin de connaître, mais bien la dilata-

tion en hauteur verticale dans le cylindre de verre, laquelle est évidemment influencée par la dilatation de la base horizontale du cylindre. On démontre facilement que si un corps éprouve en tous sens des dilatations très-petites, on obtiendra sa dilatation en volume en triplant le nombre qui exprime sa dilatation *linéaire*, ou l'accroissement en longueur de chacune de ses dimensions ; et pareillement on obtiendra sa dilatation en surface, en doublant sa dilatation linéaire. En général, la dilatation cubique d'un corps, ou sa dilatation en volume, sera (en la supposant très-petite) la somme de ses dilatations linéaires dans les trois dimensions.

Cela posé, la dilatation linéaire du verre est, par la table I : 0,0000086197. Doublant ce nombre, nous aurons 0,0000172394 pour la dilatation en surface de la base intérieure du cylindre de verre, ou de la base sur laquelle repose le cylindre de mercure. La dilatation de mercure, dans le sens vertical, sera donc 0,000180180 moins 0,0000172394, ou 0,000162941.

La dilatation linéaire de l'acier en barre est, d'après notre table : 0,0000114473. Divisant ce nombre par 0,000162941, nous aurons 0,070253 pour la longueur de la colonne de mercure, dont l'expansion verticale est égale à celle d'une verge d'acier qui a l'unité pour longueur. Si donc nous voulons que le pendule batte les secondes, il faudra, en appliquant la règle de l'article 220, retrancher de l'unité le nombre 0,070253, ce qui donnera pour reste 0,929747 ; diviser par ce reste la quantité 0$^m$,994, d'où l'on tirera 1$^m$,069 pour la longueur d'acier ;

multiplier cette longueur par la fraction 0,070253, ce qui donnera $0^m,0751$ pour la longueur de la colonne de mercure dont la dilatation absolue égale celle de $1^m,069$ d'acier. Maintenant, en conformité de la règle donnée dans l'art. 231, nous doublerons la quantité $0^m,0751$, et nous ajouterons au produit un dixième en sus, ce qui donnera $0^m,1603$ pour la longueur totale de la colonne de mercure employée dans l'appareil. Le nombre de M. Baily, déduit d'un calcul plus exact, ne diffère du précédent que dans des décimales d'un ordre que nous négligeons.

234. — On pourrait employer un cylindre d'acier au lieu d'un cylindre de verre, et le calcul serait le même, en substituant le nombre donné par la table I pour la dilatation de l'acier, au nombre relatif à la dilatation du verre. Le lecteur fera bien de s'exercer à ce calcul, dont le résultat donnerait $1^m,072$ pour la longueur d'acier, et $0^m,1719$ pour la longueur totale de la colonne de mercure.

J'ai fait usage d'un pendule à mercure dont la tige était de verre, et j'ai lieu de croire qu'il fonctionnait bien. Cet appareil se recommande par la simplicité et le bon marché. Le cylindre, dont la hauteur est d'environ 18 centimètres, et le diamètre de 6 centimètres, est terminé par un long col qui sert de tige au pendule, et le tout est soufflé d'une seule pièce. Une calotte de laiton est assujettie par des vis sur le sommet de la tige de verre, et cette calotte porte le ressort par lequel le pendule est suspendu.

L'expérience met hors de doute que le pendule à mercure, de construction ordinaire, c'est-à-dire avec une tige en acier et un cylindre de verre, n'est point affecté par les changements de température, quand toutes les parties qui le composent ont pris une température uniforme. Cela posé, en employant un pendule formé d'une seule pièce et d'une seule substance, qui a partout la même épaisseur, il est à croire que la tige ne peut pas se dilater en longueur avant que la même température ait pénétré à la surface intérieure du cylindre, d'où elle se répand rapidement dans la masse de mercure. M. Biot rapporte qu'on a employé en France, il y a déjà longtemps, un pendule de cette espèce, et il témoigne sa surprise de ce que l'usage ne s'en est pas répandu, attendu qu'on en vantait beaucoup la marche.

J'ai encore employé un pendule à tige de verre, qui différait de celui qu'on vient de décrire, en ce que l'extrémité inférieure de la tige était fixée au centre d'une plaque de fer circulaire, dont la circonférence se vissait dans un collet de fer, par le moyen duquel le cylindre était supporté. Cette disposition, moins parfaite peut-être que la précédente, en ce que le pendule n'est plus d'une seule pièce, permet de placer sur la surface du mercure une plaque circulaire de verre, selon le conseil de M. Browne (art. 232).

235. — *Pendule de bois et de plomb, construit sur le principe du pendule à mercure.* — Si l'on pouvait, par un moyen quelconque, soustraire entièrement le bois à l'influence de l'humidité, ce serait une des substances les plus convenables pour un appareil compensateur. Les essais tentés jusqu'ici ne suffisent pas pour décider la question. M. Browne, qui a fait des expériences nombreuses et très-délica-

tes à ce sujet, trouve, dit-on, qu'une verge qu'on a
bien dorée, après l'avoir parfaitement desséchée, ne
reçoit plus les impressions de l'humidité. En tous
cas, la verge dorée sera fort supérieure à celle qui
n'aura pas subi cette préparation.

M. Baily, dans le Mémoire que nous avons déjà
cité, propose un pendule de construction économique, formé d'une tige de sapin et d'un cylindre de
plomb. Il préfère le plomb au zinc, parce qu'il est
à meilleur marché et plus facile à travailler. D'ailleurs
les dilatations des deux métaux sont à peu près les
mêmes. En donnant à la tige de sapin $1^m,168$ de
longueur, il trouve pour celle du cylindre de plomb
$0^m,363$. Le pendule dont il s'agit est représenté
*Fig.* 89. La verge a environ un centimètre de diamètre, et doit glisser avec une parfaite liberté dans
le cylindre de plomb. M. Baily propose d'ajuster
d'abord approximativement la marche du pendule au
moyen de l'écrou inférieur, et de procéder ensuite
à l'ajustement final au moyen d'un curseur qui glisse
le long de la tige. C'est une méthode d'ajustement
qui s'applique avec avantage à toute espèce de pendule.

236. — *Pendule de Smeaton.* — Nous terminerons cette notice par la description d'un pendule,
de l'invention de M. Smeaton. Il est fondé sur la
combinaison des deux méthodes qui ont été ample-
ment discutées dans ce qui précède.

La tige est en verre et garnie inférieurement,
comme à l'ordinaire, d'une vis en acier et d'un
écrou. Sur l'écrou repose un cylindre creux de zinc,
épais d'environ 3 millimètres, et long de 3 décimè-

tres : ce cylindre peut glisser librement le long de la tige.

Le cylindre de zinc est enveloppé par un tube en tôle dont les bords sont repliés par en haut, de dehors en dedans, de manière à reposer sur le cylindre de zinc. Les bords inférieurs du même tube en tôle sont repliés par en bas, de dedans en dehors, et servent ainsi à supporter un cylindre creux de plomb, qui glisse librement, mais sans ballottement, sur le tube de tôle, et qui dépasse un peu la hauteur du zinc. Le zinc, en se dilatant, soulèvera le surplus de l'appareil compensateur. Cet effet sera neutralisé pour une petite partie par la dilatation du tube en tôle. Enfin le cylindre de plomb agira, à la manière du mercure, pour élever le centre d'oscillation, et compléter la compensation. Ce pendule passe pour donner de bons résultats dans la pratique. Nous croyons que c'est la première fois qu'on l'a décrit. L'explication est si simple, qu'il ne nous a pas paru nécessaire d'y joindre une figure pour l'éclaircir. Le calcul exact des dimensions de l'appareil deviendrait assez compliqué, et nous l'omettons pour cette raison.

237. — Jusqu'ici nous n'avons traité que de la compensation relative aux changements de dimensions du pendule ; mais une autre cause d'inégalité, sur laquelle on a quelquefois appelé l'attention des observateurs, provient des variations dans la densité de l'atmosphère. Lorsque la densité vient à croître, le pendule éprouve une plus grande résistance, l'arc de vibration diminue, et la durée de la vibration est raccourcie d'une quantité sensible, à moins que l'arc

primitif de vibration ne fût déjà extrêmement petit
(art. 205). Mais, en même temps, le pendule perd
une plus grande partie de son poids par le fait de
son immersion dans un fluide plus dense, ce qui
équivaut à une diminution dans l'intensité de la pesanteur, et doit tendre à ralentir les oscillations.
M. Davies Gilbert a publié, dans le *Quaterly Journal* pour 1826, un Mémoire où il prétend établir
que les effets de ces deux causes se compensent pour
une certaine amplitude d'oscillation. Mais cette conclusion est en opposition avec les expériences ré-
centes de MM. Bessel, Sabine et Baily. Il résulte de
leurs expériences que, toutes choses égales d'ailleurs,
la durée d'une oscillation dans le vide est toujours
augmentée dans l'air, d'une quantité proportionnelle
à la densité de l'air,

238. — Nous terminerons par quelques observations pratiques. La pièce de suspension du pendule
doit être solidement fixée à la muraille ou à la caisse
de l'horloge, et non pas à l'horloge même, ce qui
produirait beaucoup d'irrégularité dans la marche,
par suite des mouvements imprimés au point de
suspension. Le mieux est que la suspension repose
sur une tablette de fonte ou de cuivre, scellée à la
muraille, et que la caisse de l'horloge préserve de
l'action de l'atmosphère et de l'humidité tant l'horloge que le pendule, sans tenir ni à l'un ni à l'autre.

L'impulsion doit être donnée exactement dans
le plan vertical qui coïncide avec le plan de vibration mené par l'axe de la verge. Si l'impulsion était
donnée à droite ou à gauche de ce plan, le pendule
prendrait un mouvement tremblotant et irrégulier.

Un petit nombre d'essais suffiront pour régler à peu près le pendule : dans ces essais préliminaires, on rendra les oscillations plutôt trop lentes que trop rapides. On fixera alors la verge au centre de la lentille par une pointe ou par une vis, si la forme du pendule le permet. On achèvera ensuite l'ajustement, en faisant glisser le curseur dont nous supposons que la verge du pendule est munie.

M. Browne emploie un mode d'ajustement très-délicat et très-convenable, en ce qu'il n'oblige pas à arrêter le pendule pour le régler. Après avoir déterminé par des essais l'influence qu'exerce sur la marche du pendule un poids d'un nombre donné de grammes, placé sur la lentille, il prépare de petits poids avec des morceaux de plomb en feuille, qu'il replie sur des angles, pour qu'on puisse les saisir avec des pinces. On dépose ces poids sur un petit plateau adapté à la lentille, ou on les enlève, sans difficulté, et sans produire la moindre perturbation dans le mouvement du pendule.

# CHAPITRE XIII.

### DES MACHINES SIMPLES.

Définition des machines. — Distinction de leurs effets statiques et de leurs effets dynamiques. — Puissance et résistance. — Explication des paradoxes que présente la théorie des machines. — Principes généraux qui règlent la puissance des machines dans l'état de repos et dans l'état de mouvement. — Classification des machines. — Machines simples ou élémentaires. — Levier, corde, plan incliné. — Considérations dont on fait abstraction dans la théorie élémentaire des machines. — Méthode des approximations successives.

239. — [1] Une MACHINE est un instrument destiné à transmettre la force ou le mouvement, en les modifiant, soit en intensité, soit en direction. On les étudie sous deux points de vue différents, qui répondent aux deux branches dans lesquelles la mécanique se divise, la STATIQUE et la DYNAMIQUE ; c'est-à-dire la théorie de l'équilibre et celle du mouvement. Quand on considère une machine sous le point de vue de la statique, on la regarde comme

[1] Nous renverrons ici le lecteur, une fois pour toutes, au chapitre XXIII, par lequel nous avons cru devoir compléter cet ouvrage, et qui traite de la mesure des forces en général, et en particulier de la mesure du travail des machines en mouvement. Nous y reprenons sous un autre point de vue, et avec de nouveaux développements, la plupart des principes qui sont l'objet de ce chapitre XIII.

*( Note du Traducteur.)*

un instrument à l'aide duquel des forces de directions et d'intensités différentes doivent se balancer ou s'équilibrer mutuellement. Sous le point de vue propre à la dynamique, une machine donne le moyen de faire servir des mouvements déterminés, quant à l'intensité et à la direction, à produire d'autres mouvements, avec des intensités et dans des directions différentes. Néanmoins, nous ne nous conformerons pas à cette division du sujet : nous croyons plus convenable, dans un ouvrage de cette nature, de continuer à étudier simultanément les phénomènes d'équilibre et ceux de mouvement.

Il arrive souvent qu'on s'attache à décrire les effets des machines, de manière à leur donner l'apparence de paradoxes, et à frapper d'étonnement par le contraste de ces résultats avec ceux de l'expérience commune. Nous chercherons au contraire à faire voir que des effets donnés comme surprenants n'ont rien que de naturel ; qu'ils sont les conséquences évidentes et nécessaires de causes qui agissent, à cette occasion, de la même manière que dans les circonstances qui nous sont le plus familières.

240. — Il y a trois choses à considérer au sujet d'une machine : 1°. la force ou la résistance qu'il s'agit de neutraliser ou de surmonter ; 2°. la force qu'il faut employer pour supporter la charge ou pour vaincre la résistance ; 3°. la machine même qui établit le rapport entre la résistance et la force. De quelque nature que soit la force ou la résistance qu'il s'agit, soit de neutraliser, soit de surmonter, on l'appelle en terme technique un *poids*, parce

qu'on peut toujours imaginer, et même déterminer avec précision, un poids dont l'action soit équivalente à celle de la force ou de la résistance à vaincre. En langage technique, on appelle encore *puissance* la force qui est employée à soutenir ou à soulever le poids qui représente la résistance. Cette puissance peut à son tour, si on le juge bon, être représentée par un poids, et nous ferons souvent usage de cette convention, pour les figures annexées au présent ouvrage.

241. — En parlant des effets d'une machine, on dit ordinairement que la puissance soutient le poids ; mais au fond cette locution est impropre, et donne lieu à ces paradoxes apparents dont il était question tout à l'heure. Par exemple, lorsqu'on entend dire qu'une puissance, dont l'intensité est mesurée par le poids d'un kilogramme, soutient le poids d'un quintal métrique, il est fort naturel d'éprouver de la surprise, puisque le fait, pris à la lettre, est physiquement impossible. Il ne faut pas moins qu'une puissance égale en intensité au poids d'un quintal, pour soutenir, dans l'acception ordinaire du mot, le poids d'un quintal. Comment donc se fait-il que le contraire semble avoir lieu dans une machine? Comment arrive-t-il qu'avec un fil de soie, que le poids d'un hectogramme romprait, on soutienne, à ce qu'il semble, plusieurs kilogrammes? l'explication de cette difficulté se trouvera en considérant comment le poids et la puissance s'équilibrent dans une machine.

242. — Une machine a toujours certains points

fixes ou supports ; et l'arrangement des parties est tel, que la pression occasionnée par l'action de la puissance ou du poids, ou de tous les deux, se distribue d'une manière ou d'une autre sur ces supports. Le poids serait de mille kilogrammes, qu'il y aurait toujours moyen d'ajuster la machine de manière à faire peser sur les supports une portion de ce poids, aussi grande qu'on le voudrait. A proprement parler, le surplus seul serait supporté par la puissance, et ce surplus ne pourrait jamais être plus grand que la puissance même. On saisira mieux le sens et la force de ces observations générales, lorsqu'on aura étudié les principales machines dans leur construction.

243. — Quand on envisage une machine sous le point de vue de la dynamique, l'explication des effets qu'elle produit repose sur des principes différents. Il est vrai de dire en ce cas qu'une très-petite puissance peut élever un très-grand poids ; mais de manière cependant que la dépense totale de force, employée à élever le poids à une hauteur donnée, ne soit jamais moindre que celle qui aurait eu lieu si la puissance avait été appliquée directement au poids sans l'intermédiaire d'aucune machine. Cette circonstance tient à une propriété générale des machines, en vertu de laquelle la vitesse du poids est à celle de la puissance motrice, exactement dans le rapport de la puissance au poids ; de façon que plus le poids est supérieur à la puissance, plus son mouvement est lent relativement à celui de la puissance motrice. Il suffit de bien comprendre cette loi remarquable, pour voir qu'une machine

quelconque ne peut diminuer la dépense totale de force employée à vaincre une résistance donnée, ou à soulever un poids à une hauteur donnée. L'utilité de la machine se borne à donner les moyens de dépenser la même quantité de force dans un temps plus long, et dans une direction plus avantageuse, que si la puissance était appliquée directement à la résistance ou au poids.

Supposons que P soit une puissance égale au poids d'un kilogramme, et W un poids de 100 kilogrammes, que la puissance élève au moyen d'une machine. D'après le principe qu'on vient d'énoncer, le poids moteur P descendra d'un mètre, pendant que W sera élevé d'un centimètre. Mais P, en descendant d'un mètre, exercera 100 fois l'effort qu'il exerce en descendant d'un centimètre, ou 100 fois l'effort nécessaire pour élever directement un kilogramme à la hauteur d'un centimètre, ou bien enfin l'effort nécessaire pour élever 100 kilogrammes à la hauteur d'un centimètre, ainsi que cela a eu lieu par l'intermédiaire de la machine.

Cet important principe peut être présenté sous un autre aspect, qui le rendra peut-être encore plus sensible. Supposons le poids W divisé effectivement en 100 parties égales, ou concevons que ce poids soit celui d'un volume d'eau de 100 litres. Si l'on puisait dans cette masse d'eau un litre ou un kilogramme à chaque fois, et qu'on l'élevât à la hauteur d'un centimètre, on aurait en fin de compte employé les mêmes efforts que pour élever le même litre d'eau à la hauteur d'un mètre; et il est de toute évidence que ces efforts, déployés en même temps, élèveraient simultanément les cent litres à la hauteur d'un centimètre. Toutes les machines que nous étudierons nous fourniront une vérification de ce rapport remarquable entre les vitesses des poids et de la puissance ; et par là nous expliquerons très-simplement ce qui semble d'abord paradoxal et difficile à comprendre.

244. — On donne quelquefois le nom de *puissances mécaniques* aux machines les plus simples, à celles auxquelles on peut rapporter toutes les autres. L'énumération n'en est pas la même chez tous les auteurs. Si notre but est de former des classes bien distinctes et réduites au plus petit nombre possible, en réunissant entre elles toutes les machines dont le principe est le même, nous pourrons nous borner à distinguer trois machines simples ou élémentaires :

1. Le levier.
2. La corde.
3. Le plan incliné.

Toutes les autres machines qu'on appelle simples se ramènent à l'une ou à l'autre de celles-là ; et les machines composées n'en sont que des combinaisons.

245. — Nous comprendrons dans la première classe toutes les machines formées d'un corps solide qui tourne autour d'un axe fixe ; quoique la dénomination de *levier* ne s'applique communément qu'à des instruments d'une forme plus particulière. Les machines de cette classe sont beaucoup plus

usitées que toutes les autres, et nous en développerons la théorie avec détail dans les chapitres suivants. Le principe général sur lequel reposent les conditions d'équilibre entre la puissance et le poids dans ces machines, a déjà été exposé dans l'article 184. On suppose toujours que la puissance et le poids appliqués à la machine sont dirigés dans des plans perpendiculaires à l'axe de rotation. Si l'on mène, des points où ces plans coupent l'axe, des lignes perpendiculaires aux directions de la puissance et du poids, les longueurs de ces lignes seront ce que nous avons nommé les *bras de levier* des forces correspondantes : le produit qu'on obtient en multipliant la force (évaluée en unités de poids, telles que le kilogramme) par le bras de levier correspondant (évalué en unités de longueur, telles que le mètre) sera ce qu'on appelle le *moment* de cette force ; et l'équilibre subsistera entre le poids et la puissance, si leurs moments respectifs sont égaux. Si le moment de la puissance motrice l'emporte, le poids sera soulevé ; et au contraire il descendra, si son moment l'emporte sur celui de la puissance.

246. — Nous rapporterons à la seconde classe de machines simples tous les appareils destinés à transmettre la force, à l'aide de fils flexibles, de chaînes, ou de cordes proprement dites. Le principe qui sert à évaluer l'effet de ces machines, est que la tension doit rester la même, tout le long de la même corde, pourvu qu'on la suppose parfaitement flexible, et non gênée par des frottements. En conséquence, si deux forces agissant aux deux ex-

trémités d'une corde se font équilibre, ces deux forces doivent être égales, quelle que soit la courbure de la corde, quelques détours qu'on lui fasse prendre, pourvu qu'elle puisse se mouvoir librement sur les obstacles qui l'infléchissent et la détournent.

Dans cette classe se trouvent comprises toutes les formes diverses de *poulies*.

247. — La troisième classe de machines simples comprendra celles où le poids résistant est tenu en équilibre ou mis en mouvement sur une surface rigide, inclinée à l'horizon ; et, par analogie, toutes celles où la force qu'il s'agit d'équilibrer ou de surmonter, est détruite en partie par la résistance d'une surface rigide, inclinée à la direction de cette force. Les effets des machines dont il est question ici, se calculent en appliquant les règles pour la décomposition des forces, exposées dans le chapitre V. Nous rapportons à cette classe le plan incliné proprement dit, le coin, la vis et plusieurs autres machines.

248. — Afin de simplifier l'exposition de la théorie élémentaire des machines, il convient de faire d'abord abstraction de diverses circonstances, dont il faut ensuite tenir compte, dès qu'on veut appliquer la théorie à la pratique. Une machine, telle que nous voulons la considérer pour le moment, est un être purement abstrait. Nous supposons que les diverses parties dont elle se compose sont libres de tout frottement ; que les surfaces en contact sont parfaitement polies ; que les parties solides sont absolument rigides et inflexibles. Nous ne tenons pas compte du poids ni de l'inertie de la

machine même. Nous dépouillons les cordes de leur roideur, pour leur attribuer une flexibilité parfaite. Quand la machine est en mouvement, nous faisons abstraction de la résistance de l'air, et nous considérons les phénomènes tels qu'ils se passeraient dans le vide.

Il est inutile d'ajouter que, toutes ces suppositions étant fausses dans la pratique, aucune des conséquences que nous en déduirons ne sera rigoureusement applicable. Mais néanmoins, le but de l'art étant de porter les machines à un état aussi voisin que possible de cette perfection idéale, les résultats que nous obtiendrons approcheront de la vérité, d'autant plus que la machine sera plus parfaite. Nous procéderons comme le peintre, qui fait d'abord un premier croquis où se trouvent seulement les grands traits des figures qu'il veut copier, et qui atteint une ressemblance de plus en plus exacte, par des retouches successives.

Après avoir obtenu une première approximation, en partant des fausses suppositions qui viennent d'être énoncées, nous tiendrons successivement compte de chacune des influences que nous négligions d'abord. Les aspérités des surfaces, la roideur des cordes, la résistance de l'air et des autres fluides, le poids et l'inertie des matériaux qui composent la machine, toutes ces causes seront étudiées à leur tour dans leur nature et dans leur mode d'action. Cette étude nous conduira à modifier nos premières conclusions, et à obtenir un second degré d'approximation. Nous employons toujours le mot d'approximation, parce qu'en suivant cette marche, nous serons encore obligés de procéder à l'aide de suppositions inexactes. Pour déterminer les lois du frottement des surfaces, il nous faudra admettre que toutes les parties des surfaces en contact sont uniformément raboteuses. En regardant les corps solides comme imparfaitement rigides, et les cordes comme imparfaitement flexibles, nous admettrons que ces corps sont constitués d'une manière uniforme dans toute leur étendue ; ce qui fait disparaître les effets dus aux irrégularités de constitution, pour n'avoir plus à considérer qu'un résultat moyen. Il est évident que ce résultat n'est pas rigoureusement conforme à celui qui doit avoir lieu dans le véritable état des choses; mais il est clair en même temps que nous obtenons de cette manière un résultat plus approché du vrai, et suffisamment exact dans la plupart des questions de pratique.

Cette imperfection apparente dans nos instruments et dans nos facultés d'investigation, n'est point particulière à la mécanique : elle se reproduit dans toutes les branches des sciences naturelles. En astronomie, les mouvements des corps célestes, leurs changements de configuration et d'aspect, tels que les développe la théorie aidée de l'observation, ne peuvent être considérés que comme des approximations des vrais mouvements, tels qu'ils ont lieu dans la nature. A la vérité, ces approximations peuvent être portées au point de ne différer des résultats vrais que de quantités inappréciables, et c'est en cela que consiste la perfection de l'astronomie moderne. L'optique et les autres parties de

la physique donneraient lieu à des remarques semblables.

---

# CHAPITRE XIV.

## DU LEVIER.

Distinction des trois espèces de leviers. — Condition de
l'équilibre dans chaque espèce. — Exemples d'instruments qui se rapportent à chaque espèce de leviers. —
Emploi des leviers de troisième espèce dans l'économie
animale. — Manière de tenir compte du poids du levier.
— Rapport entre les espaces décrits par la puissance et
par le poids. — Leviers courbes et rectangulaires. —
Pressions exercées sur les supports. — Leviers composés.
— Pouvoir des machines. — Manière de calculer le pouvoir d'une machine composée.

249. — Une barre droite, inflexible, mobile autour d'un axe, est ce qu'on nomme communément
un *levier*. Les *bras* du levier sont les parties de la
barre qui s'étendent de chaque côté de l'axe. Cet
axe même se nomme *support* ou *point d'appui*.

On divise ordinairement les leviers en trois
espèces, selon les positions relatives de la puissance, du poids et du point d'appui.

Le levier de première espèce (*Fig.* 90, *Pl.* IX)
est celui dans lequel le point d'appui se trouve
entre la puissance et le poids.

Dans le levier de seconde espèce (*Fig.* 91) le
poids est entre le point d'appui et la puissance.

Enfin dans le levier de troisième espèce (*Fig.* 92)

la puissance se trouve entre le poids et le point d'appui.

250. — La condition d'équilibre est, dans les trois cas, que le moment du poids soit égal à celui de la puissance (art. 184). On peut énoncer cette condition d'une manière plus simple, quand le poids et la puissance agissent suivant des directions parallèles, en disant que le poids et la puissance doivent être en raison inverse des distances respectives de leurs points d'application au point d'appui.

Lorsqu'on veut employer une petite puissance pour supporter ou pour élever un grand poids, il faut donc appliquer la puissance à une grande distance de ce point d'appui, ou le poids à une petite distance du même point.

251. — Le levier de première espèce, plus ou moins modifié dans sa forme, est un instrument continuellement employé. La *pince*, qui sert à soulever des pierres ou d'autres fardeaux très-lourds, en est l'exemple le plus simple : une autre pierre plus petite, placée près de celle qu'on veut soulever, fait fonction de point d'appui ; et les bras des manœuvres, appliqués à l'autre extrémité de la barre, sont la puissance motrice.

Les ciseaux, les tenailles, et autres instruments semblables, sont formés par l'assemblage de deux leviers de première espèce. Le point d'appui est le joint ou le pivot sur lequel tournent les deux branches ; la résistance de la substance qu'on veut serrer ou couper, remplace le poids, et la main qui saisit les autres extrémités des branches remplit en pareil cas la fonction de puissance.

252. — Les exemples de levier de seconde espèce, sans être aussi fréquents, ne sont pourtant rien moins que rares.

Une rame est un semblable levier. La réaction de l'eau contre le plat de la rame tient lieu de point d'appui. Le corps du bateau est le poids à mouvoir, et le bras du rameur est la puissance motrice. Il faut dire absolument la même chose du gouvernail d'un navire.

Un couteau, fixé par une de ses extrémités à un anneau implanté dans un banc, comme ceux qu'on emploie dans diverses professions pour tailler des substances très-dures, agit à la manière d'un levier de seconde espèce.

Les casse-noisettes consistent en deux leviers de seconde espèce, accouplés : la charnière est le point d'appui ; la main agit comme puissance motrice à l'extrémité des branches ; et l'écale qu'on veut briser, ou la résistance à vaincre, se trouve entre la main et la charnière.

La brouette se rapporte au levier de seconde espèce : le point d'appui est celui du contact de la roue avec le sol ; le poids de la brouette et de la charge peut être censé appliqué au centre de gravité du tout, entre la roue et les bras du manœuvre. La même remarque est applicable à toutes les voitures à deux roues, où une partie de la charge est supportée, même dans l'état de repos, par l'animal qui traîne la voiture.

253. — Dans les leviers de troisième espèce le poids est moindre que la puissance, parce qu'il se trouve à une plus grande distance du point d'appui.

Ainsi la machine est désavantageuse, en ce sens qu'il faut déployer plus de force pour soutenir le poids ou pour le soulever, que si l'on appliquait immédiatement la puissance au poids, sans l'intermédiaire d'aucune machine. Mais, d'autre part, on regagne sur le temps ce que l'on perd en faisant une plus grande dépense de force ; et plus la puissance motrice est grande relativement au poids à mouvoir, plus la vitesse prise par le poids est grande relativement à celle de la puissance.

De là il résulte qu'on ne doit employer le levier de troisième espèce que dans les cas où l'avantage de produire une grande vitesse l'emporte sur celui d'économiser la force.

Cette combinaison s'offre à nous, réalisée d'une manière bien remarquable, dans l'économie animale. Les membres des animaux sont en général des leviers de troisième espèce. L'articulation de l'os est le point d'appui ; un muscle puissant, qui vient s'attacher à l'os près de l'articulation, est la force motrice employée à soulever le poids du membre, et à vaincre les autres résistances qui s'opposent à son mouvement. Une légère contraction de la fibre musculaire imprime en pareil cas une vitesse considérable à l'extrémité du membre. Cet effet est particulièrement remarquable dans les mouvements des bras et des jambes de l'homme : une contraction très-peu sensible dans les faisceaux musculaires des épaules et des hanches suffit pour produire des mouvements dont l'agilité nous étonne.

La pédale du tourneur est un levier de troisième

espèce, où la charnière sert de point d'appui, la pression du pied, appliqué près de la charnière, de puissance motrice : puissance qui transmet le mouvement à la roue au moyen d'une corde attachée à l'autre extrémité de la pédale.

Les pincettes à faire le feu, et les ciseaux avec lesquels on tond les bêtes à laine, sont employés comme leviers de troisième espèce, la main agissant très-près du point d'appui, ou du point de jonction des deux branches de l'instrument.

254. — Quand on dit qu'une puissance soutient un poids au moyen d'un levier ou de toute autre machine, il faut entendre seulement que la puissance tient la machine en équilibre, et la met en état de supporter la pression du poids. Cette explication est nécessaire pour écarter l'apparence de paradoxe que nous avons déjà signalée ( art. 241).

Ainsi, dans le levier de première espèce, le point d'appui F ( *Fig.* 90) soutient à la fois le poids et la puissance, c'est-à-dire éprouve une pression qui est la même que celle qu'il éprouverait si le poids et la puissance y étaient directement appliqués.

Dans les leviers de seconde et de troisième espèce, le point d'appui supporte une pression mesurée par l'excès du poids sur la puissance, ou de la puissance sur le poids. Pour rendre ce résultat plus sensible, on a représenté la puissance sur les *Fig.* 91 et 92, par un poids qui agit au moyen d'une poulie de renvoi R. En pareil cas, cette poulie supporte elle-même une pression égale au double de la puissance; de sorte que la totalité des pressions supportées par les deux pièces fixes du système, F et R, est toujours la somme des pressions exercées par le poids et par la puissance.

Tous ces faits, qu'il est aisé de déduire de raisonnements rigoureux (art. 148 et 184), peuvent aussi être établis d'une manière expérimentale, quand on remplace le point d'appui du levier par un cordon suspendu à l'un des bras d'une balance. On trouve que le poids nécessaire pour supporter le levier et tenir lieu du point d'appui, est égal, dans le cas du levier de première espèce, à la somme des poids P, W, et dans le cas du levier de seconde ou de troisième espèce, à l'excès de W sur P, ou de P sur W.

255. — Nous avons négligé jusqu'ici de prendre en considération le poids du levier même. Quand le centre de gravité du levier se trouve précisément dans la verticale qui passe par le point d'appui, le poids de l'instrument ne fait qu'augmenter d'autant la pression supportée par l'appui. Cet accroissement de pression a toujours lieu, lors même que le centre de gravité sort de la verticale dont il s'agit, mais en outre les conditions d'équilibre sont changées. Si le centre de gravité est du même côté du point d'appui que le poids W, par exemple en G, une portion de la puissance doit être employée à supporter le poids du levier, portion que l'on calculera (d'après tout ce qui a déjà été expliqué) en multipliant le poids du levier par la distance FG, et en divisant le produit par la distance PF. Si, au contraire, le centre de gravité tombe du même côté du point d'appui que la puissance, par exemple en G', le poids du levier conspire avec la puissance pour soutenir le poids W. Il en soutient une portion

que l'on calculera en multipliant le poids du levier par la distance F G', et en divisant le produit par la distance W F.

256. — Passons maintenant de la considération de l'équilibre à celle du mouvement, pour appliquer les remarques de l'article 243. Supposons que le mouvement du levier l'ait transporté de P F W (*Fig.* 93) en P'F W'. L'espace P P' décrit par la puissance motrice, et l'espace W W' décrit par le poids, seront évidemment dans le même rapport que P F et W F. Pour fixer les idées, prenons que P F soit décuple de W F, et supposons les arcs P P', W W' assez petits pour se confondre sensiblement avec deux lignes droites verticales. Une puissance d'un kilogramme placée en P équilibrerait un poids de dix kilogrammes placé en W; et comme il suffirait d'augmenter la puissance d'aussi peu qu'on voudrait, ou de communiquer la plus légère impulsion dans le sens P P', pour rompre l'équilibre et soulever le poids, nous pouvons dire qu'à l'aide de ce levier une puissance d'un kilogramme est capable de mouvoir un poids de dix kilogrammes. Mais en pareil cas l'espace P P' est décuple de W W', de sorte que si le premier est d'un centimètre, l'autre sera d'un millimètre. Or il est clair que, pour qu'un kilogramme décrive l'espace d'un centimètre, la même quantité de force est dépensée que pour faire décrire à dix kilogrammes l'espace d'un millimètre; dans l'un et l'autre cas la force dépensée est décuple de celle qui ferait décrire à un kilogramme l'espace d'un millimètre.

Par conséquent, lorsqu'on emploie un levier à

soulever un poids ou à vaincre toute autre résistance, on dépense au total la même quantité de force
que si l'on eût appliqué immédiatement la puissance
motrice au poids ou à la résistance. L'avantage est
d'avoir pu dépenser cette force successivement, par
une suite d'efforts partiels, au lieu d'être obligé de
la dépenser d'un seul coup et par un seul effort. La
même observation est applicable à toutes les autres
machines.

257. — Nous avons supposé jusqu'ici que la puissance et le poids agissaient suivant des directions
parallèles entre elles, et perpendiculaires au levier :
or, c'est ce qui n'arrive pas toujours. Soient A B
( *Fig.* 94 ) un levier dont le point d'appui est en F,
A R la direction de la puissance, B S la direction
suivant laquelle agit le poids. Si l'on prolonge les
lignes R A, S B, que du point d'appui on mène à ces
lignes les perpendiculaires F C, F D, le moment de la
puissance sera le produit des deux nombres dont
l'un mesure la puissance et l'autre la longueur F C ;
de même le moment du poids sera le produit des deux
nombres dont l'un mesure le poids et l'autre la longueur F D. Ces deux moments devront être égaux
pour l'équilibre du levier ( art. 184 ).

La même construction serait applicable, quoique
les deux bras du levier ne se trouvassent pas dans la
même direction. Ces bras peuvent n'être pas rectilignes, mais avoir une forme quelconque, et être situés
l'un par rapport à l'autre d'une manière quelconque.

258. — La *Fig.* 95 présente un levier *coudé*
rectangulaire, ou dont les bras sont perpendiculaires
entre eux, le point d'appui F occupant le sommet

de l'angle droit. Le moment de la puissance est p multiplié par A F, et le moment du poids est W multiplié par B F. Ces moments sont égaux dans l'état d'équilibre. Lorsqu'on se sert d'un marteau pour arracher un clou, le marteau est un levier de cette espèce : le fer du marteau inséré sous la tête du clou est le petit bras du levier ; la main appliquée à la poignée est la puissance qui doit vaincre la résistance du clou.

259. — Quand une poutre ou une barre rigide de matière quelconque repose sur deux supports A, B (*Fig.* 96), et qu'on applique au poids W à un point intermédiaire C, la manière dont la charge se distribue entre les supports résulte des principes qui viennent d'être exposés au sujet de l'équilibre du levier. On peut considérer la pression sur le support B comme une puissance qui soutient le poids W au moyen du levier de seconde espèce BA. En conséquence, la pression en B doit être au poids W dans le rapport de C A à B A ; et par la même raison, la pression en A doit être au poids W dans le rapport de C B à B A. Si C A est le tiers de B A, B supportera le tiers et A les deux tiers de la charge. On tiendrait compte de la charge provenant du poids même de la barre, en considérant ce poids comme appliqué au centre de gravité de cette barre. Si le centre de gravité est à égales distances des supports, la charge provenant du poids de la barre se répartira également.

On détermine d'après les mêmes principes comment la charge d'un fardeau porté sur des brancards se répartit entre les deux hommes qui le portent. La position des brancards relativement à l'horizon est indifférente, attendu que l'action du poids et les efforts des porteurs ont toujours lieu suivant des directions parallèles (art. 148). En conséquence, soit que les porteurs montent ou descendent, ou qu'ils marchent sur un plan horizontal, la charge se distribue entre eux de la même manière.

Si le point de suspension du poids n'est pas placé entre les supports, ce qui a lieu sur la *Fig.* 97, les supports doivent être appliqués de différents côtés de la barre. La pression contre le support B peut être considérée comme une puissance qui soutient le poids W au moyen du levier de première espèce BC. Il en résulte que cette pression est au poids dans le rapport de AC à AB. En considérant ensuite le support B comme le point d'appui du levier BC, et la pression exercée contre le support A comme la puissance, on trouverait de même que cette pression est au poids dans le rapport de BC à AB, et qu'elle est conséquemment plus grande que le poids.

260. — Quand on a besoin de disposer d'une grande puissance mécanique, et qu'il y a des inconvénients à employer un levier trop long, on peut y suppléer par une combinaison de leviers. La *Fig.* 98 représente un pareil système, formé de trois leviers de première espèce. La manière dont l'action de la puissance est transmise au poids, se détermine par l'analyse des effets de chacun des leviers. La puissance P produira en P' une pression de bas en haut qui sera à P dans le rapport de PF à P'F. Admettons que ce rapport soit exprimé par le nombre 10. Le bras P'F' du second levier sera sollicité en P' par une force égale à 10 fois la puissance P. De

même, si la longueur P′F′ est égale à 12 fois la longueur F′P″, la pression exercée en P″ contre le troisième levier sera égale à 12 fois la pression P′ ou à 120 fois la force P. Enfin, si la distance P″F″ est égale à 5 fois la distance F″W, la pression P″ pourra équilibrer un poids W, quintuple de P″, ou égal à 600 fois la puissance P. Ainsi le système de leviers sera tenu en équilibre si la puissance est au poids dans le rapport de 1 à 600. Le principe du calcul ne serait pas changé, quand tous les leviers seraient de seconde ou de troisième espèce, ou les uns d'une espèce, les autres d'une autre.

261. — Le nombre qui exprime le rapport du poids à la puissance dans une machine en équilibre, est ce qu'on nomme le *pouvoir de la machine*. Si une puissance d'un kilogramme équilibre au moyen d'un levier un poids de *dix* kilogrammes, nous dirons que le pouvoir du levier est *dix*. Dans l'exemple de l'article précédent, le pouvoir du système de leviers serait exprimé par le nombre 600.

262. — Comme on peut faire varier à volonté le rapport entre les distances du point d'appui d'un levier aux points d'application de la puissance et du poids, il en résulte qu'on peut toujours concevoir un levier ayant un pouvoir égal à celui d'une machine donnée. C'est ce qu'il est permis d'appeler le *levier équivalent*.

Toute machine complexe est formée d'un assemblage de machines simples qui agissent les unes sur les autres ; et puisque chaque machine simple est susceptible d'être représentée par un levier équivalent, la machine composée pourra aussi être représentée par un système de leviers équivalents. D'après le raisonnement employé dans l'art. 260, on voit que le pouvoir d'une machine composée se calculera en faisant le produit des nombres qui expriment les pouvoirs de chacune des machines simples composantes.

---

# CHAPITRE XV.

## DES BALANCES.

Des balances ordinaires. — Conditions dont dépend la sensibilité d'une balance. — Balances de Troughton, — De M. Robinson, — Du capitaine Kater. — Moyens d'ajuster une balance. — Méthode des doubles pesées. — Étalonage des poids. — Romaine ordinaire. — Romaine de M. Paul, de Genève. — Romaines chinoise et danoise. — Balance à levier courbe. — Balance à bascule. — Balances à ressort. — Dynamomètres.

263. — Tous les instruments connus sous le nom de *balances*, de *romaines*, et dont la destination est de servir à *peser* les corps, ou à fixer le rapport de leur poids à un poids connu, pris pour unité, tous ces instruments, disons-nous, sont (à l'exception des balances à ressort) des variétés du levier. La balance commune est un levier de première espèce dont les bras sont égaux. La romaine est au contraire un levier à bras variables, avec lequel on équilibre des corps très-lourds, en employant toujours le même contrepoids.

Le plan de cet ouvrage, qui n'a point pour objet

la description détaillée des machines, permettrait de s'en tenir à cette indication générale ; mais l'importance des instruments dont il s'agit, pour les besoins commerciaux et scientifiques, est une raison de nous étendre davantage sur leur construction, et d'y consacrer un chapitre spécial.

264. — La balance proprement dite consiste essentiellement en un levier ou une verge inflexible, nommée le *fléau*, qui est munie de trois axes. L'un autour duquel tourne le fléau est situé au milieu ; c'est le point d'appui ou le centre du mouvement. Les deux autres, que nous nommerons *points de suspension*, sont situés près des extrémités et à égales distances du centre du fléau : ils servent à soutenir les plateaux de la balance.

Le centre de gravité de l'appareil doit toujours être situé un peu au-dessous du point d'appui quand le fléau a une position parfaitement horizontale, sans quoi l'équilibre ne serait pas stable (art. 158) ; et dès que le fléau aurait été écarté tant soit peu de l'horizontalité, au lieu de tendre à y revenir par une suite d'oscillations, il chavirerait du côté vers lequel l'entraînerait la cause d'ébranlement. Nous supposerons de plus en premier lieu que le point d'appui et les points de suspension sont situés sur une même ligne droite.

Les bras de levier étant égaux, si l'on pose des poids égaux sur les plateaux de la balance, l'équilibre ne sera pas rompu, et le fléau conservera son horizontalité.

En ajoutant un petit poids sur l'un des plateaux, on fera cesser l'horizontalité du fléau : après des oscillations plus ou moins répétées le fléau atteindra enfin une position d'équilibre. Il formera alors un angle avec l'horizon dont la grandeur dépendra de la sensibilité de la balance.

Comme la sensibilité d'une balance importe beaucoup dans les recherches scientifiques qui demandent de l'exactitude, nous ferons une analyse plus détaillée des circonstances qui influent sur cette propriété de l'instrument.

265. — Dans la *Fig.* 99, A B représente le fléau d'une balance dévié de la position horizontale par un petit poids additionnel placé sur le plateau suspendu en B. Le moment de la force qui tend à dévier le plateau dans ce sens, s'obtiendra en multipliant le poids dont il s'agit par la longueur de la droite B r.

Supposons que le centre de gravité de l'appareil soit en G : le moment de la force qui tend à ramener le fléau dans la position horizontale, s'obtiendra en multipliant le poids du fléau et des plateaux par la longueur de la droite G P. Le fléau restera en équilibre lorsque les deux moments dont on vient d'assigner la valeur seront égaux. Il est facile de voir d'après cela que la sensibilité de la balance sera augmentée ou diminuée, selon que le centre de gravité se trouvera plus près ou plus loin du point d'appui S, toutes les autres circonstances restant les mêmes.

Imaginons en effet que le centre de gravité soit transporté en g : il faudra, pour que l'équilibre puisse s'établir, que la distance g p du centre de gravité à la ligne verticale menée par S, augmente au point de devenir égale à G P. Or, c'est ce qui ne peut avoir lieu qu'autant que le plateau suspendu en B descend, et que par suite l'ouverture de l'angle HSB devient plus grande.

266. — Comme les poids égaux placés sur les deux plateaux peuvent être censés appliqués immédiatement aux points de suspension, et que la ligne qui joint ces points est élevée au-dessus du centre de gravité de la balance non chargée, le centre de gravité du système se trouve élevé par la charge de ces poids ; mais on peut démontrer que cette circonstance n'influe en rien sur la sensibilité de la balance. Admettons, par exemple, que les poids mis sur les plateaux doublent le poids du système, et que le centre de gravité qui était en G avant la charge se trouve transporté au point $g$ : il résulte des règles qui servent à déterminer le centre de gravité d'un système, que la ligne $Sg$ sera la moitié de $SG$. Elle en serait le tiers, si les poids mis sur les plateaux triplaient le poids du système ; et en général le rapport entre les lignes $SG$, $Sg$ sera inverse de celui qui a lieu entre les poids du système, avant et après la charge. Mais d'un autre côté $GP$ est à $gp$ dans le rapport de $SG$ à $Sg$ : de sorte que, plus le poids du système sera augmenté, plus la distance du centre de gravité à la ligne verticale menée par le point $S$ sera diminuée. Le moment de la force qui tend à ramener le fléau dans la position horizontale (art. 265) sera donc le même avant et après la charge, et l'ouverture de l'angle HSB, qui mesure la sensibilité de la balance, ne sera pas changée.

267. — Considérons maintenant le cas où le point d'appui S serait situé au-dessous de la ligne qui

joint les points de suspension (*Fig.* 100); et supposons que G soit le centre de gravité de la balance
non chargée. La ligne S G, prolongée de bas en
haut, ira rencontrer la ligne A B au point W, et les
poids mis sur les plateaux pourront être censés appliqués respectivement aux points A, B, ou même
appliqués tous deux au point W. On en conclut
que W$g$ ($g$ désignant le centre de gravité de la balance chargée) sera à W G en raison inverse des
poids après et avant la charge. Mais G P décroîtra
plus rapidement que W G, de sorte que, si le poids
de l'appareil est doublé, et que W$g$ soit en conséquence la moitié de W G, $g p$ sera moindre que la
moitié de G P. Ce résultat qui se démontre par la
géométrie, est sensible d'après la seule inspection
de la figure. Si l'on met sur le plateau B le même
poids additionnel qu'auparavant, il faudra donc que
le fléau s'incline plus que dans le premier cas, avant
d'atteindre une position d'équilibre, c'est-à-dire
que la sensibilité de la balance sera accrue par la
charge.

En augmentant cette charge de plus en plus, le
centre de gravité finirait par atteindre le point S,
puis par le dépasser. On retomberait alors sur le
cas d'équilibre instable, c'est-à-dire que le moindre
poids additionnel ferait chavirer la balance, ce qui
la rendrait effectivement incapable de servir à des
pesées.

268. — En dernier lieu, si le point d'appui S
(*Fig.* 101) est élevé au-dessus de la ligne qui joint
les deux points de suspension, G P diminuera dans
un moindre rapport que W G, par suite de la charge

mise sur les deux plateaux ; de sorte que, si cette charge est égale au poids de l'appareil non chargé, W$g$ devenant la moitié de W G, $gp$ sera plus que la moitié de G P. Dès lors, pour une semblable disposition du point d'appui, la sensibilité de la balance est d'autant plus diminuée que la charge est plus grande.

269. — La sensibilité d'une balance, selon les définitions précédentes, est mesurée par la déviation angulaire du fléau, résultant de l'addition d'un même poids très-petit sur l'un des plateaux ; mais on l'exprime souvent aussi par le rapport entre le poids additionnel capable de produire une déviation perceptible, et le poids de la balance chargée, ou seulement le poids du corps qu'il s'agit de peser. Ce rapport doit évidemment varier avec les différents poids, excepté quand le centre de gravité du fléau tombe précisément au point W (*Fig.* 101) sur la ligne joignant les points de suspension des plateaux, et que le point d'appui S se trouve au-dessus de cette ligne ; car alors le centre de gravité reste au point W, quelle que soit la charge. Dans tout autre cas, lorsqu'on veut exprimer la sensibilité d'une balance par un rapport de poids, il faut faire mention en outre de la charge de la balance. Si, par exemple, une balance est chargée d'un kilogramme sur chaque plateau, et que, pour occasionner au fléau une déviation d'horizontalité perceptible, il suffise d'ajouter à l'un des plateaux un centième de gramme, on pourra dire que la balance est sensible à un 200 000ᵉ de la charge, cette charge étant d'un kilogramme sur chaque plateau : ce qui reviendra

à dire qu'avec cette balance on peut peser un kilogramme à un cent-millième près.

Plus le centre de gravité de la balance est voisin
du point d'appui, plus les oscillations du fléau sont
lentes (art. 209). En comptant le nombre d'oscillations que le fléau accomplit dans un temps donné
(par exemple dans une minute), on pourra juger
de la manière la plus exacte de la sensibilité de la
balance : l'instrument aura d'autant plus de sensibilité que ce nombre sera moindre.

270. — Les balances de précision, qui sont les
seules dont nous entendions parler ici, sont pour
l'ordinaire munies d'ajustements, dont les uns servent à égaliser la longueur des bras du fléau, ou
les distances du point d'appui aux points de suspension des plateaux, et les autres à amener le point
d'appui et les points de suspension sur la même
ligne droite. Mais ces ajustements, comme nous le
verrons, ne sont pas absolument nécessaires.

Le fléau est diversement construit, selon la destination de la balance. Quelquefois il est formé d'une
verge d'acier pleine, quelquefois de deux cônes
creux opposés par leurs bases; d'autres fois encore
il a une forme rhomboïdale. L'important, dans tous
les cas, est de combiner la force et l'inflexibilité
avec la légèreté.

271. — Entrons maintenant dans la description
détaillée de quelques balances. Une balance de
Troughton est disposée de manière à pouvoir être
renfermée dans un tiroir lorsqu'elle ne sert pas; et
quand on en fait usage, elle est protégée par une
cage en verres plans contre les courants d'air qui

pourraient la déranger. Cette cage a des portes sur les côtés, par lesquelles on charge les plateaux, et une autre porte à la partie supérieure pour enlever au besoin le fléau. Une forte colonne en cuivre, placée au centre de la boîte, supporte une pièce carrée, de laquelle partent deux arcs presque demi-circulaires, et sur ces arcs sont fixés deux plans horizontaux d'agate, destinés à porter le *couteau*, ou la pièce qui sert de point d'appui. Dans l'intérieur de la colonne est un tube cylindrique qui glisse de haut en bas à l'aide d'une poignée placée en dehors de la cage. Ce tube porte un arc destiné à saisir les extrémités du couteau, et à le soulever de manière à empêcher le frottement contre les plans d'agate quand la balance ne fonctionne pas. Le fléau a environ un demi-mètre de longueur, et il est formé de deux cônes creux en cuivre opposés par leurs bases. L'épaisseur du cuivre n'excède pas un demi-milli-mètre, mais on renforce les cônes et on leur donne l'inflexibilité nécessaire au moyen d'anneaux placés de distance en distance. Le fléau est croisé au milieu par un cylindre d'acier, à trempe dure et bien poli, qui sert de couteau, et dont la partie inférieure est terminée en coin, faisant un angle d'environ 30 de-grés. Ce couteau est en contact avec chacun des plans d'agate sur une longueur d'environ un milli-mètre.

L'axe de suspension de chacun des plateaux a deux tranchants aigus qui reposent à angles droits sur une pièce également à deux tranchants, à la-quelle les cordons de suspension sont attachés. Les axes dont il s'agit peuvent être ajustés dans le sens horizontal pour égaliser les bras du fléau, et dans le sens vertical pour amener sur une même ligne droite les points de suspension et le point d'appui.

272. — Voici la description d'une autre balance construite par M. Robinson, et qui a servi au capitaine Kater pour fixer en Angleterre l'étalon des poids. Le fléau de cette balance n'a pas plus d'un quart de mètre de longueur. Il est en métal de cloche, et la forme en est rhomboïdale. Le couteau est un prisme d'acier, long de 25 millimètres, à base triangulaire équilatérale; mais on a donné à l'angle sur lequel s'opèrent les vibrations une ouverture de 120 degrés, pour le rendre moins sujet à s'altérer par suite de la charge de la balance. Ce qui distingue particulièrement cet appareil, c'est que le couteau repose sur un plan d'agate sur toute sa longueur; tandis que dans la balance précédemment décrite le contact n'a lieu que sur une longueur d'environ un millimètre, pour chaque extrémité du couteau. Les plateaux portent sur deux autres couteaux, chacun d'un centimètre et demi de longueur, et munis de deux vis de rappel, qui servent à assurer leur parallélisme avec le couteau central. Une autre disposition permet de les rapprocher ou de les éloigner du couteau central, et en même temps de les élever ou de les abaisser, de manière que les points d'appui et de suspension puissent être amenés sur une même ligne droite.

Un fil à pas de vis, d'un décimètre de longueur, est implanté sur le milieu du fléau. Ce fil est terminé par une pointe qui sert d'index, et il porte une petite boule de cuivre, que l'on peut faire mouvoir sur la

vis de manière à varier à volonté la position du centre de gravité de l'appareil. Quand la balance ne doit
pas fonctionner, on suspend le contact des couteaux
avec les plans d'agate, et l'on soutient l'instrument
à l'aide d'un mécanisme dont on peut se faire une
idée d'après ce qui a été dit dans l'article précédent.

M. Robinson a construit de semblables balances,
tellement sensibles, qu'en chargeant chaque plateau
de 50 grammes, l'index éprouvait une déviation
perceptible par l'addition sur l'un des plateaux d'un
vingt-millième de gramme ou de la millionième
partie du poids à peser.

On trouvera dans les *Transactions philosophiques* pour 1826 la description détaillée d'une balance, la plus sensible peut-être qu'on ait encore
construite, dont le capitaine Kater s'est servi pour la
détermination du boisseau anglais. Le poids du
boisseau rempli d'eau était d'environ 90 kilogrammes, et il s'agissait de construire un appareil qui fût
propre à déterminer un poids aussi considérable
avec le degré d'exactitude nécessaire. Le succès a
répondu parfaitement à l'attente. La sensibilité de
la balance était telle, qu'elle accusait un 1 750 000$^e$
du poids à peser.

273. — Voici maintenant la manière de procéder à
l'ajustement d'une balance. D'abord pour mettre en
ligne droite les points de suspension et le point d'appui, on rendra les variations de la balance très-lentes, en faisant marcher le poids dont les mouvements
servent à déplacer le centre de gravité de l'appareil.
On amènera le fléau dans une position horizontale,

en mettant au besoin sur les plateaux de petits morceaux de papier. Ensuite on chargera les plateaux
autant que possible sans endommager la balance. Si
les vibrations ont la même durée que précédemment,
l'ajustement est parfait : si au contraire les vibrations sont plus rapides, on les ramènera à la même
durée en faisant mouvoir le poids qui sert à l'ajustement. On notera la distance que le poids a parcourue : on lui fera décrire le double de cette distance
en sens contraire, et l'on amènera le mouvement
oscillatoire au même degré de lenteur au moyen de
la vis qui agit verticalement sur le point d'appui. On
répétera cette opération jusqu'à ce qu'on soit satisfait
de l'ajustement.

Pour égaliser les bras de la balance, on mettra
comme précédemment des poids sur les plateaux ;
on rendra le fléau aussi voisin que possible de l'horizontalité, et l'on notera la division où s'est arrêté
l'index. On décrochera les plateaux avec les poids
dont ils sont chargés, et on les changera de bras. Si
l'index s'arrête sur la même division, les bras sont
d'égale longueur. S'il en arrive autrement, on ramène l'index à sa première position en ajoutant de petits poids à l'un des deux plateaux. On enlève ensuite
la moitié de ces poids additionnels, et l'on ramène
encore l'index à sa position primitive, en faisant
mouvoir la vis qui agit horizontalement sur le point
de support. De cette manière les bras se trouvent
égalisés. Si l'on était sûr que les plateaux ont le
même poids, il serait inutile de les décrocher : il
suffirait de transporter d'un plateau sur l'autre les
poids dont ils sont chargés.

274. — Un ajustement, quelque parfait qu'il soit, ne peut passer que pour une approximation, et il convient de n'être pas obligé de s'y fier dans les recherches délicates. Or, on peut en effet s'en rendre indépendant, au moyen de la méthode que l'on appelle *des doubles pesées,* dont nous allons donner l'explication.

Après avoir mis de niveau la cage de la balance, on soulève le fléau, on charge chaque plateau d'un poids à peu près égal à celui qu'il s'agit de déterminer. On abaisse doucement le fléau jusqu'à ce qu'il commence à porter ; et l'on en rend les vibrations très-lentes, au moyen de l'ajustement qui sert à élever ou à abaisser le centre de gravité. On ôte alors ces poids et l'on met sur l'un des plateaux le corps qu'il s'agit de peser ; puis on lui fait équilibre en plaçant sur l'autre plateau des corps quelconques ; par exemple, des morceaux de cuivre, des grains de plomb, et enfin de petites feuilles de cuivre battu ou de petits morceaux de papier que l'on ajoute par parcelles. On observe la division à laquelle l'index s'est arrêté ; on ôte doucement le corps qu'on veut peser, et l'on y substitue des poids gradués, des grammes et des fractions de grammes, jusqu'à ce que l'index soit ramené à la même division. La quantité qu'il faudra mettre de ces poids exprimera précisément le poids du corps, quel que soit d'ailleurs l'ajustement de la balance.

Lorsqu'il s'agit de comparer deux poids que l'on suppose à très-peu près égaux, et de déterminer leur différence, s'il y en a une, la méthode est presque la même. Le poids étalon est équilibré avec soin, et l'on note la division où l'index s'est arrêté. On ajoute sur l'un des plateaux de très-petits poids, comme un ou deux milligrammes, et l'on remarque de combien de divisions l'index s'est déplacé, ce qui donne, en poids, la valeur d'une division de l'échelle. Pour plus de certitude, on répète plusieurs fois la même opération, et l'on prend la moyenne. Cela fait, on ôte le poids étalon du plateau, et l'on y substitue le poids avec lequel on veut le comparer. La différence entre les positions de l'index donne, par ce qui précède, la différence des poids.

Si la balance est très-sensible, il se passera beaucoup de temps avant qu'elle n'arrive au repos. Pour abréger, on pourra regarder le milieu de l'arc de vibration décrit par l'index comme le point sur lequel il doit s'arrêter, et répéter l'observation plusieurs fois afin de la rendre plus exacte. Cependant il ne faudrait se fier à ce procédé expéditif que si l'arc de vibration était très-petit, par exemple s'il ne comprenait qu'une ou deux divisions de l'échelle.

Il y a encore d'autres précautions à prendre. On ne doit jamais toucher les poids avec la main, ce qui, non-seulement les oxyderait, mais les échaufferait, et pourrait déterminer au contact de ces corps des courants d'air qui nuiraient à l'exactitude de la pesée. Pour les plus gros poids on emploiera une fourchette en bois : pour les petits, des pinces en cuivre sont l'instrument le plus convenable.

275. — La perfection d'une balance ne servirait évidemment de rien, si les poids qui servent aux pesées étaient étalonnés d'une manière défectueuse. Les poids pourraient n'être pas rigoureusement

égaux à l'étalon, pourvu que la différence fût connue au moyen de la méthode exposée dans l'article précédent.

La matière des poids peut être le cuivre ou le platine : on donne ordinairement aux poids en cuivre la forme d'un cylindre dont le diamètre égale la hauteur. Un petit bouton sphérique est vissé au centre, et l'on ménage un espace sous la vis pour recevoir les petites portions de fil qui servent à l'ajustement. Il convient de pratiquer une cavité à la base de chaque cylindre dans laquelle puisse entrer le bouton d'un autre poids, lorsqu'on veut les poser l'un sur l'autre.

On compare chaque poids à l'étalon : s'il est un peu plus fort, on le lime jusqu'à ce qu'il soit tant soit peu plus faible que l'étalon, et l'on détermine soigneusement la différence. On a un fil d'argent très-fin, long de 8 à 10 centimètres, dont le poids a été déterminé exactement ; dès lors il est facile de calculer la longueur du morceau de ce fil nécessaire pour ajuster le poids qu'on étalonne : on coupe ce morceau et on l'assujettit sous la vis. Pour plus de sûreté, après que cela est fait, on compare de nouveau le poids à l'étalon.

276. — La *romaine,* ainsi appelée parce qu'elle était d'un grand usage chez les Romains, qui la nommaient *statera,* est un simple levier à bras inégaux. Elle sert à mesurer des poids très-différents les uns des autres, au moyen d'un poids unique, ordinairement moins considérable, que l'on nomme *peson.* On a vu dans le chapitre précédent qu'un levier se trouve en équilibre lorsque le poids et la puissance sont en raison inverse de leurs distances

respectives au point d'appui. Si donc on accroche
au petit bras de la romaine le corps à peser, et qu'on
fasse glisser le peson le long du grand bras jusqu'à
ce que l'équilibre se soit établi, on pourra, en mesurant les distances du point d'appui au peson et au
corps qu'il s'agit de peser, déterminer le rapport du
poids de ce corps au poids du peson qui est censé
connu. Pour fixer les idées, supposons que le peson
P (*Fig.* 102) pèse un kilogramme, et que la distance FB, longueur du petit bras, soit d'un centimètre. Supposons de plus que le grand bras soit
divisé en centimètres, à partir du point de suspension F; et enfin admettons que le petit bras ait été
renforcé, de manière que son poids équilibre celui
du grand bras quand la romaine n'est pas chargée.
Si l'on place sur le plateau suspendu au petit bras en
B, un corps du poids de 5 kilogrammes, l'équilibre
de la romaine exigera que le peson soit placé à 5
centimètres du point F. Ainsi, la division 5 du grand
bras correspondra à un poids de 5 kilogrammes, et
de même les divisions 4 ou 6 correspondront à des
poids de 4 ou de 6 kilogrammes.

La romaine dont on fait un usage fréquent dans
le commerce, pour des pesées qui n'exigent pas une
grande délicatesse, est construite un peu différemment de celle que nous venons de décrire. Le fléau,
avec les plateaux ou les crochets, est rarement en
équilibre autour du point de suspension F, quand
la romaine n'est pas chargée; le poids du grand bras
l'emporte ordinairement; et en conséquence on fait
commencer la graduation, non pas au point F, mais
à un point intermédiaire entre F et B. La romaine

ordinaire, dont nous donnons le dessin dans la *Fig.* 103, est pourvue communément de deux crochets, à chacun desquels on peut suspendre le corps qu'il s'agit de peser. Les mêmes divisions auraient des valeurs différentes, selon qu'on emploierait l'un ou l'autre des crochets. On préfère, dans la pratique, tracer deux systèmes de divisions, sur les deux côtés opposés du grand bras, ainsi que la figure l'indique.

La romaine est un instrument très-commode, en ce qu'on n'a pas besoin d'un assortiment de poids, et que la pesée peut se faire plus vite, sans que la précipitation expose à d'aussi grandes erreurs. Un autre avantage consiste en ce que la pression supportée par le point de suspension du fléau est moindre que dans la balance, quand le poids du corps à peser l'emporte sur celui du peson. Ce serait le contraire si le peson l'emportait sur le poids du corps à peser, et par cette raison la balance convient mieux quand il s'agit de déterminer de petits poids. D'ailleurs la subdivision des poids peut s'effectuer avec un plus grand degré de précision que la subdivision des bras de la romaine.

277. — M. C. Paul, inspecteur des poids et mesures à Genève, a imaginé une romaine bien préférable à celle dont on se sert communément. Elle est construite de manière que le fléau se tient parfaitement horizontal quand la romaine n'est pas chargée, de même que quand elle est chargée, et que l'équilibre s'est établi. Pour cela, les points de suspension sont placés exactement dans l'alignement des divisions du fléau, sauf une élévation presque imperceptible donnée à l'axe du fléau, pour com-

penser l'effet de la flexion légère que la charge fait éprouver au fléau même. L'horizontalité du fléau est constatée, comme dans les balances ordinaires, par un index qui s'élève verticalement au-dessus de l'axe de suspension. Le fléau n'a qu'une ligne de graduation, et l'on retrouve par un procédé très-simple, non-seulement les avantages attachés à la double graduation des romaines communes, mais beaucoup d'autres. Ce procédé consiste à employer à la fois plusieurs poids constants ou plusieurs pesons, par exemple le kilogramme et ses subdivisions décimales. Il est évident que si le peson d'un kilogramme, placé à la division n° 8, équilibre 8 kilogrammes, le peson d'un décigramme, placé à la même division, équilibre 8 décigrammes. En additionnant les poids indiqués par chaque peson pris séparément, on pourra donc avoir le poids de la marchandise à un gramme près, sans qu'il soit besoin de s'enquérir des fractions de divisions; et de plus, on aura un moyen facile de vérifier les poids, qui manque dans l'usage de la balance ordinaire; car on pourra voir, par exemple, si en faisant avancer d'une division le poids d'un kilogramme, pendant qu'on fait rétrograder le poids d'un hectogramme de dix divisions, l'équilibre continue d'avoir lieu.

Avec les romaines de M. Paul, et en employant deux pesons seulement, on peut obtenir le poids de la marchandise très-promptement et avec plus de précision que si l'on employait des balances ordinaires, qui coûteraient deux fois plus cher. On trouvera, dans le tome III du *Philosophical Magazine*, des explications sur la manière d'appliquer cet instrument à la détermination des pesanteurs spécifiques des solides, des liquides et des gaz.

278. — On se sert à la Chine et dans les Indes orientales, pour peser les pierreries et les métaux précieux, d'une sorte de romaine dont le fléau est une petite baguette d'ivoire d'environ 3 décimètres de long. Sur cette baguette sont trois lignes de divisions, marquées avec de petits clous d'argent, et commençant toutes à l'une des extrémités de la baguette. La première, qui sert à indiquer le poids européen, a 20 centimètres de long; les deux autres sont pour le poids chinois, et elles ont de longueur, l'une 21 centimètres, l'autre 16. A l'autre extrémité de la baguette est suspendu un plateau rond, et il y a des trous à trois distances différentes de cette extrémité, dans lesquels passent autant de fils qui servent à supporter la baguette : la première distance est d'environ 4 centimètres; la seconde distance est double, et la troisième triple de la première. Le poids étalonné est l'once chinoise de 37 grammes.

279. — La *balance danoise* ( *Fig.* 104 ) est un levier droit, portant à l'une de ses extrémités un poids constant B ou un peson qui y est soudé, à l'autre extrémité un crochet C pour recevoir la marchandise à peser, et un autre crochet A que l'on peut faire glisser le long du levier pour servir de point de support. Afin de graduer une semblable balance, il faut d'abord déterminer par expérience la position du centre de gravité ou du point de support quand la balance n'est pas chargée, et qu'elle reste en équilibre. On multipliera la distance du centre de gravité au crochet C par le poids de l'appareil, et l'on divi-

sera le produit par le poids de l'appareil augmenté de celui de la marchandise à peser. Le quotient exprimera la distance qui doit se trouver entre le point C et le point de support A, pour que la balance, chargée du poids de la marchandise, soit en équilibre. Supposons, par exemple, que la distance du centre de gravité au point C soit de 25 centimètres, et que le poids de la balance soit de 4 kilogrammes. Pour avoir la distance du point C à la division qui correspond à un poids d'un kilogramme suspendu en C, on multipliera 25 par 4, ce qui donnera 100; on divisera le produit par 4 plus 1 ou par 5, ce qui donnera 20 au quotient; en conséquence la division cherchée sera à une distance du point C égale à 20 centimètres. On trouverait de même que la division qui correspond à un poids de 2 kilogr., est à 16 centimètres $\frac{1}{3}$ du point C. Cette balance offre l'inconvénient que les divisions se resserrent de plus en plus à mesure que le poids augmente. Ainsi, dans notre exemple, il y a 3 centimètres $\frac{2}{3}$ d'intervalle entre les divisions 1 et 2, tandis qu'il n'y aurait qu'un sixième de centimètre d'intervalle entre les divisions 20 et 21. Conséquemment les grands poids ne peuvent être mesurés avec cette balance que d'une manière très-inexacte.

280. — La balance *à levier courbe* est représentée sur la *Fig.* 105, *Pl.* X. Le poids fixe C est assujetti à l'un des bouts du levier courbe A B C, mobile autour du point B, et suspendu par le même point à la colonne I H. Le plateau E est attaché en A à l'autre extrémité du levier. Les poids qui agissent sur le levier en A et en C s'équilibreront lors-

qu'ils seront en raison inverse des bras de levier BK, BD. Ce simple énoncé suffit pour faire
comprendre comment on peut graduer l'arc GF,
de manière que la division sur laquelle s'arrête l'extrémité C du levier indique la valeur du poids suspendu en A.

281. — Nous passons à la description de la balance à bascule employée pour la police du roulage.
Elle consiste en une plate-forme de bois placée sur
une fosse qu'on a creusée dans la direction de la
route, et qui a un revêtement intérieur en maçonnerie. Cette fosse renferme un mécanisme dont on
prendra une idée d'après la *Fig.* 106.

A, B, C, D représentent quatre leviers dirigés
vers le centre de la plate-forme, et qui ont pour
appuis en A, B, C, D des pièces scellées dans les
angles des murs de la fosse. La plate-forme est
supportée par ces leviers en $a, b, c, d$, au moyen
de boulons en fer; et les quatre leviers réunis vers
le centre de la plate-forme, mais de manière à se
mouvoir librement, sont supportés en F par un
long levier dont le point d'appui est dans un ouvrage de maçonnerie en E. Le grand bras de ce
levier passe sous la route, et va aboutir en G dans
la maison de l'agent chargé de la police du roulage.
L'extrémité G peut être soutenue directement par
un poids, au moyen d'une poulie de renvoi, ou
bien encore elle peut faire marcher le bras d'une
balance ou d'un dynamomètre (art. 284), dont l'index accusera le poids qui repose sur la plate-
forme.

Supposons que la distance de A en F soit égale

à dix fois la distance A en *a* ; une force d'un kilogramme appliquée en F équilibrera une force de 10 kilogrammes appliquée en *a*, c'est-à-dire sur la plate-forme. Supposons en outre que la distance de E en G soit égale à dix fois la distance de E en F : une force d'un kilogramme, employée à soulever l'extrémité G du grand levier, équilibrera une charge de 10 kilogrammes en F. Donc ce poids d'un kilogramme appliqué en G équilibrera 100 kilogrammes placés sur la plate-forme. Quand la plate-forme n'est pas chargée, le poids des leviers est équilibré par un poids H, appliqué de l'autre côté du point d'appui E.

282. — L'extension ou la compression d'un ressort est proportionnelle à la force d'extension ou de compression, du moins quand le ressort est bien préparé, avec un acier de bonne qualité, et qu'on n'emploie pas une force trop considérable. Pourvu qu'on satisfasse à ces conditions, le ressort jouit aussi de la propriété de revenir à son état primitif, après que la force a cessé d'agir. Rien n'empêche donc qu'on ne se serve d'un ressort comme d'une machine à peser, surtout lorsque la pesée n'exige pas une très-grande précision.

La balance à ressort ordinaire est représentée dans la *Fig.* 107 : elle est d'un usage commode, en ce qu'on peut peser des poids de 20 kilogrammes et au-dessous, avec un appareil qui tient dans un tube d'un décimètre de longueur sur deux centimètres de diamètre. Le tube est en fer, et porte au fond un crochet pour suspendre les corps que l'on veut peser ; le tube même est suspendu au moyen

d'un anneau. Une tige de fer *a b*, large d'un centimètre, et d'une épaisseur quatre fois moindre,
est assujettie à la plaque circulaire *c d*, qui glisse
avec un léger frottement le long du tube. Dans cette
plaque est encastré un ressort qui tourne en hélice
autour de la tige *a b*, sans la toucher, non plus que
le tube. Ce tube est fermé en haut au moyen d'une
plaque en fer qui laisse passer la tige *a b*, et la tige
est graduée dans la partie supérieure. L'action du
poids suspendu au crochet fait glisser le tube de
haut en bas, en raccourcissant la longueur de l'hélice d'acier, jusqu'à ce qu'il y ait équilibre entre le
poids et la force élastique du ressort, et le poids est
indiqué sur les divisions de la tige.

M. Salter a imaginé une autre disposition du
même appareil (*Fig.* 108), d'après laquelle le poids
étend le ressort au lieu de le comprimer. Le ressort
est contenu dans la moitié supérieure du cylindre,
derrière la plaque de cuivre qui forme la face de
l'instrument. La tige est fixée à l'extrémité inférieure
du ressort, et elle conduit un index qui vient
s'arrêter devant l'une des divisions tracées sur la
plaque.

283. — Une autre balance à ressort est représentée extérieurement dans la *Fig.* 109, et intérieurement dans la *Fig.* 110. A B C est une boîte en
cuivre peu profonde, aux parois de laquelle le ressort F D E est assujetti en A, au moyen d'un
écrou D. L'autre extrémité F du ressort est pincée
dans une pièce de cuivre G H, à laquelle on fixe
une crémaillère I, au moyen de la vis L. Cette crémaillère s'engrène avec un pignon M, dont l'axe

passe par le centre du cadran et porte une aiguille destinée à accuser le poids. Le corps à peser est suspendu en H.

284. — Il est très-important en mécanique de pouvoir mesurer la force musculaire de l'homme et des animaux. On y parvient au moyen d'instruments appelés *dynamomètres* [1], et qu'il ne faut pas confondre avec d'autres instruments de même nom, destinés à mesurer le travail des machines, ainsi qu'on l'expliquera dans le chap. XXIII. Ceux dont nous voulons parler ici sont de véritables balances à ressort, dans la contraction desquelles entrent d'ordinaire des leviers ou des rouages destinés à en agrandir les effets.

Le premier instrument de ce genre paraît avoir été inventé par Graham ; mais il était volumineux et incommode. Le Roy en fit un autre plus simple. Il consistait en un tube métallique long d'environ 3 décimètres, contenant intérieurement un ressort en hélice, terminé par une tige graduée au bout de laquelle était un globe. Le tube étant placé debout, un homme pressait sur le globe de toute sa force ; la tige entrait plus ou moins dans le tube, et la graduation indiquait la mesure de la pression exercée sur le globe. On a employé le même appareil d'une autre manière. Le tube était fixé horizontalement à un mur vertical : on remplaçait le globe par un coussin destiné à recevoir un choc ; et comme on n'aurait pas eu le temps de lire la graduation sur la tige attachée immédiatement au ressort, à cause de

[1] Δύναμις, force ; μέτρον, mesure.

la rapidité avec laquelle le ressort revient sur lui-même, cette tige en poussait une autre dans le coussin, qui restait stationnaire pendant que le ressort reprenait son état primitif. Au reste on voit que tous ces appareils diffèrent très-peu de la balance à ressort ordinaire, décrite dans l'art. 282, laquelle peut remplir le même but et, à notre avis, d'une manière plus commode.

La *Fig.* 111, *Pl.* XI, représente une balance du même genre, mais où les effets sont amplifiés au moyen d'une crémaillère qui s'engrène avec un pignon. Les divisions sont lues sur l'arc gradué IK. La *Fig* 112 est celle d'un autre dynamomètre, de l'invention de M. Salmon, qui réunit à la disposition précédente un système de leviers, agissant à la manière des leviers de la balance à bascule (art 281). Au moyen de ces leviers qui agrandissent l'effet de la tension du ressort, on peut employer un ressort plus délicat, et l'on a par conséquent un dynamomètre plus sensible.

# CHAPITRE XVI.

## DES ROUAGES.

Conditions de l'équilibre du treuil simple. — Manivelles, cabestans, roues à augets et à palettes; roues à cliquet. — Procédé pour augmenter la puissance de la machine, sans diminuer la force de résistance du cylindre. — Fusées.— Treuils composés.— Communication du mouvement établie par le frottement des cordes sur les roues. — Théorie des engrenages.— Des grues. — Des trois espèces de roues dentées.— Dents de chasse. — Échappement à balancier. — Description du mécanisme des montres et des horloges.

285. —Lorsqu'on emploie un levier pour soulever un poids ou pour vaincre une résistance, on ne peut atteindre le but qu'au moyen d'une succession d'efforts intermittents, dont chacun ne produit qu'une très-petite partie de l'effet total qu'il s'agit d'obtenir. Par exemple (*Fig.* 93, *Pl.* IX), après que le poids W a été soulevé de W en W', il faut replacer le levier dans une autre position, pour recommencer un effort semblable. Ceci entraîne une intermittence d'action, pendant laquelle le mouvement du poids est suspendu, en sorte qu'on est obligé de le soutenir par des supports pour l'empêcher de retomber. Aussi n'emploie-t-on le levier ordinaire que dans des cas où il s'agit de faire décrire aux poids soulevés de très-petits espaces, et où l'extrême simplicité de cette machine en rend l'emploi préférable. Quand il importe, au contraire,

de produire un mouvement continu, comme pour extraire le minerai d'une mine, pour lever l'ancre d'un vaisseau; il faut recourir à une combinaison qui permette d'éviter les intermittences d'action du levier. Les appareils que l'on emploie dans ce but, et qui sont autant de modifications du levier ordinaire, sont connus généralement sous les dénominations de *rouages*, de *treuils* ou de *cabestans*.

Dans la *Fig.* 113, *Pl.* XI, A B est un arbre cylindrique horizontal, terminé à ses deux extrémités par des pivots ou *tourillons*, qui peuvent prendre un mouvement révolutif. Autour du cylindre est enroulée une corde qui supporte un poids W. Ce cylindre conduit une roue concentrique C, autour de laquelle une autre corde est enroulée en sens contraire, et à l'extrémité de cette seconde corde agit la force motrice P. On obtient le moment de la force motrice en multipliant l'intensité de cette force par le rayon de la roue, et le moment du poids en multipliant ce poids par le rayon du cylindre. Si ces deux moments sont égaux (art. 184), la machine est en équilibre. En conséquence (art. 261) la puissance de la machine sera mesurée par le rapport du rayon de la roue au rayon du cylindre. Ce principe est applicable à l'appareil formé d'une roue et d'un cylindre qui la conduit, quelles que soient d'ailleurs les variétés de forme de cet appareil.

286. — Évidemment, tandis que la force motrice P agit d'une manière continue, et que la corde qui entoure la roue se déroule, la corde qui soutient le poids W s'enroule autour du cylindre, de sorte que ce poids est élevé sans interruption.

Quand la machine est en équilibre, les efforts exercés tant par le poids que par la puissance motrice, sont supportés par le cylindre, et la charge se répartit sur les points d'appui du cylindre, selon qu'on l'a expliqué dans l'art. 259.

Lorsque la machine est employée à élever un poids, la vitesse avec laquelle la puissance se meut est à la vitesse du poids dans le rapport du poids soulevé à la puissance motrice. C'est une application du principe que nous avons déjà signalé, et qui est commun à toutes les machines. Il en résulte que si l'on tient compte du temps pendant lequel la force agit, on aura dépensé, pour élever un poids à une hauteur donnée, précisément la même quantité de force que si la puissance motrice eût été immédiatement appliquée au poids, sans l'intermédiaire d'aucune machine. Ceci a déjà été expliqué dans le cas du levier (art. 256), et l'on peut, au sujet du treuil, reproduire la même explication, presque dans les mêmes termes.

Effectivement, pendant que la machine fait un tour, la longueur de corde qui se déroule d'autour de la roue est égale à la circonférence de cette roue, et égale à l'espace que décrit dans le même temps de haut en bas la puissance motrice, suivant une direction verticale. Durant le même espace de temps, la longueur de corde qui s'enroule autour du cylindre est égale à la circonférence de ce cylindre, et égale à l'espace que décrit de bas en haut le poids soulevé. Les espaces décrits dans le même temps par le poids et par la puissance motrice sont donc dans le rapport des circonférences du cylindre et de la roue ; et puisque le rapport des diamètres est le même que celui des circonférences, le rapport entre la vitesse du poids et celle de la puissance motrice, quand la machine est en mouvement, est l'inverse de celui qui doit avoir lieu entre le poids et la puissance, pour le maintien de l'équilibre (art. 243).

287. — Nous n'avons pas eu égard dans ce qui précède à l'épaisseur de la corde. Si l'on veut en tenir compte, il faut concevoir que la force agit dans la direction de l'axe ou de la ligne médiane de la corde, et ajouter en conséquence au rayon de la roue la moitié de l'épaisseur de la corde à laquelle est attachée la puissance motrice, en même temps qu'on ajoutera au rayon du cylindre la moitié de l'épaisseur de la corde qui supporte le poids. Cette correction est d'autant plus nécessaire, qu'on est obligé de donner à la corde qui soutient le poids une force assez grande pour que la traction du poids ne la fasse pas rompre, et par conséquent une épaisseur assez considérable relativement au rayon du cylindre ; tandis que la corde à laquelle est attachée la puissance n'a pas besoin d'offrir la même résistance, ni par conséquent la même épaisseur ; et que d'ailleurs, à épaisseur égale, son diamètre serait moins considérable relativement au rayon de la roue.

288. — Sous quelques formes variées que se présente cet appareil, le poids ou la résistance est appliquée à la machine au moyen d'une corde qui s'enroule autour du cylindre ; mais la manière d'y appliquer la puissance motrice change beaucoup, et n'exige pas toujours l'emploi d'une corde. Quelquefois la circonférence de la roue porte des chevilles,

comme celles qu'on a représentées dans la *Fig*. 113, et les mains d'un ouvrier viennent saisir ces chevilles pour faire tourner la machine. On a un exemple de cette disposition dans la roue qui sert à manœuvrer le gouvernail d'un vaisseau.

Dans le treuil commun, la puissance est appliquée à la machine au moyen d'une manivelle, ou d'un levier coudé à angle droit, tel que celui qui est représenté sur la *Fig*. 114. Le bras BC de la manivelle doit être considéré comme le rayon de la roue, et la puissance vient s'appliquer en CD, perpendiculairement à BC.

En certains cas, le cylindre ne porte pas de roue, mais il est percé de trous dirigés vers l'axe, dans lesquels on implante à chaque instant des leviers, de manière à produire un mouvement continu. Pour cela il faut plusieurs ouvriers, dont les uns sont employés à retirer et à implanter les leviers, pendant que les autres impriment le mouvement à la machine.

Le cylindre est souvent placé dans une position verticale, et alors la roue ou les leviers se meuvent horizontalement. Le *cabestan* des marins (*Fig*. 115) offre un exemple de cette disposition. L'arbre vertical est fixé sur le tillac du vaisseau, la circonférence du cylindre est percée de trous dirigés vers l'axe, et qui reçoivent des leviers. Les hommes qui conduisent le cabestan tournent autour de l'axe d'un mouvement continu, en poussant devant eux les leviers sur les extrémités desquels ils pressent.

Dans quelques circonstances, la roue est mise en

mouvement par le poids d'un homme ou d'un animal qui marche à mesure que la roue tourne, de
manière à rester toujours, par la combinaison de ces
deux mouvements, appuyé sur une ligne parallèle à
l'axe, et qui passe par l'une des extrémités du diamètre horizontal de la roue. L'espèce de moulin de
la *Fig.* 116 et la *grue* de la *Fig.* 117 en offrent des
exemples.

Dans les roues hydrauliques, la puissance motrice est le poids de l'eau contenue dans des *augets*
placés à la circonférence, ainsi que l'indique la
*Fig.* 118, ou bien l'impulsion du courant d'eau
contre des *palettes* ou des *aubes* implantées sur
cette même circonférence, selon la disposition de la
*Fig.* 119, *Pl.* XII. La *Fig.* 120 offre une combinaison de ces deux principes de mouvement.

On peut regarder comme la puissance motrice
d'un bateau à vapeur, la résistance que l'eau oppose
aux ailes des roues du bateau.

La puissance motrice des moulins à vent est la
force avec laquelle le vent agit sur les différentes
parties de la surface des ailes. On peut la considérer
comme la somme de forces motrices inégales, qui
agiraient sur des roues de différents diamètres, conduites par un axe commun.

289. — Dans la plupart des circonstances où l'on
emploie le treuil ou tout autre appareil formé d'une
roue et d'un cylindre, l'action de la puissance motrice est sujette à des suspensions ou intermittences
accidentelles, pendant la durée desquelles le poids
redescendrait de lui-même, si l'on n'imaginait un

moyen de parer à cet inconvénient. Pour cela on adapte au cylindre une roue à *rochet* R (*Fig.* 113, *pl.* XI), c'est-à-dire une roue a dents inclinées entre lesquelles vient s'engager un *cliquet*, qui permet à la roue de tourner dans un sens, et lui interdit le mouvement en sens contraire. D'autres fois encore l'action de la puissance ou du poids est transmise au moyen d'une barre rectiligne dentée, que l'on appelle *crémaillère*, dont les dents s'engagent dans les dents correspondantes de la roue ou du cylindre. Le *cric* ordinaire est un exemple de cette disposition, et l'on en a un autre dans la manœuvre des pistons d'une machine pneumatique.

290. — La puissance du treuil et des appareils analogues étant mesurée par le nombre de fois que le diamètre de la roue contient le diamètre du cylindre, il n'y a évidemment que deux manières d'accroître cette puissance, en diminuant le diamètre du cylindre, ou en augmentant celui de la roue. Du moment qu'on veut augmenter beaucoup la puissance de la machine, l'un et l'autre procédé sont sujets à des inconvénients et à des difficultés d'exécution. Si l'on accroît considérablement le diamètre de la roue, la machine devient lourde, embarrassante, et la puissance a besoin pour manœuvrer d'un espace démesuré. D'autre part, si l'on réduit par trop les dimensions du cylindre, il n'a plus la force nécessaire pour supporter le poids dont la grandeur a nécessité l'accroissement de puissance de la machine. On est donc obligé d'adopter une disposition différente, si l'on veut que la machine présente en même temps la

force de résistance nécessaire, des dimensions modé-
rées et une grande puissance mécanique. On y parvient en donnant aux différentes parties de l'arbre
cylindrique des épaisseurs différentes, en suspendant
le poids à une poulie mobile dont la gorge est enve-
loppée par une corde qui s'enroule en un sens sur la
portion de l'arbre la plus mince, et en sens contraire
sur la portion épaisse, ainsi que l'indique la *Fig*. 121.
Pour trouver dans ce cas le rapport du poids à la
puissance motrice, supposons que la *Fig*. 122 représente une coupe de l'appareil, faite perpendiculairement à l'axe. Le poids W est également soutenu par
les deux bouts de corde S, S', en sorte que chaque
bout supporte une traction mesurée par la moitié du
poids. Le moment de la force qui tire le bout de
corde S est égal au produit de la moitié du poids par
le rayon de l'arbre dans sa partie la plus mince. Cette
force, ainsi que la puissance motrice, tendent à faire
tourner l'arbre dans le même sens, et conspirent
pour équilibrer la force qui tire le bout de corde S'
et tend à imprimer à l'arbre un mouvement de rotation en sens contraire. D'après le principe établi
dans l'article 187, la somme des moments de P et
de S doit équivaloir au moment de S'; c'est-à-dire
que si l'on multiplie la puissance P par le rayon de
la roue, qu'on ajoute à ce produit celui de la moitié
du poids par le rayon de l'arbre dans sa partie la
plus mince, cette somme sera égale au produit de
la moitié du poids par le rayon de l'arbre dans sa
partie la plus épaisse. On conclut de cette relation
que le produit de la puissance par le rayon de la

roue égale le produit du poids par la moitié de la différence entre les deux rayons de l'arbre dans sa plus grande et dans sa plus petite épaisseur [1].

Une machine construite selon ce système, est une combinaison de deux machines simples, le treuil ordinaire et la poulie dont nous examinerons plus spécialement dans le chapitre suivant les conditions d'équilibre. Sa puissance est la même que celle d'un treuil simple, dont la roue aurait le même rayon et dont l'arbre cylindrique aurait pour rayon la différence entre les deux rayons de l'arbre de notre treuil composé. Cette puissance ne dépend plus de la petitesse de l'épaisseur du cylindre, mais de la petitesse de la différence en question. On peut donc donner à l'arbre assez d'épaisseur pour qu'il ait toute la solidité nécessaire, et en même temps accroître dans une proportion voulue la puissance de la machine.

291. — Il arrive souvent qu'une puissance uniforme est employée à soulever un poids ou à vaincre une résistance variable. En pareil cas, si le poids était soulevé par une corde qui s'enroulât autour d'un arbre cylindrique d'épaisseur uniforme, l'effet produit par la puissance varierait avec le poids. Mais

---

[1] Soient W le poids, P la puissance motrice, l'un et l'autre évalués en kilogrammes, R le rayon de la roue, $r$ celui du cylindre dans sa moindre épaisseur, $r'$ celui du cylindre dans sa plus grande épaisseur, tous ces rayons étant évalués en centimètres, on aura, dans le cas de l'équilibre de la machine :

$$P R + \tfrac{1}{2} W r = \tfrac{1}{2} W r',$$

d'où l'on tirera :

$$P R = W \times \tfrac{1}{2} (r' - r).$$

dans la plupart des circonstances il est désirable et même indispensable que le mouvement produit par la machine reste toujours uniforme. On atteindra ce but en faisant varier le bras du levier par l'extrémité duquel le poids agit, précisément en raison inverse de ce poids, de manière que le produit du poids par le bras de levier, ou le moment, reste constant. Pour cela on peut donner à la surface du treuil une courbure telle que la corde s'enroule sur un cercle de diamètre d'autant plus grand que le poids devient plus petit, ou d'autant plus petit que le poids devient plus grand.

Rien n'empêche d'appliquer ce que nous venons de dire au cas inverse, où la résistance à vaincre reste constante, mais où la puissance motrice varie à son tour. Pour obtenir l'uniformité du mouvement, c'est alors la puissance motrice qui doit être appliquée à une corde enroulée autour d'une surface courbe dont le diamètre varie en raison inverse de l'intensité de la puissance. Ce cas se présente dans les montres ordinaires et dans les pendules mues par la force élastique d'un ressort spiral. Au moment où la montre vient d'être remontée, le ressort agit avec toute son intensité; mais à mesure que la montre marche et que le ressort se détend, sa force élastique diminue d'énergie. Pour prévenir le défaut d'uniformité qui en résulterait dans le mouvement de la montre, on fait agir le ressort par l'intermédiaire d'une chaîne qui s'enroule autour d'un treuil d'épaisseur variable, nommé la *fusée*. Au moment de la plus grande énergie du ressort, la chaîne agit sur la plus petite épaisseur de la fusée, et successivement sur une épaisseur plus grande. La *Fig.* 123 donne la représentation de la fusée et de la boîte cylindrique où le ressort est contenu : le ressort même est représenté dans la *Fig.* 124.

292. — Quand on a besoin d'une machine à grande puissance, il faut combiner un système de roues et de treuils, en suivant un procédé analogue à celui qui a été expliqué dans l'art. 260, au sujet des systèmes de leviers. La puissance agit à la circonférence de la première roue ; son action se transmet à la circonférence du premier cylindre ; celle-ci se trouve en rapport avec la circonférence d'une seconde roue, et successivement l'action de la puissance se trouve transmise jusqu'au dernier cylindre. D'après ce qu'on a démontré dans l'article 262, il est clair que la puissance d'une machine ainsi composée s'évaluera en multipliant entre eux les nombres qui expriment les puissances de chacune des machines simples composantes. La manière la plus commode de faire ce calcul est de multiplier d'abord entre eux tous les nombres qui mesurent les diamètres ou les circonférences des roues, de faire ensuite le produit de tous les nombres qui mesurent les diamètres ou les circonférences des cylindres, et de diviser le premier produit par le second. Supposons, par exemple, que la machine étant composée de trois treuils simples, les diamètres des roues soient mesurés par les nombres 10, 14 et 15, dont le produit est 2100 ; que les diamètres des cylindres soient mesurés par les nombres 3, 4, 5, dont le produit est 60 : la puissance de la machine sera mesurée par le rapport de 2100 à 60, ou de 35 à 1.

293. — La manière dont les cylindres et les roues agissent les uns sur les autres n'est pas la même dans les diverses machines à rouages. Quelquefois une courroie ou une corde est appliquée à une gorge creusée sur la circonférence du cylindre, et va envelopper une autre gorge creusée sur la circonférence de la roue. Le frottement de la corde suffit pour l'empêcher de glisser, et pour transmettre le mouvement rotatoire d'une pièce à l'autre. Ceci sera compris à l'inspection de la *Fig.* 125.

De nombreux exemples de machines à rouages, dont les pièces sont conduites par des courroies ou par des cordes, s'offrent presque dans toutes les branches des arts mécaniques et dans la plupart des manufactures. Le tour ordinaire marche par ce procédé. Les grands ateliers présentent communément de longs cylindres mus d'un mouvement rotatoire ; et de distance en distance des cylindres portent des courroies qui vont communiquer le mouvement à diverses machines. Lorsque les pièces ainsi réunies doivent tourner dans le même sens, les cordes ou les courroies sont arrangées de la manière représentée dans la *Fig.* 125 ; lorsque les pièces doivent tourner en sens contraire, on emploie la disposition de la *Fig.* 126.

Un des principaux avantages de ce mode de transmission du mouvement, consiste en ce que les pièces qui agissent l'une sur l'autre peuvent être séparées par telle distance que l'on juge convenable, et en ce qu'elles peuvent se mouvoir, soit dans le même sens, soit en sens contraires.

294. — Quand la circonférence de la roue doit

agir immédiatement sur la circonférence d'un cylindre contigu, il ne suffit pas que les circonférences soient en contact : la communication du mouvement n'aurait pas lieu, si les surfaces des deux pièces étaient parfaitement polies, de sorte qu'elles pussent glisser l'une sur l'autre sans aucun frottement. Mais pourvu que le contact soit bien établi, au moyen d'une pression suffisante, il se produira toujours un frottement ; et en augmentant au besoin les aspérités naturelles des surfaces, le frottement suffira pour déterminer la transmission du mouvement, si la résistance à vaincre n'est pas considérable. Ce procédé est quelquefois employé dans les filatures, où une large roue, placée horizontalement et garnie de peau de buffle, se meut en contact avec un certain nombre de petits rouleaux, revêtus de même, et dont chacun transmet le mouvement à une bobine. La *Fig.* 127 représente la roue W et les rouleaux R, R... On peut à volonté supprimer ou rétablir le contact de chaque rouleau avec la roue.

Les avantages de ce mode de transmission sont de communiquer le mouvement d'une pièce à l'autre, d'une manière très-douce et très-uniforme, et de n'occasionner que peu ou point de bruit ; mais comme il ne peut être employé que dans des cas où la résistance à vaincre est peu considérable, on l'applique rarement aux machines construites sur une grande échelle. Le docteur Gregory fait pourtant mention d'une scierie située à Southampton, dont les roues étaient ainsi mises en mouvement par le frottement du bois taillé à contre-fil. La ma-

chine faisait très-peu de bruit et fonctionnait fort
bien, puisqu'elle a servi pendant vingt ans.

295. — Le procédé le plus usité pour transmettre
le mouvement au moyen d'un système de rouages,
consiste à faire engrener les différentes pièces les
unes dans les autres, à l'aide de dents taillées sur
leurs circonférences. De cette manière une pièce ne
peut se mouvoir sans faire tourner la pièce avec
laquelle elle s'engrène, à moins que la pression ne
soit assez grande, ou la matière assez peu solide
pour déterminer la fracture de la dent.

On doit apporter beaucoup de soins à donner
aux dents la figure la plus convenable, pour que le
mouvement se communique avec douceur et uniformité. La géométrie détermine la courbe qui doit
être employée à cet effet, et donne les règles pour
la décrire. On comprendra l'importance de cette
considération, si l'on réfléchit aux effets qui se produiraient, dans le cas où les dents auraient la
forme de chevilles équarries, comme l'indique la
*Fig.* 128. Quand la dent A vient en contact avec la
dent B elle agit sur celle-ci obliquement, et pendant que la première se meut l'angle de la seconde
glisse sur la surface plane de A, de manière à
produire un grand frottement et une grande usure
des surfaces. Au moment où les deux dents viennent
appliquer leurs surfaces planes l'une contre l'autre, en arrivant dans la position C, D, il se produit un choc ; après quoi l'angle de la dent A glisse
à son tour avec frottement sur la surface plane
de B, jusqu'à ce que les deux dents soient dégagées. On évite tous ces inconvénients en donnant

aux dents la courbure représentée dans la *Fig.* 129.
Les surfaces des deux dents en contact roulent
alors l'une sur l'autre sans frottement notable, et la
direction dans laquelle la pression s'exerce est
celle de la ligne M N, tangente aux deux roues ou
perpendiculaire aux rayons. Cette pression reste
toujours la même; et comme elle agit avec le même
bras de levier, il en résulte un effet uniforme.

296. — Les dents des roues qui s'engrènent doivent avoir les mêmes dimensions, en sorte que le
rapport des circonférences de ces roues est le
même que celui des nombres de dents dont elles
sont pourvues. Ce dernier rapport peut donc servir
immédiatement à exprimer la puissance de la machine. Un arbre cylindrique denté prend en général le nom de *pignon*; et les dents s'appellent
alors les *ailes* du pignon. Conséquemment, la règle
de l'article 292, appliquée aux engrenages, peut
s'énoncer en ces termes : Faites le produit des nombres de dents de toutes les roues, le produit des
nombres d'ailes de tous les pignons; divisez le
premier produit par le second, et le quotient exprimera la puissance de la machine. Si quelques-unes
des pièces portent des dents, et d'autres non, on
exprimera les circonférences des pièces non dentées par le nombre de dents qui pourraient y être
découpées, si elles devaient s'engrener avec les
autres. La *Fig.* 130 représente un système de
roues et de pignons. La roue F, à la circonférence
de laquelle la puissance est attachée, et le cylindre
qui supporte le poids, n'ont point de dents, mais il

est facile de calculer le nombre de dents qu'ils pourraient avoir.

297. — Il est évident que chaque pignon accomplit sa rotation beaucoup plus rapidement que
la roue avec laquelle il s'engrène. Si le pignon C a
dix dents, et que la roue E en ait soixante, le
pignon fera six tours quand la roue n'en fera qu'un.
En d'autres termes, les vitesses angulaires de
la roue et du pignon seront en raison inverse des
nombres de dents qu'ils portent.

Les machines à rouages, comme toutes les autres, sont employées à transmettre ou à modifier la
force ; mais il y a des cas où l'on n'a en vue que le
mouvement produit, sans égard à la force employée à le produire. L'exemple le plus remarquable qu'on puisse citer pour rendre cette observation sensible, est celui des machines d'horlogerie,
dont la destination est de produire des mouvements
de rotation uniformes, ayant entre eux certains
rapports donnés, sans que l'on s'occupe de la quantité de force dépensée à soulever les poids ou à
vaincre les résistances.

298. — La *grue* offre au contraire un exemple
de machines à rouages, employées dans le but
spécial de soulever des poids considérables. La
*Fig.* 131, *Pl.* XIII, représente une machine de
cette espèce. A B est une grosse poutre verticale,
que l'on nomme *poinçon*, assujettie sur un plancher
formé par des madriers, et néanmoins reposant sur
des rouleaux qui lui permettent de prendre un mouvement de rotation autour de son axe. Le bras CD,

projeté en avant, se nomme la *volée*, et il est formé
de pièces de bois, assemblées à mortaises avec le
poinçon A B. Le rouage est monté sur deux croix en
fonte, scellées des deux côtés de l'arbre vertical,
dont l'une est représentée sur la figure en É F G H.
La puissance est appliquée à la manivelle I, qui
conduit un pignon situé derrière H. Ce pignon s'engrène avec la roue K, qui elle-même porte un autre
pignon, et celui-ci s'engrène avec la grande roue L,
dont l'axe conduit un tambour autour duquel une
corde ou une chaîne vient s'enrouler. La chaîne
passe sur une poulie D, située au sommet de la volée ;
et à l'extrémité de cette chaîne est un crochet O qui
supporte le poids W. Pendant qu'on élève le poids,
il convient d'empêcher qu'il ne puisse retomber par
suite d'une interruption momentanée dans l'action
de la puissance. On y parvient de la manière qui a
été expliquée dans l'art. 289, au moyen d'un cliquet
qui arrête le tambour M ; mais quand on veut faire
redescendre le poids il faut soulever le cliquet. Dans
ce cas on peut modérer la descente trop rapide du
poids, en déterminant une pression sur quelques
pièces du rouage, et par suite un frottement capable
de retarder la vitesse du poids ou même de l'arrêter
tout à fait. Au moyen du mouvement de rotation
sur son axe, que peut prendre l'arbre vertical, on
dirige la volée du côté que l'on veut, de manière à
pouvoir enlever les poids d'un côté de a grue et les
décharger de l'autre côté. Aussi les grues sont-elles
principalement employées sur les quais des rivières
et sur les ports de mer, pour le chargement et le
déchargement des navires.

La puissance de cette machine se calcule d'après les principes qu'on a déjà exposés. Le bras de la manivelle I est le rayon de la circonférence de cercle décrite par la puissance. On peut calculer le nombre de dents (de dimensions égales à celles des autres dents du rouage) qui entreraient dans cette circonférence. On peut calculer pareillement le nombre de dents du pignon qui aurait les mêmes dimensions que le tambour M. Multipliez le premier nombre par le produit des nombres de dents contenues dans les roues K et L ; multipliez de même le second nombre par le produit des nombres d'ailes qui entrent dans le pignon H, et dans le pignon concentrique à la roue K : le quotient de ces deux produits exprimera la puissance de la machine.

299. — Les roues dentées sont de trois sortes, selon la position des dents par rapport à l'axe qui conduit la roue. Lorsque les dents sont taillées dans le plan de la roue, comme l'indique la *Fig.* 130, la roue est dite *à éperon*. Elle prend le nom de roue *à couronne*, lorsque les dents sont taillées parallèlement à l'axe, comme dans la *Fig.* 132. Enfin on appelle roues *à engrenage conique* celles dont les dents sont taillées obliquement à l'axe, de la manière qu'on voit indiquée sur la *Fig.* 133.

Quand on veut transmettre le mouvement de rotation d'un axe à un autre axe parallèle au premier, on emploie en général la première espèce de roues. Ainsi, dans la *Fig.* 130, les trois axes sont parallèles entre eux. Pour établir la communication du mouvement entre deux axes perpendiculaires, on fait engrener une roue à couronne avec un pignon à éperon, selon que l'indique la *Fig*. 132. On peut encore obtenir le même résultat avec deux roues à engrenages coniques, disposées commme dans la *Fig*. 133.

Pour transmettre le mouvement de rotation d'un axe à un autre axe, dont l'inclinaison avec le premier est quelconque, on peut toujours employer les roues à engrenages coniques. Ce cas est représenté sur la *Fig*. 134. AB et AC sont les deux axes, DE et EF les deux roues qui s'engrènent, et dont la vitesse relative est déterminée à l'ordinaire par le rapport des circonférences des deux roues.

300. — Pour que les dents des engrenages ne s'usent pas d'une manière inégale, il est nécessaire de faire en sorte que chaque aile du pignon vienne successivement en contact avec chaque dent de la roue. Si la figure des dents était rigoureusement tracée d'après les principes mathématiques, et si les matériaux dont elles sont formées étaient parfaitement homogènes, cette précaution serait moins nécessaire; mais comme il se rencontre toujours de petites irrégularités, tant dans la matière que dans la forme, il faut autant que possible en égaliser les effets, en faisant en sorte qu'ils portent sur toutes les parties de l'appareil. Pour cela on a soin (surtout lorsque la machine doit déployer une force considérable, comme dans les moulins) de régler le rapport des nombres de dents, dans les roues et dans les pignons, de manière que la même aile du pignon ne s'engage avec la même dent de la roue qu'après un nombre d'engrènements égal au produit du nombre

d'ailes du pignon par le nombre de dents de la roue. Admettons, par exemple, que le pignon ait dix ailes que nous désignerons respectivement par les nombres 1, 2, 3, etc. Admettons aussi que la roue ait 60 dents, désignées de même par la série des nombres depuis 1 jusqu'à 60. Supposons qu'au commencement du mouvement l'aile 1 du pignon s'engage avec la dent 1 de la roue. Au bout d'une, de deux, de trois révolutions du pignon, l'aile 1 viendra s'engager avec les dents 11, 21, 31, et après six révolutions elle reviendra s'engager avec la dent 1, puis de nouveau avec les dents 11, 21, 31, 41, 51, sans jamais se trouver en contact avec d'autres dents. Pareillement l'aile 2 se trouvera successivement engagée avec les dents 2, 12, 22, 32, 42, 52, et jamais avec d'autres. Il en serait autrement si l'on donnait, soit à la roue, soit au pignon, une dent de plus ou de moins. Ainsi, admettons que la roue ait 61 dents au lieu de 60. Dans les six premières révolutions du pignon, ou durant la première révolution de la roue, l'aile 1 s'engagera successivement avec les dents 1, 11, 21, 31, 41, 51, 61. Ce sera ensuite l'aile 2 qui se retrouvera en contact avec la dent 1, tandis que l'aile 1 s'engagera successivement, dans les six révolutions suivantes, ou durant la seconde révolution de la roue, avec les dents 10, 20, 30, 40, 50 et 60. En continuant le même raisonnement on trouvera que l'aile 1 s'engage successivement, avec toutes les dents de la roue, et qu'elle ne revient en contact avec la dent 1, pour recommencer la même période, qu'après 10 révolutions de la roue, ou 60 révolutions du pignon. Les autres ailes se sont de même engagées successivement avec toutes les dents de la roue dans la même période, et le nombre des contacts ou des combinaisons distinctes a été de 610.

La dent impaire, ajoutée pour produire ce résultat, se nomme par les gens du métier la dent *de chasse*. Les personnes avancées dans l'arithmétique verront que le résultat dont il s'agit s'obtient en faisant en sorte que les nombres d'ailes et de dents soient *premiers* entre eux, ou n'aient point de diviseur commun.

301. — Nous avons déjà cité les horloges et les montres, comme les machines dont l'usage est le plus familier, parmi celles qui ont uniquement pour but de produire un mouvement régulier, sans qu'on attache d'importance à la force dépensée, aux poids soulevés, ou aux résistances vaincues. L'objet de ces machines est en définitive d'imprimer à une certaine roue une vitesse de rotation uniforme et déterminée. Le mouvement de cette roue est rendu sensible par un index ou une aiguille portée sur l'axe de cette roue et qui tourne en même temps. Plus l'aiguille est longue, plus le mouvement en est facilement appréciable. La circonférence du cercle que l'extrémité de l'aiguille parcourt, est divisée de manière qu'on puisse observer avec précision d'assez petites fractions de la révolution complète. Dans la plupart des horloges et des montres, les rouages font mouvoir deux aiguilles, et quelquefois trois, dont les vitesses sont adaptées aux subdivisions du temps généralement en usage, l'heure, la minute, la seconde. Le cercle des minutes et celui des secondes

sont divisés chacun en 60 parties égales, celui des
heures l'est en 12 parties. L'aiguille des secondes
fait 60 révolutions, chacune de la durée d'une minute, pendant que l'aiguille des minutes accomplit
sa révolution d'une heure de durée. L'aiguille des
heures achève sa révolution en 12 heures, espace de
temps pendant lequel l'aiguille des minutes a accompli 12 révolutions, et celle des secondes 720.

Tâchons maintenant d'expliquer comment tous
ces mouvements peuvent être produits et réglés. Soit
A, B, C, D, E (*Fig.* 135) un système de roues, dont
les pignons sont représentés par *a, b, c, d*. Autour du
cylindre *e*, conduit par la roue E, est enroulée une
corde qui supporte le poids W. La puissance P est
appliquée à la roue A, et nous supposerons qu'on a calculé cette puissance, de manière à permettre au poids
W de descendre uniformément, avec une vitesse
donnée. Les roues E et D ont chacune 84 dents,
la roue C en a 80, la roue B, 75 ; les pignons *d* et
*c* ont chacun 7 ailes, et les pignons *b* et *a* en ont 10.

Si la puissance P est réglée de manière à permettre à la roue A de faire sa révolution en une minute,
d'un mouvement uniforme, une aiguille attachée à
l'axe de cette roue peut servir d'aiguille des secondes. Le pignon *a*, qui porte dix dents, doit faire sept
révolutions et demie pour que B en fasse une ; c'est-
à-dire que 15 révolutions de la roue A correspondent à deux révolutions de la roue B, ou que celle-
ci fait deux tours en 15 minutes. Le pignon *b* doit
faire huit tours pour que la roue C en fasse un ;
cette dernière roue met donc à faire sa révolution
quatre fois 15 minutes, ou une heure, de sorte qu'une

aiguille conduite par l'axe de cette roue peut faire fonction d'aiguille des minutes. Le pignon *c*, qui a 7 ailes, fait 12 tours pendant que la roue D, qui a 84 dents, en fait un, et par conséquent cette roue peut conduire l'aiguille des heures. On trouverait de même que la roue E fait un tour en douze fois douze heures, ou en six jours.

Dans cette manière de disposer les rouages, les trois aiguilles devraient se mouvoir sur des cadrans séparés ; mais on peut adopter une disposition différente, ou bien employer des roues de renvoi, de manière qu'un même cadran serve pour les trois aiguilles. Cependant on est assez dans l'usage de donner à l'aiguille des secondes un cadran séparé.

302. — Voyons à présent comme on s'y prend pour régulariser l'action du poids W, au moyen de la puissance appliquée à la roue A ; car il est clair que si rien ne gênait le mouvement, le poids descendrait avec une vitesse accélérée, et communiquerait à tous les rouages une vitesse de rotation pareillement accélérée. On prévient ce résultat, au moyen de l'appareil représenté dans la *Fig.* 136. LM est un pendule qui oscille autour du point de suspension L, et dont les dimensions sont telles qu'il fait une oscillation par seconde (Voyez les chapitres XI et XII). Les palettes I et K font corps avec le pendule et vibrent en même temps. Quand le pendule est dans la position représentée sur la figure, la palette I arrête le mouvement de la roue A, et suspend entièrement l'action du poids W (*Fig.* 135), de sorte qu'en ce moment le mouvement de toute la machine est interrompu. Cependant la lentille M du pendule

obéit à la pesanteur, ramène la ligne LM dans une direction verticale, et par suite la palette I se dégage de la dent. L'action du poids reprend son effet, et la roue tourne de A en B. Pendant ce temps le pendule oscille de l'autre côté de la verticale, la palette K revient s'engager avec une autre dent de la roue, dont elle suspend pour un instant le mouvement de rotation. La vibration suivante du pendule dégage à son tour la palette K, laisse échapper la dent, et tourner la roue, jusqu'à ce que le mouvement de la machine se trouve arrêté de nouveau par l'interposition de la palette I.

Il résulte de cette explication qu'en deux vibrations de pendule, il passe une dent de la roue devant la palette I ; et conséquemment, si la roue A a trente dents, comme celle qui est dessinée sur la figure, cette roue fera une révolution pendant la durée de 60 vibrations du pendule. Si donc le pendule est réglé de manière à battre les secondes, la roue fera son tour en une minute. L'appareil que nous venons de décrire, c'est-à-dire le système de la roue et des palettes, se nomme un *échappement*, et la roue en particulier prend le nom de *roue d'échappement*.

303. — Nous avons déjà expliqué que, par suite des frottements et de la résistance de l'air, les oscillations d'un pendule diminuent graduellement d'amplitude, et finissent par s'arrêter tout à fait. C'est ce qui ne peut avoir lieu dans le cas actuel, à cause de l'action exercée par les dents de la roue sur les palettes, action précisément suffisante pour rendre au pendule la quantité de mouvement qu'il a per-

due par l'action des causes retardatrices, et entretenir ses vibrations. Ainsi, bien que l'action du poids W pour imprimer le mouvement aux rouages, soit suspendue par intervalles, cette partie de la force n'est pas perdue; elle est employée à restituer au pendule la quantité de mouvement qu'il perd par suite des résistances auxquelles il est inévitablement exposé.

Si nous concevons que l'appareil de la *Fig.* 136 remplace la roue A de la *Fig.* 135, nous pourrons regarder maintenant le poids W comme la force motrice, en plaçant la résistance à vaincre dans la pression des palettes contre la roue d'échappement. Les poids sont en effet les puissances motrices que l'on emploie pour les horloges à demeure, et dans tous les cas où l'on ne craint point d'augmenter le volume de la machine. Mais il est visible qu'on ne peut pas s'en servir pour les montres et pour les chronomètres portatifs. On emploie en pareil cas, comme force motrice, l'élasticité d'un ressort roulé en spirale, que l'on nomme *le grand ressort*. On a déjà expliqué, dans l'art. 291, la manière dont ce ressort communique un mouvement de rotation à un cylindre, et le procédé ingénieux pour compenser les effets de la variation d'élasticité, au moyen d'un bras de levier variable, qui croît à mesure que le ressort se déploie et que sa force élastique diminue.

Les mêmes raisons s'opposent à ce qu'on fasse usage du pendule dans les montres et dans les chronomètres portatifs. On le remplace par un autre ressort en spirale, de même nature que le premier, mais incomparablement plus délié, que les horlo-

gers nomment spécialement le *spiral*. Ce ressort
est uni à une roue équilibrée avec grand soin, que
l'on appelle le *balancier*, et qui tourne sur des
pivots. Quand cette roue tourne dans une certaine
direction, le ressort s'enroule, et son élasticité contraint la roue à tourner en sens contraire, jusqu'à
ce que le ressort s'étant écarté en un autre sens de
sa position d'équilibre, sa force élastique détermine
une vibration de la roue, dirigée dans le même sens
que la première, et ainsi indéfiniment. L'axe du
balancier porte des palettes semblables à celles du
pendule, lesquelles s'engagent alternativement avec
les dents d'une roue à couronne (art. 299), qui
prend la place de la roue d'échappement décrite
plus haut.

304. — La *Fig.* 137 donne une idée générale du
mécanisme d'une montre ordinaire. A est le balancier, garni de ses palettes $p, p$; C est la roue à
couronne dont les dents s'engagent alternativement
avec les palettes. L'axe de cette roue porte un pignon $d$, qui s'engrène avec une autre roue à couronne K : celle-ci agit par l'intermédiaire des pignons $c$, $b$ et de la roue L sur la roue M, appelée
*roue centrale*, dont l'axe s'élève pour traverser le
centre du cadran. Cette même roue M communique,
par l'intermédiaire du pignon $a$, avec la grande roue
N, qui reçoit directement l'action du grand ressort.
O P est ce grand ressort dépouillé du tambour; et,
pour plus de simplicité dans le dessin, on a également omis de représenter la fusée. L'axe de la roue
M, qui passe par le centre du cadran, est équarri
à son extrémité pour recevoir l'aiguille des minutes.

Un second pignon Q, fixé sur cet axe, conduit la roue T, et celle-ci la roue V, par l'intermédiaire du pignon *g*. La roue V a un axe tubulaire, dans l'intérieur duquel on place celui de la roue M; et cet axe tubulaire, qui traverse aussi le cadran, porte à son extrémité l'aiguille des heures. Les roues A, B, C, D, E, de la *Fig.*135, correspondent aux roues C, K, L, M, N, de la *Fig.* 137; et les pignons *a*, *b*, *c*, *d* de la première figure correspondent aux pignons *d*, *c*, *b*, *a* de la seconde. La roue M faisant son tour en une heure, est propre à mener l'aiguille des minutes, et nous avons vu comment on peut calculer les nombres de dents des pièces Q, T, *g*, V, de manière que M fasse douze tours pendant une révolution de V, ou de façon que l'aiguille conduite par la roue V marque les heures.

Notre but n'était pas d'expliquer en détail la construction des montres et des horloges, ce qui exigerait un traité spécial; nous avons voulu seulement faire voir d'une manière générale, par un exemple emprunté à l'horlogerie, comment les engrenages peuvent être employés à régulariser des mouvements.

# CHAPITRE XVII.

## DES POULIES.

Des poulies fixes ou poulies de renvoi. — Des poulies mobiles et des moufles. — Systèmes de poulies combinées,
à une ou à plusieurs cordes. — Moufle de Smeaton. —
Moufle de White. — Application des principes généraux
de l'équilibre des machines aux différents systèmes de
moufles.

305. — Si une corde était parfaitement flexible,
qu'elle pût se plier exactement sur une arête et se
mouvoir sans aucun frottement, rien ne serait plus
facile que de faire servir une force qui aurait une
direction donnée, à vaincre une résistance ou à
communiquer un mouvement suivant une autre direction. C'est ainsi qu'au moyen de la corde FPR
(*Fig.* 138, *Pl.* XIV) glissant sur l'arête P, la force
F, dirigée suivant SF, soulèverait le poids R suivant RQ. Mais plus il faut donner de solidité à la
corde pour vaincre la résistance, moins elle est
flexible. Au lieu donc de la plier sur une arête aiguë
dont le tranchant en occasionnerait d'ailleurs bientôt
la rupture, il est à propos de l'enrouler sur une
surface courbe, de manière à décomposer en quelque sorte la déviation totale en une multitude de
déviations partielles qui s'opèrent sur chaque élément de la surface. Cette précaution suffirait pour
écarter les inconvénients qui naissent de la rigidité
de la corde, si elle n'était destinée qu'à soutenir et

non à mouvoir un poids. Mais lorsque le mouvement doit être produit, la corde éprouverait un frottement énorme en glissant sur la surface courbe, si cette surface était immobile. Pour y remédier, il faut que la surface se meuve avec la corde, de manière à empêcher autant que possible le *glissement* proprement dit, et à ne produire d'autre frottement que celui qu'on produirait en faisant rouler la surface courbe sur la corde.

306. — On atteint ce but au moyen de la poulie ordinaire, qui consiste en un rouet fixé sur une chape, et tournant sur des pivots. Ce rouet porte une gorge sur laquelle la corde court, en faisant tourner la poulie. L'appareil est représenté dans la *Fig.* 139.

Pour le moment, nous négligerons les effets qui proviennent de la roideur de la corde et du frottement qui subsiste encore, nonobstant la disposition expliquée plus haut ; nous admettrons que la corde est parfaitement flexible et qu'elle se meut sans aucun frottement.

Il résulte de l'idée que nous nous faisons d'une corde parfaitement flexible, que sa tension doit être la même tout le long de sa longueur, quand l'équilibre a lieu. De ce principe seul dérivent toutes les propriétés mécaniques de la poulie. En conséquence, l'efficacité de la machine ne dépend que des qualités de la corde, et nullement de la chape ni de la poulie proprement dites, qui ne figurent dans l'appareil que secondairement pour diminuer l'influence de la roideur et du frottement. Il semble d'après cela que la corde devrait donner son nom à la machine ; cependant c'est par le nom de poulie qu'on est dans l'usage de la désigner.

307. — La *Fig.* 139 offre l'image d'une *poulie fixe*. Puisque la tension de la corde doit être uniforme tout le long de sa longueur, quand l'équilibre est établi, le poids et la puissance doivent alors être égaux. En effet, le poids et la puissance sont les forces qui tendent respectivement les portions de la corde, situées entre la poulie et les points où ces forces sont appliquées. Il semble donc que cette machine ne procure aucun avantage mécanique ; cependant il n'existe pas d'appareil, simple ou composé, que l'on emploie avec plus d'utilité. Il y a toujours certaines directions suivant lesquelles une puissance agit avec plus d'avantages, soit que cette puissance provienne du déploiement de la force musculaire de l'homme ou des animaux, ou de quelque autre agent naturel. Souvent même la puissance ne peut agir que dans une seule direction. En conséquence, une machine qui nous permet de donner à la puissance motrice la direction la plus avantageuse, quelle que soit celle de la résistance à vaincre, n'est pas d'une moindre utilité dans la pratique que celle à l'aide de laquelle on peut équilibrer ou soulever un grand poids avec une faible puissance.

Pour transmettre ainsi l'action de la puissance dans une direction donnée, il est souvent nécessaire d'employer deux poulies fixes, ou, comme on dit ordinairement, deux poulies *de renvoi*. Par exemple, pour élever le poids A (*Fig.* 140) au sommet d'un édifice, au moyen de la force d'un cheval, qui est dirigée horizontalement, on emploiera les deux poulies B et C, dont le jeu s'explique de lui-même. C'est de cette manière qu'on déploie les voiles et qu'on hisse les pavillons sur les vergues ou sur les mâts des navires, au moyen de cordes que les matelots tirent sur le tillac.

En s'aidant d'une poulie fixe, un homme peut se soulever lui-même à une grande hauteur ou descendre dans une cavité, telle que le puits d'une mine. C'est encore ce que la *Fig.* 141 explique suffisamment. Le poids de l'homme agit à l'un des bouts de la corde, et sa force musculaire à l'autre bout. On a imaginé de fixer des poulies aux édifices, pour les employer de la sorte en cas d'incendie.

308. — La *Fig.* 142 représente une poulie mobile, combinée avec une poulie fixe. Une corde, fixée par un bout au point de suspension F, s'enroule sur la poulie mobile B, à laquelle le poids W est suspendu ; elle passe ensuite sur la poulie fixe C, et supporte à l'autre bout la puissance motrice P. Nous supposerons d'abord que les longueurs de corde B F, B C sont parallèles, comme l'indique la figure. En pareil cas le poids W étant soutenu par ces deux portions de corde, et la tension étant la même dans toutes les parties de la corde (art. 306), chaque portion soutient par sa tension la moitié du poids. Mais la force de tension de la corde est égale à la puissance motrice P : donc la puissance motrice, dans une semblable machine, est la moitié du poids.

309. — Si les portions de corde B C, B F cessaient d'être parallèles, comme dans la *Fig.* 143, il faudrait une puissance plus grande que la moitié du

poids pour l'équilibrer. Représentons l'intensité du poids par la ligne verticale B A, et formons le parallélogramme B D A E. Les lignes B D, B E représenteront la force de traction du poids suivant les directions B F, B C (art. 75). Ces forces doivent être égales chacune à la tension de la corde qui est la même sur toute sa longueur, et égales en intensité à la puissance motrice P. Or il est évident que dans un parallélogramme tel que B D A E, dont les quatre côtés sont égaux et qui prend alors le nom de losange, chacun des côtés est plus grand que la moitié de la diagonale B A. Plus l'angle E B D est ouvert, moins l'action de la puissance est efficace ; et cet angle pourrait prendre une ouverture telle, que le poids se trouverait inférieur à la puissance nécessaire pour l'équilibrer.

310. — Le pouvoir des poulies est susceptible d'être accru indéfiniment quand on les combine les unes avec les autres. On appelle *moufle* une machine composée de plusieurs poulies portées par une même chape. On assemble ordinairement un moufle à chape mobile avec un moufle à chape fixe. Les systèmes de moufles se rangent en deux classes, suivant qu'on emploie la même corde dans tout l'appareil ou qu'on en emploie plusieurs. Les *Fig.* 144 et 145 représentent deux systèmes ou deux *équipages* de moufles dont chacun n'a qu'une corde. Le poids est suspendu au moufle inférieur qui est mobile ; et la corde, après s'être enroulée alternativement sur les poulies du moufle inférieur et du moufle supérieur, passe finalement sur la dernière poulie du moufle supérieur, pour être saisie ensuite

par la puissance motrice. Cette puissance est équivalente à la force de tension de la corde dans toutes
ses parties. Le poids est soutenu par toutes les longueurs de corde qui viennent aboutir aux poulies
du moufle inférieur; de sorte que, si on les suppose toutes parallèles, le rapport du nombre de ces
longueurs de corde à l'unité sera le même que le
rapport du poids à la puissance qui l'équilibre. S'il
y a six longueurs de corde, la puissance ne sera que
la sixième partie du poids. A égal nombre de poulies, la disposition de la *Fig.* 145, où la corde est
accrochée par un bout à la chape inférieure, a sur
celle de la *Fig.* 144, où la corde est accrochée à
la chape supérieure, l'avantage de faire servir une
longueur de corde de plus à soutenir le poids, et
d'augmenter en conséquence le pouvoir de la machine. Dans tous les systèmes de moufles qui se
rapportent à cette classe, le poids de l'équipage
mobile doit être considéré comme une portion du
poids à équilibrer ou à s'élever; et il faut y avoir
égard dans le calcul du pouvoir de l'appareil.

311. — Quand on veut donner à la machine un
grand pouvoir, et que par conséquent le nombre
des poulies devient considérable, l'agencement des
cordes et des rouets présente assez de difficultés. Le
célèbre Smeaton a imaginé un appareil qui porte
son nom, dans lequel chacune des deux chapes
porte dix poulies rangées par cinq, comme l'indique la *Fig.* 146, où les poulies sont vues de profil
et sans la corde. Chacun des équipages supérieur et
inférieur a deux rangs de poulies; mais dans l'équipage supérieur qui est fixe, les poulies du rang su-

périeur ont un plus grand diamètre que celles du
rang inférieur, et l'inverse a lieu dans l'équipage
inférieur qui est mobile. Les poulies sont marquées
sur la figure par les numéros 1, 2, 3, etc., suivant
l'ordre dans lequel elles sont enveloppées par la
corde. Dans cet appareil, le poids soutenu par
l'équipage inférieur, joint à celui de cet équipage même, est égal à 20 fois la puissance équilibrante.

312. — Tous les systèmes de moufles que nous
venons de décrire sont formés de poulies qui tournent chacune sur un axe séparé. Il en résulte un
frottement considérable qui fait perdre à la machine
une grande partie de son efficacité, puisqu'il faut
déjà dépenser beaucoup de force seulement pour
vaincre ce frottement. D'ailleurs les poulies ne sont
pas si bien ajustées qu'elles ne frottent aussi contre
la chape. On a imaginé une disposition ingénieuse
qui procure les avantages attachés à l'emploi d'un
grand nombre de poulies, sans multiplier les frottements contre les chapes et contre les axes. Pour
comprendre le mérite de ce procédé, il faut faire
attention à la marche que suit la corde en s'enrou-
lant sur chacune des parties d'un système tel que
celui de la *Fig.* 144. S'il passe un centimètre de
corde sur la poulie F, il en passera deux centimètres sur la poulie E, parce que la distance entre E
et F ne peut être raccourcie d'un centimètre, sans
que la longueur totale de la corde G F E ne le soit
de deux centimètres. Ces deux centimètres de corde
se mouvront dans la direction E D; et comme la
poulie D s'élèvera d'un centimètre, il passera trois

centimètres de corde sur cette poulie. Ces trois centimètres marcheront dans le sens D C; et attendu que la distance D C sera aussi raccourcie d'un centimètre par l'élévation de l'équipage inférieur, il passera quatre centimètres de corde sur la poulie C. Sans pousser ce raisonnement plus loin, on voit que les longueurs de corde qui passeront sur les poulies de l'équipage inférieur, suivront la série des nombres impairs 1, 3, 5, etc.; et au contraire que les longueurs de corde qui passeront sur les poulies de l'équipage supérieur, suivront la série des nombres pairs 2, 4, 6, etc. Si toutes les poulies étaient d'égales dimensions, comme sur la *Fig.* 145, elles tourneraient avec des vitesses proportionnelles aux longueurs de corde qui passent sur chacune d'elles; si bien que, quand la première poulie de l'équipage inférieur ferait un tour, la première de l'équipage supérieur en ferait deux, la seconde de l'équipage inférieur en ferait trois, et ainsi de suite. Si au contraire les diamètres des poulies étaient précisément en proportion des longueurs de corde qui passent sur chacune d'elles, elles feraient leurs révolutions toutes dans le même temps, et rien ne s'opposerait à ce qu'on les fît tourner autour du même axe, ou (ce qui revient au même) à ce qu'on pratiquât sur le même rouet plusieurs gorges dont les diamètres suivraient la série des nombres impairs 1, 3, 5, etc., pour la pièce inférieure, et la série des nombres pairs 2, 4, 6, etc., pour la pièce supérieure. La corde viendrait s'enrouler successivement sur chacune de ces gorges, et fonctionnerait de la même manière que si les gorges étaient pratiquées dans des rouets séparés, susceptibles de tourner indépendamment les uns des autres. Tel est le moufle de White, représenté sur la *Fig.* 147.

Les avantages de cette machine, quand elle est construite avec précision, sont très-grands. Le frottement est peu considérable, même lorsqu'il s'agit de vaincre de grandes résistances ; mais d'un autre côté elle offre des inconvénients qui en restreignent beaucoup l'utilité dans la pratique. Il est bien difficile de creuser les gorges en leur donnant les justes proportions. Pour le faire, il faut tenir compte du diamètre de la corde, d'où il suit que le même moufle ne peut servir qu'avec une corde d'un certain diamètre. Pour peu que l'on dévie de la juste proportion des diamètres, la corde se trouve inégalement tendue : la charge se porte sur certains bouts qui sont exposés à se rompre tandis que les autres restent lâches. En outre, la corde est sujette à se déranger facilement et à sortir des gorges, au moyen de quoi l'appareil ne peut guère passer pour portatif. Par toutes ces raisons, la machine de White, quoique incontestablement très-ingénieuse, est restée peu en usage.

313. — Dans les systèmes de moufles que nous avons décrits, le point où la chape fixe est suspendue supporte entièrement la puissance et le poids. Quand la machine est en équilibre, la puissance ne supporte qu'une portion du poids égale à la force de tension de la corde. Tout le surplus du poids est supporté par la machine, conformément à la remarque de l'art. 242.

Si l'équilibre est rompu et que la puissance se

meuve en entraînant le poids, ou le poids en entraînant la puissance, la vitesse du poids sera à celle
de la puissance dans le rapport de la puissance au
poids. Ainsi, en nous reportant à la *Fig.* 144, si le
poids attaché au moufle inférieur monte d'un centimètre, il passera, comme on l'a vu, six centimètres
de corde sur la poulie A : conséquemment la puissance descendra de six centimètres ; et l'on a vu
aussi que dans le cas de l'équilibre le poids appliqué à cette machine était sextuple de la puissance.
Tout cela s'accorde avec les principes généraux
posés dans l'art. 243.

314. — En employant plusieurs cordes, on peut
combiner diversement des poulies entre elles, de
manière à produire tel effet mécanique que l'on
voudra. Si l'on ajoute une seule poulie mobile à
l'un quelconque des appareils déjà décrits, le pouvoir de la machine se trouvera doublé. Pour cela
on accrochera une seconde corde au moufle inférieur, comme l'indique la *Fig.* 148, *Pl.* XV ; cette
corde enveloppera une poulie mobile qui supportera le poids, et par l'autre bout elle sera suspendue
à un point fixe. La tension de la seconde corde se
trouvera égale à la moitié du poids (art. 308) ; de
façon que la puissance P, agissant à l'une des extrémités de la première corde, n'aura à produire
qu'une tension moitié moindre de celle qui serait
nécessaire pour assurer l'équilibre, si le poids était
immédiatement appliqué au moufle inférieur. Une
poulie mobile employée de la sorte se nomme un
*coureur.*

315. — Deux systèmes de poulies, qui ont cha-

cun deux cordes, sont représentés sur la *Fig*. 149.
La tension de la corde P A B C dans le premier système est égale à la puissance, et en conséquence les
longueurs de coude B A, B C supportent ensemble
une portion du poids égale au double de la puissance. La corde E A supporte les tensions de A P
et de A B; en sorte que la tension de A E D est double de la puissance. La longueur de corde E D concourt avec B A et B C à soutenir le poids W; donc
ce poids est quadruple de la puissance. Dans le second système, la puissance est égale à la force de
tension de la corde P A D. La corde A E B C a une
tension double par la raison qui vient d'être expliquée tout à l'heure. D'un autre côté, le poids se
trouve soutenu par les trois longueurs de corde A D,
B E, B C : il est donc quintuple de la puissance.

On pourrait combiner une seule corde avec un
moufle fixe et une poulie mobile, de manière que le
poids fût triple de la puissance équilibrante. Cet arrangement est représenté sur la *Fig*. 150, où les
cotes numériques indiquent suffisamment le rapport
de la puissance au poids. La *Fig*. 151 offre une
autre disposition suivant laquelle le même résultat
est obtenu au moyen de deux cordes.

316. — Si plusieurs poulies mobiles agissent successivement les unes sur les autres, de la manière
représentée sur la *Fig*. 152, l'addition de chaque
poulie mobile double le pouvoir de la machine. La
tension de la première corde est égale à la puissance;
celle de la seconde est double; celle de la troisième
est quadruple; et ainsi de suite, en procédant suivant une progression géométrique dont le premier

terme est l'unité, et dont la raison est 2. Avec les
trois cordes indiquées sur la figure, la puissance est
la huitième partie du poids : elle en deviendrait
la seizième partie si l'on employait une corde de
plus.

Dans ce système où la tension croît si rapidement
d'une corde à l'autre, il est clair que les différentes
cordes doivent avoir différents degrés de force.

317. — Si chaque corde, au lieu d'être attachée
par un bout à un point fixe, enveloppait une poulie
fixe, selon la disposition représentée sur la *Fig.* 153,
le pouvoir de la machine se trouverait singulièrement augmenté, parce que la tension ne serait plus
seulement doublée d'une corde à la suivante, mais
triplée, ainsi qu'on s'en convaincra par un simple
coup d'œil jeté sur la figure, où les cotes numériques indiquent les tensions de chaque corde. Avec
une seule corde disposée de cette manière le poids
serait égal à 3 fois la puissance équilibrante, à 9 fois
cette puissance si l'on employait deux cordes,
à 27 fois si l'on en employait trois, et ainsi de suite.

318. — La *Fig.* 154 présente une disposition de
poulies où chaque corde, au lieu d'être attachée par
un bout à un point fixe, comme sur la *Fig.* 152,
est attachée au poids qu'il s'agit d'équilibrer. En
employant trois cordes, la figure fait voir que le
poids est égal à 7 fois la puissance équilibrante.

Si les cordes ne sont pas accrochées au poids,
mais qu'elles s'enroulent sur des poulies mobiles
auxquelles le poids est accroché, comme sur la
*Fig.* 155, le pouvoir de la machine est considérablement augmenté. Dans l'exemple figuré, la puis-

sance équilibrante n'est que la vingt-sixième partie du poids.

319. — En décrivant les combinaisons de poulies, nous n'avons pas tenu compte du poids des chapes et des rouets. Sans entrer dans les détails on peut observer généralement que ces poids négligés jusqu'ici combattent l'action de la puissance dans les systèmes 152 et 153 ; que dans les systèmes 154 et 155 ils contribuent au contraire avec la puissance à équilibrer le poids principal W ; enfin que dans les systèmes 149, certaines pièces de l'équipage surchargent la puissance et d'autres la soulagent d'une partie du poids principal.

320. — Dans tous les cas on trouvera que l'excès du poids sur la puissance est supporté par les points fixes de l'appareil comme pour toutes les autres machines. Il suffira de prendre un exemple : le lecteur pouvant faire sans difficulté l'application du même raisonnement aux autres cas. D'après la *Fig.* 152, la puissance qui tend la première corde soutient une portion du poids représenté par 1 ; les trois crochets fixes supportent des pressions représentées par 1, 2 et 4. Tous ces nombres additionnés ont pour somme 8, qui représente l'intensité du poids W. On vérifierait de même le principe général énoncé dans l'art. 243, et tout récemment appliqué dans l'art. 313.

Il faut remarquer aussi que tous nos calculs ont été subordonnés à l'hypothèse que les portions de cordes employées à soutenir le poids et les poulies sont parallèles entre elles. S'il y avait une déviation sensible du parallélisme, les tensions des cordes devraient être calculées en appliquant le principe de la décomposition des forces, comme on en a vu un exemple dans l'art. 309.

321. — La poulie est une des machines simples les plus employées, à cause de sa forme portative, du bon marché de sa construction, et de la facilité avec laquelle elle se place dans chaque situation. Toutefois les avantages qu'elle promet en théorie sont bien diminués dans la pratique par la roideur des cordages et par les frottements. On a calculé que dans beaucoup de cas on perdait de la sorte jusqu'aux deux tiers de la puissance. La poulie est fort usitée dans les constructions où il s'agit d'élever des fardeaux à de grandes hauteurs; mais où l'on en fait le plus grand usage, c'est dans le gréement des vaisseaux : presque toutes les manœuvres s'opèrent à l'aide de cette machine.

322. — On modifie la forme des poulies suivant l'usage auquel on les destine : ces modifications ont en général pour objet d'augmenter le frottement de la corde sur la gorge de la poulie, mais en diminuant le frottement de la roue sur son axe de rotation, d'obliger la roue à ne tourner que dans un sens, de substituer des chaînes à des cordes, etc.

# CHAPITRE XVIII.

## DU PLAN INCLINÉ, DU COIN ET DE LA VIS.

Conditions d'équilibre sur les plans inclinés. — Application aux routes en pente. — Usages du coin. — Influence du frottement. — Conditions d'équilibre de la vis. — Vis à écrou fixe et à écrou mobile. — Usages de la vis. Vis de Hunter. — Vis sans fin. — De la vis, considérée comme un instrument micrométrique.

323. — Le plan incliné est la plus simple de toutes les machines. Quand on place un poids sur un plan dirigé obliquement à l'horizon, un double effet se produit : le poids est en partie soutenu par la résistance du plan, et il en résulte une pression : en même temps le poids tend à glisser et à presser contre l'obstacle qui s'élèverait dans une direction perpendiculaire au plan (art. 131).

Soient A B (*Fig.* 156) le plan dont il s'agit, BC sa base horizontale, AC sa hauteur, A BC l'angle qu'il forme avec l'horizon, W le poids L'intensité de ce poids étant représentée par la longueur W D mesurée sur la verticale, on peut décomposer la force W D en deux autres W E, W F, l'une parallèle, l'autre perpendiculaire au plan (art. 75); celle-ci sera la pression exercée sur le plan A B, l'autre sera la pression exercée contre un plan perpendiculaire à A B, lequel mettrait obstacle au mouvement du corps. W F est égale à E D, et d'après les premières notions de géométrie, on sait que le triangle W E D

est *semblable* au triangle A B C, c'est-à-dire que
ces triangles ne diffèrent que par l'échelle sur laquelle ils sont construits. En conséquence les trois
lignes A B, A C, B C sont entre elles dans les mêmes
rapports que les lignes W D, W E et E D ou W F,
lesquelles mesurent respectivement le poids du
corps, la pression qu'il exerce sur le plan A B, et
la pression qu'il exercerait contre un plan perpendiculaire à A B, ou la tension de la corde parallèle
à A B qui le maintiendrait en équilibre sur le plan.

On en conclut immédiatement que plus l'angle
formé par le plan incliné avec l'horizon est petit,
plus la pression exercée contre ce plan est grande,
et moins il est nécessaire d'employer de force pour
maintenir un corps en équilibre sur ce plan. En
effet, si le plan A B tournait sur des gonds placés
en B, et qu'il vînt prendre la position B A', la hauteur A'C' serait moindre que A C, tandis que la
base B C' serait plus grande que B C, B A' restant
égale à B A. C'est-à-dire, à cause de la similitude
des triangles, que la diagonale W D du rectangle W E D F restant la même, le côté W E diminuerait, et le côté E D augmenterait.

Le pouvoir du plan incliné, considéré comme
machine, dépend donc de l'angle que le plan forme
avec l'horizon, et il est mesuré par le rapport de la
longueur A B à la hauteur A C.

324. — La pente des routes inclinées à l'horizon
s'estime par le nombre de mètres dont la route
monte ou descend pour une longueur donnée. Ainsi
l'on dit que la pente est d'un mètre sur vingt, ce
qui signifie que la différence de niveau est d'un

mètre pour deux points pris sur la route à la distance de vingt mètres. En mettant de côté les frottemens, la puissance nécessaire pour tenir une voiture en équilibre sur une route qui aurait cette inclinaison, serait à la charge de la voiture dans le rapport de 1 à 20. La charge étant de deux mille kilogrammes, le poids de la voiture compris, la puissance équilibrante devrait être de cent kilogrammes [1].

Sur une route horizontale il n'y a pas d'autre résistance à vaincre que celle qui provient du frottement, frottement énorme, il est vrai, quand il s'agit des routes ordinaires. Si l'on pouvait s'en débarrasser, il suffirait de communiquer une impulsion à la voiture pour qu'elle continuât à se mouvoir indéfiniment, sans qu'on eût besoin d'une force sans cesse agissante. Mais sur les routes inclinées, il faut une dépense de force pour élever la voiture à la hauteur dépendant de l'inclinaison, par exemple à la hauteur de 50 mètres par chaque kilomètre de route, si la pente est d'un mètre sur vingt. Comme la dépense de force (celle pour le frottement mise à part) dépend de la hauteur perpendiculaire à laquelle le poids est soulevé, il devient évident que, par cette raison seule, plus l'inclinaison de la route aug-

[1] La pente d'une route est réputée rapide, quand elle est d'un mètre sur 15 : habituellement elle ne doit pas dépasser un mètre sur 25 ou 30. La pente la plus rapide que les voitures puissent gravir est celle de 1 mètre sur 8. Pour les bêtes de somme, c'est celle de 1 mètre sur 4. En France, l'administration a fixé le *maximum* de pente, pour les chemins de fer de Paris à Versailles, à 5 millimètres par mètre, et pour le chemin de fer de Strasbourg à Mülhausen, à 3 millimètres par mètre.    *(Note du Traducteur.)*

mente, plus la vitesse parallèle à la route doit diminuer. Si l'énergie de la puissance motrice est telle qu'elle puisse élever le poids de la voiture d'un décimètre par seconde, elle l'élèvera de 50 mètres en 500 secondes ou huit minutes un tiers ; elle pourra donc faire décrire à la voiture un kilomètre de route dans le même temps, si la pente est d'un mètre sur vingt, tandis qu'elle ne pourrait lui faire décrire dans le même temps qu'un demi-kilomètre de route, si la pente était d'un mètre sur dix. Au reste, comme la puissance motrice des animaux varie beaucoup suivant la direction dans laquelle on leur fait exercer leur force musculaire, il est aisé de comprendre pourquoi il y a souvent de l'avantage à faire décrire à la route des circuits qui l'allongent en en diminuant la pente, de façon qu'on gagne sur l'accroissement de vitesse, plus qu'on ne perd par l'allongement du chemin. Ceci rentre dans la science de l'ingénieur, dont nous n'avons pas à nous occuper ici.

325. — Quand la puissance n'est plus dirigée parallèlement au plan, mais obliquement, elle agit en partie pour soutenir le poids et en partie pour diminuer ou augmenter, selon le sens de la force, la pression supportée par le plan. Soit WP la puissance (*Fig.* 156) : on la décomposera en deux forces WF', WE', l'une perpendiculaire, l'autre parallèle au plan. Celle-ci devra être égale à WE pour que le poids soit maintenu en équilibre sur le plan. D'après la direction de la puissance WP, la composante WF' est opposée à la composante WF : elle tend donc à diminuer la pression soufferte par le plan. Cette pression devient nulle, si WF' est

égale à W F, et le corps est soulevé si WF′ l'emporte sur WF. Si WE′ est moindre que WE, le corps descend, et il remonte au contraire si WE′ l'emporte sur WE.

326. — Quelquefois il arrive qu'un poids placé sur un plan incliné est équilibré ou soulevé par un autre poids, placé sur un autre plan incliné. Soient AB, AB′ (*Fig.* 157) les deux plans inclinés qui forment un angle en A, et W, W′ les deux poids posés sur ces plans, liés entre eux par une corde qui passe sur la poulie A. Prenons WD pour représenter l'intensité du poids W, et décomposons la force verticale WD en WE et WF. Prenons ensuite sur la même échelle W′D′ pour représenter l'intensité du poids W′, et décomposons la force verticale W′D′ en W′E′ et W′F′. Si les forces WE et W′E′ sont égales, les poids s'équilibreront : selon que WE l'emportera sur W′E′, ou W E′ sur W E, le système des deux poids marchera dans le sens B′AB, ou dans le sens BAB′, toujours abstraction faite du frottement.

Il n'est pas nécessaire que les plans inclinés soient adossés, comme la figure l'indique. Ils peuvent être parallèles, ou placés dans une autre position quelconque, pourvu que la corde qui les unit subisse les déviations convenables, en passant sur un nombre suffisant de poulies de renvoi. Maintenant on applique en grand sur les chemins de fer cette méthode pour mouvoir les fardeaux : des waggons descendent sur un plan incliné, en faisant remonter sur un autre plan de la route d'autres waggons avec lesquels ils sont unis par des chaînes.

327. — Ce mode d'employer le plan incliné, d'après lequel la machine est fixe tandis que le poids se meut, ne peut pas toujours se concilier avec le genre de résistance qu'on a à vaincre. Alors c'est au contraire le plan qu'on fait mouvoir contre la résistance. Soit D E ( *Fig.* 158 , *Pl.* XVI ) un arbre assujetti par des guides F G , H I , qui lui permettent de se mouvoir verticalement de bas en haut ou de haut en bas, mais non latéralement. On fait mouvoir dans le sens C B le plan incliné A B , et de cette manière on fait prendre à l'arbre la position indiquée sur la *Fig.* 159. Pendant que le plan avance horizontalement d'une quantité C B , l'arbre est élevé d'une quantité C A.

328. — Le plan indiqué, employé ainsi, devient la machine à laquelle on donne le nom de *coin*. Le rapport du poids D E à la puissance équilibrante appliquée perpendiculairement à la *tête du coin* A C, est le même que le rapport de la ligne C B à la ligne A C. D'où il suit que plus l'angle B ( qu'on appelle l'angle du coin ) est aigu, et plus le coin a de puissance.

Souvent le coin est formé de deux plans inclinés, opposés base à base, ainsi que l'indique la *Fig.* 160. Il est tout à fait impossible d'appliquer dans la pratique, avec quelque précision, l'évaluation théorique de la puissance de cette machine. Cela tient à l'énormité du frottement produit, et plus encore à la nature des forces qu'on emploie d'ordinaire avec cet instrument. Ces forces sont des percussions qui produisent leur effet instantanément ou dans un temps inappréciable ; tandis que les résistances qu'elles ont à vaincre, telles que celles qui proviennent de la cohésion des corps, agissent d'une manière permanente et continue, comme la pesanteur. Il est impossible d'établir une comparaison mécanique entre des forces de natures si différentes, et par conséquent de faire usage des règles que nous suivons ordinairement pour évaluer le pouvoir d'une machine. Nous voyons seulement qu'en général le coin a d'autant plus de puissance, que son angle est plus aigu.

329. — Dans les arts on emploie le coin lorsqu'il s'agit d'exercer une force énorme sur un très-petit espace. C'est ainsi qu'on s'en sert pour fendre les bois de charpente et les blocs de pierre. Les vaisseaux sont élevés dans les docks avec des coins que l'on chasse sous leurs quilles. Les coins ont été employés quelquefois avec succès pour redresser des murs qui penchaient. Le coin sert encore dans les moulins à huile. Les graines d'où l'huile doit être extraite sont renfermées dans des sacs de crin que l'on place entre des ais de bois dur. On fait pénétrer des coins entre ces ais, en laissant tomber des pilons sur les têtes des coins : la pression développée ainsi est tellement intense que les graines renfermées dans les sacs se prennent en masses presque aussi solides que le bois.

330. — Tous les instruments tranchants et perçants tels que haches, couteaux, rasoirs, ciseaux, alènes, clous, aiguilles, etc., agissent à la manière du coin. L'angle du coin est plus ou moins aigu, selon la destination de l'instrument. Il y a dans la pratique une limite à l'acuité de l'angle et par con-

séquent à la puissance de la machine : cette limite
est déterminée par la condition de conserver à
l'angle une force de résistance suffisante, selon la
ténacité de la matière et le service qu'on veut tirer
de l'instrument. Dans les outils à couper le bois,
l'angle est communément d'environ 30°; pour le
fer on emploie un angle de 50 à 60°, et pour le
cuivre un angle de 80 à 90°. Les outils qui doivent
agir par pression peuvent être rendus plus aigus
que ceux qui sont destinés à agir par percussion ;
et en général, moins la substance qu'il s'agit de
pénétrer offre de résistance, moins on a besoin
de force, et plus on peut aiguiser le coin.

Le service qu'on tire du coin dépend souvent
d'une circonstance mise de côté dans la théorie précédente, à savoir du frottement qui s'établit entre la
surface du coin et le corps dans lequel il pénètre.
Par exemple, les clous qui retiennent ensemble diverses pièces de bois ne rempliraient pas cette destination sans le frottement qui les empêche de ressortir après qu'on les a enfoncés. Lors même que le
coin est employé comme un outil mécanique proprement dit, le frottement est indispensable pour
qu'il remplisse le but voulu. En effet, comme la
puissance agit sur le coin par une suite de percussions, et qu'ainsi son action est sujette à des interruptions fréquentes, le coin ne manquerait pas sans
le frottement de ressortir dans l'intervalle d'un coup
à l'autre, avec autant de force qu'on en a mis à
l'enfoncer. Le frottement joue le même rôle en pareil cas que le cliquet d'un rouage, et l'on peut bien
moins s'en passer que du cliquet, attendu que la

puissance qui agit sur le coin est sujette à des intermissions bien plus sensibles que celles des forces qui agissent d'ordinaire sur les rouages encliquetés.

331. — Une route qui monte directement sur le penchant d'une colline, est évidemment un plan incliné ; mais elle pourra être encore considérée comme un plan incliné, du moins sous les rapports mécaniques, si, au lieu de monter directement, elle tourne autour du sommet de l'éminence, de manière à offrir une pente plus douce. Dans les escaliers tournants par lesquels on monte au haut d'une colonne, on pourrait amincir les degrés de plus en plus, et finalement les remplacer par une rampe sans degrés, qui ressemblerait tout à fait au filet d'une *vis*, et qui ne serait autre chose qu'un plan incliné, découpé et enroulé autour d'un cylindre. Telles sont les rampes qui conduisent aux gradins supérieurs de l'amphithéâtre des *Arènes*, à Nîmes.

Soient A B (*Fig*. 161) une baguette cylindrique, et C D E un morceau de papier blanc, représentant la coupe d'un plan incliné dont la hauteur C D serait la même que celle du cylindre. Imaginons que le bord C E soit marqué d'un trait à l'encre. Après avoir fixé le bord C D sur la baguette A B, enroulons le papier autour de la baguette : le trait noir C E présentera alors l'apparence du filet d'une vis (*Fig*. 162). Prenons la longueur D F (*Fig*. 161) égale à celle de la circonférence de la baguette, et menons F G parallèle à D C, ainsi que G H parallèle à D F. La portion du papier C D F G fera exactement le tour de la baguette cylindrique, C G deviendra une *spire* du filet, et l'on pourra aussi considérer C G comme

la longueur d'un plan incliné dont G H serait la
base et C H la hauteur. La distance C H d'une spire
à l'autre, mesurée sur une des lignes droites qui
touchent le cylindre dans toute sa longueur, est ce
qu'on nomme le *pas* de la vis. Quand on se sert des
plans inclinés proprement dits, la puissance agit
d'ordinaire parallèlement au plan, mais la puissance
appliquée à la vis n'agit pas parallèlement au filet ;
elle agit perpendiculairement à la longueur du cylindre A B, ou parallèlement à la base G H ; tandis que
le poids ou la résistance agit parallèlement à la longueur du cylindre, ou à la hauteur C H. En conséquence, d'après les principes que nous avons établis,
le pouvoir de la vis sera mesuré par le rapport de
G H à C H, ou de la circonférence du cylindre au
pas de la vis. Plus le pas de la vis est petit et plus
est long le bras de levier au bout duquel agit la
puissance, plus grande est la résistance à laquelle
on peut faire équilibre avec une puissance donnée.

332.—Le poids ou la résistance ne sont pas appliqués non plus sur la surface du filet, comme ils
le sont d'ordinaire sur la surface du plan incliné proprement dit et du coin. On est dans l'usage de transmettre l'action de la puissance appliquée à la vis en
faisant tourner celle-ci dans un cylindre concave,
dont la surface intérieure est sillonnée par un filet
creux en spirale, qui correspond exactement au filet
saillant de la vis. Ce cylindre creux se nomme un
*écrou*. La vis est représentée sur la *Fig.* 163, et la
*Fig.* 164 la montre engagée en partie dans son
écrou.

333.— Il y a plusieurs procédés pour mettre en

jeu cet appareil, de manière à transmettre l'action de la puissance à la résistance.

D'abord supposons que l'écrou AB soit absolument fixe. Si l'on fait tourner la vis sur son axe, au moyen d'un levier EF, implanté à l'une des extrémités, elle se mouvra dans la direction CD, en avançant à chaque révolution d'un espace égal au pas de la vis. Lorsqu'on tournera le levier en sens contraire, la vis marchera dans la direction DC.

Si la vis est absolument fixe, de sorte qu'elle ne puisse avancer longitudinalement ni tourner sur son axe, on pourra implanter le levier dans l'écrou, et faire marcher cet écrou dans un sens ou dans l'autre, selon le sens du mouvement de rotation qui lui sera imprimé.

Il peut se faire que l'écrou, quoique susceptible de tourner, soit incapable de recevoir un mouvement longitudinal, tandis que la vis, incapable de tourner, pourra se mouvoir longitudinalement. En pareil cas on implantera le levier dans l'écrou, et pendant qu'on le fera tourner, la vis prendra un mouvement longitudinal.

Au contraire si l'appareil est tellement disposé que l'écrou ne puisse tourner, mais puisse se mouvoir longitudinalement, tandis que la vis pourra prendre un mouvement de rotation, mais non un mouvement longitudinal, on implantera le levier dans la vis, et la rotation de celle-ci fera prendre à l'écrou un mouvement longitudinal.

Toutes ces dispositions trouvent leur application selon les cas.

334. — Il y a deux espèces de vis, l'une à filets

carrés ( *Fig*. 163 ), l'autre à filets triangulaires
( *Fig*. 165 ). On donne ordinairement au profil du
filet de la première espèce autant de largeur que
d'épaisseur. Lorsque le profil d'un filet est un triangle, on préfère le triangle dont les trois côtés sont
égaux. Les vis et les écrous demandent à être exé-
cutés avec une extrême précision, et cette opération
se fait à l'aide de machines particulières.

335. — En général, la vis est employée toutes
les fois qu'il s'agit d'exercer de fortes pressions sur
de petites portions de surface; c'est la pièce principale de la plupart des instruments connus sous le
nom de *presses*. Dans la *Fig*. 166, l'écrou est fixe,
et en tournant le levier adapté à la tête de la vis, le
bout de cette vis presse contre un plateau avec lequel il est en contact immédiat. Dans la *Fig*. 167,
la vis ne peut tourner, mais elle peut avancer longitudinalement : l'écrou peut tourner, mais il n'a
pas de mouvement longitudinal. En faisant tourner
cet écrou, on force la vis à s'élever et à exercer
une pression contre le plateau supérieur.

La vis est un instrument qui sert à exprimer les
liquides contenus dans les substances solides, à réduire à un petit volume, pour la commodité du
transport, des marchandises légères, telles que du
coton en balles. L'encre déposée sur les caractères
d'imprimerie est fixée sur le papier humide, au
moyen d'une pression vive et brusque, exercée par
une vis. Les timbres, les empreintes, se font de
même avec la vis, même lorsqu'il s'agit de fixer ces
empreintes sur des métaux très-durs, comme dans
le procédé du monnayage.

La vis employée dans nos ateliers de monnayage est en fer, à filets carrés. Le cylindre porte deux et quelquefois trois filets parallèles. Pour frapper en virole les pièces d'or de 20 et de 40 francs, les pièces d'argent de 1 et de 2 francs, le diamètre extérieur de la vis frappante est de 109 millimètres; le diamètre intérieur est de 92 millimètres; la hauteur du pas de la vis est de 88 millimètres. L'assemblage de la vis, de l'écrou, du châssis de l'écrou, du levier auquel on applique les hommes qui frappent, porte le nom de *balancier*. Le levier ou la barre qui traverse la tête de la vis porte à chacune de ses extrémités une boule; la distance des centres des deux boules est de 18 décimètres. Le poids de chaque boule varie suivant la grandeur des pièces à frapper; il est de 14 kilogrammes pour les pièces de 20 francs et de 25 kilogrammes pour les pièces de 40 francs.

La hauteur dont la vis descend dans l'écrou est proportionnelle à l'arc de cercle que l'on fait décrire aux boules. Ordinairement le centre de chaque boule décrit un arc de 70° d'un cercle dont le rayon est de 9 décimètres. On emploie huit hommes pour les pièces de 40 francs et six pour celles de 20 francs. Ils frappent de 50 à 55 coups par minute (art. 358).

336. — Nous savons (art. 331) qu'on augmente le pouvoir mécanique d'une vis en allongeant le bras du levier au bout duquel agit la puissance, ou en raccourcissant le pas de la vis. Mais si l'accroissement du pouvoir mécanique par l'un ou par l'autre de ces procédés ne comporte pas de limites en théorie, il en rencontre dans la pratique. En allon-

geant outre mesure le bras de levier, on tombe dans
les inconvénients que nous avons déjà signalés au
sujet des treuils (art. 290) : l'espace nécessaire à la
puissance pour se mouvoir devient démesuré, et
l'application du procédé impraticable. D'un autre
côté, en diminuant le pas de la vis, on diminue la
force du filet, et on l'expose à être brisé par le premier effort. Comme on n'a besoin d'augmenter la
puissance de la machine que lorsqu'il y a de grandes
résistances à vaincre, et par conséquent lorsque les
filets doivent supporter de fortes préssions, le but ne
saurait être atteint, si l'on diminue la force de résistance de la machine, en même temps qu'on veut
l'employer à produire un plus grand effort.

337. — Ces inconvénients disparaissent dans un
procédé imaginé par M. Hunter, et qui consiste à
combiner deux vis dont les filets ont tel degré de
force que l'on veut, et n'offrent qu'une petite différence quant au pas de la vis. L'action de la puissance fait avancer longitudinalement la vis qui a le
plus grand pas et fait reculer l'autre ; de sorte qu'à
chaque tour le système des deux vis n'avance que
d'une longueur égale à la différence des deux pas.
Ce système a donc le même pouvoir mécanique
qu'une vis simple qui aurait pour pas la différence
des pas des deux vis composantes, différence que l'on
peut rendre aussi petite que l'on veut, sans diminuer la force de résistance des filets.

Le principe a d'abord été appliqué de la manière
représentée dans la *Fig.* 168. La vis A, qui a le
plus grand pas, tourne dans un écrou fixe ; la vis B,

dont le pas est plus petit, et qui est taillée sur un cylindre de moindre diamètre, s'engrène elle-même dans le grand cylindre comme dans un écrou. Le même mouvement révolutif qui fait descendre la vis A, fait remonter la vis B; de sorte que le plateau D descend d'une quantité égale à la différence des pas de vis de A et de B, différence proportionnelle à la pression exercée sur le plateau par la vis B.

Si par exemple le pas de la vis A était d'un millimètre, et celui de la vis B de neuf dixièmes de millimètres, le plateau D descendrait d'un dixième de millimètre à chaque tour du levier qui traverse la tête de la vis A; et autant la circonférence décrite par la puissance motrice contient de dixièmes de millimètre, autant de fois la pression supportée par le plateau D l'emporte sur la puissance qui agit à l'extrémité du levier.

338. — Dans un mode de construction plus usité maintenant, la disposition de l'appareil est un peu différente. Les deux filets inégaux sont taillés sur des portions différentes du même cylindre. Chacune de ces portions porte un écrou qui peut se mouvoir longitudinalement sans tourner. A chaque tour de la vis, l'un et l'autre écrou avancent respectivement de quantités inégales, à cause que les pas de vis sont inégaux; de sorte qu'ils se rapprochent ou s'éloignent l'un de l'autre (selon le sens dans lequel la vis est taillée) d'un espace égal à la différence des pas de vis. Si l'on place entre les écrous la substance à laquelle il s'agit de faire subir une pression ou une

extension, l'intensité de la pression ou de l'extension sera en raison inverse de la différence des pas
de vis.

339. — La vis, au lieu d'être appliquée à un
écrou pour le faire mouvoir longitudinalement, est
appliquée quelquefois à une roue dentée pour la
faire tourner, et alors elle prend le nom de *vis sans
fin*, parce que le mouvement de rotation de la roue
peut se continuer indéfiniment. La *Fig.* 169,
*Pl.* XVII, représente une vis sans fin. P est une
manivelle à laquelle la puissance est appliquée.
L'effort exercé par cette puissance tangentiellement
à la roue, se calculera comme l'effort longitudinal
que la vis exercerait sur un écrou. On pourra ensuite regarder cet effort tangentiel comme une puissance directement appliquée à la circonférence de
la roue,. et calculer en conséquence le poids W auquel l'effort tangentiel est capable de faire équilibre,
d'après les principes de l'équilibre du treuil.

340. — Jusqu'ici nous avons considéré la vis
comme une machine destinée à surmonter de grandes résistances ; mais elle est aussi d'un fréquent
usage dans toutes les sciences expérimentales,
comme instrument géométrique destiné à mesurer
des mouvements ou des espaces très-petits, dont la
mesure échapperait à d'autres instruments. Imaginons une vis dont les pas aient un demi-millimètre,
c'est-à-dire qui marche longitudinalement d'un
demi-millimètre à chaque tour. Supposons que la
tête de la vis soit un cercle qui ait de trois à quatre
centimètres de diamètre, ou environ un décimètre
de tour. On pourra facilement diviser la circonfé-

rence de ce cercle en 200 parties bien distinctement
visibles. Au moyen d'un index fixe, devant lequel
viennent passer successivement les divisions de la
circonférence, on pourra mesurer la deux-centième
partie d'une révolution de la vis, laquelle correspond à un 400e de millimètre pour le mouvement
longitudinal.

Un semblable appareil se nomme une *vis micro-*
*métrique.* Pour qu'elle donne des indications précises, il est nécessaire que la vis soit travaillée avec
une grande exactitude. On y parvient par l'opération appelée le *rodage*, laquelle consiste à faire
tourner longtemps, sur un tour, la vis dans l'écrou
qu'on veut lui donner, en interposant entre deux
de l'émeri pour que les surfaces en contact s'usent
mutuellement, et prennent ainsi une forme telle
qu'elles s'appliquent exactement l'une à l'autre.
Pour cela on compose l'écrou de deux pièces, qui
d'abord n'embrassent pas tout le contour de la vis,
mais que l'on serre de plus en plus contre elle par
des vis latérales, à mesure que le corps de la vis
s'use et s'amincit par le frottement continuel.

La vis de Hunter (art. 337) semble s'adapter parfaitement aux mesures micrométriques, puisqu'elle
permet de ralentir indéfiniment le mouvement longitudinal, sans qu'on soit obligé d'amincir excessivement les filets, comme dans la vis simple ordinaire.

# CHAPITRE XIX.

## DES APPAREILS RÉGULATEURS.

Causes diverses d'irrégularité dans le mouvement d'une
machine. — Des régulateurs en général. — Modérateur
ordinaire. — Régulateur à eau. — Description de divers
appareils régulateurs employés dans les machines à vapeur. — Tachomètre. — Accumulation de la force motrice. — Usages du volant. — Balanciers. — Comment
doivent être placés les volants dans les machines.

341. — Il est souvent indispensable, et toujours
désirable, que le travail d'une machine soit régulier
et uniforme. Des changements soudains de vitesse,
des variations brusques dans l'intensité des forces,
dégradent ou détruisent l'appareil ; et si la machine
est employée dans une manufacture, les produits
qu'elle donne sont mal conditionnés. Trouver une
méthode pour régulariser le mouvement des machines, pour faire disparaître certaines causes d'inégalités et pour compenser les autres, est un problème très-important vers lequel s'est spécialement
dirigée la sagacité des mécaniciens. Ce problème
revient à mesurer, pour ainsi dire, la dépense de
force selon les exigences de la machine, et à faire
en sorte que le pouvoir utile de cette force soit toujours proportionné aux résistances qu'il s'agit de
vaincre.

L'irrégularité du mouvement d'une machine peut
provenir des causes suivantes, isolées ou combinées

entre elles : 1°. de l'irrégularité d'action du premier
moteur ; 2°. des variations accidentelles dans l'intensité de la charge ou de la résistance ; 3°. des changements dans les positions relatives des parties de
la machine pendant son mouvement; changements
par suite desquels la force n'est plus transmise avec
la même énergie, du point d'application de la puissance au point résistant.

342. — L'énergie du premier moteur n'est que
rarement, sinon jamais uniforme. La force d'un
cours d'eau varie avec l'abondance des eaux. Le
caprice du vent est passé en proverbe. La pression
de la vapeur change selon le degré de chaleur donné
à la chaudière. La force musculaire des animaux
tient à leur état de santé, à leurs dispositions, à
leur humeur, et ne peut être l'objet d'un calcul
exact. Le travail de l'homme est le moins uniforme
de tous, et nulle machine ne fonctionne plus irré-
gulièrement que celle qui est mue à bras d'hommes.
Quelquefois la force motrice est sujette de sa nature
à des variations régulières, comme dans le cas d'un
ressort qui perd graduellement de sa force à mesure
qu'il se déroule. D'autres fois l'action d'un premier
moteur éprouve des intermittences régulières : c'est
ainsi que dans la machine à vapeur à simple effet
la pression de la vapeur agit sur le piston pendant
qu'il descend, et demeure suspendue tandis qu'il
remonte.

343. — L'intensité de la résistance sur laquelle
agit la machine n'éprouve pas de moindres fluctua-
tions. Dans les moulins il y a une multitude de
parties qui cessent accidentellement d'être engagées

et de concourir à la production du travail. Dans les grands ateliers de filature, de tissus, d'impressions, un premier moteur, tel qu'un cours d'eau ou une machine à vapeur, fait marcher ordinairement un grand nombre de machines ou de métiers séparés : le nombre de ces machines actuellement en fonction est évidemment sujet à varier d'après une foule de circonstances. La puissance motrice restant la même, les pièces qui fonctionnent doivent se ressentir de ces changements : leurs vitesses doivent être diminuées ou accrues, selon que l'action de la force se transmet à un nombre plus ou moins grand de parties résistantes.

344. — Mais en admettant même que la force motrice et la résistance soient l'une et l'autre régulières de leur nature, ou rendues telles par des dispositions convenables, il arrivera rarement que la machine destinée à transmettre la force soit tellement constituée, qu'elle transmette effectivement cette force avec une égale énergie dans toutes les phases de ses opérations. Il serait difficile de donner, sans avoir des exemples sous la main, une idée nette et générale de cette cause d'inégalité à ceux qui ne sont pas familiarisés avec les machines. Pour le moment bornons-nous à remarquer que dans le mouvement d'une machine les parties mobiles passent périodiquement par une suite de positions différentes, et reviennent aussi périodiquement à leurs positions primitives. Les inégalités dues au mode de transmission seront donc nécessairement périodiques, et devront être combattues par d'autres causes dont le mode d'action sera soumis à la même

loi de périodicité. Toutes ces idées s'expliqueront plus clairement par la suite (art. 356).

345. — En mettant de côté, quant à présent, cette dernière cause d'inégalité dans le travail de la machine, il s'agira, pour faire disparaître les autres et pour rendre la vitesse uniforme, de proportionner toujours la résistance à la force motrice, soit en augmentant ou en diminuant la puissance quand la résistance augmente ou diminue, soit en faisant varier la résistance suivant les variations de la puissance. De ces deux manières d'arriver au même résultat, on préférera celle qui s'adapte le mieux à la nature de la machine, et qui présente le moins de difficultés d'exécution.

Les appareils employés à cet effet se nomment *régulateurs*. La plupart des régulateurs agissent sur la partie de la machine qui reçoit directement l'action de la puissance motrice, de manière à diminuer la quantité de mouvement imprimée à la machine quand la vitesse a une tendance à croître, et à augmenter l'action motrice quand la vitesse tend à se ralentir. Si le moteur est une chute d'eau, le régulateur agira sur la vanne pour la hausser ou la baisser ; si c'est une machine à vapeur, il soulèvera ou abaissera la soupape par laquelle la vapeur pénètre dans le cylindre.

346. — De tous les appareils imaginés pour régulariser le mouvement d'une machine, le mieux connu et le plus en usage est le *modérateur* proprement dit. Il doit surtout sa célébrité à la belle application qu'on en a faite à la machine à vapeur de Watt, quoique depuis longtemps il fût employé

dans des moulins et dans d'autres usines. Ce régulateur consiste en deux boules pèsantes B, B (*Fig.* 170)
attachées aux extrémités des branches B F, qui
jouent sur un joint placé en E, et passent à travers
une mortaise pratiquée dans l'arbre vertical D D'.
Les branches B F sont unies en F par des joints
aux règles F H, qui elles-mêmes sont unies en H
par d'autres joints à un anneau susceptible de glisser
sur l'arbre D D'. Il en résulte évidemment que lorsque les boules B s'écartent de l'axe, l'anneau descend, et qu'il remonte au contraire quand la divergence des boules diminue. L'arbre vertical conduit
une roue horizontale W, creusée en gorge à sa circonférence pour recevoir une corde ou une courroie. La courroie enveloppe la roue ou le cylindre
qui transmet à la machine le mouvement qu'il s'agit
de régulariser : de sorte que la vitesse de rotation
de l'arbre D D' est toujours proportionnelle à la vitesse imprimée à la machine.

Pendant que cet arbre tourne, les boules B participent au mouvement de rotation, et acquièrent en
conséquence une force centrifuge qui les oblige à
s'éloigner de l'axe et à faire descendre l'anneau H.
Cet anneau a une gorge, laquelle est embrassée
par une fourche placée à une des extrémités du levier I K, dont le point d'appui est en G. L'autre
extrémité K agit par des intermédiaires sur la partie
de la machine qui règle l'action du moteur. En
supposant qu'il s'agisse d'une machine à vapeur, la
*bielle* K O établira une communication entre le
levier I K et la soupape circulaire V placée sur le
passage de la vapeur ; de telle sorte qu'au moment

où la divergence des boules B et l'élévation du point K atteindront leur *maximum*, le passage sera entièrement fermé par la soupape, tandis que la soupape laissera le passage entièrement libre, en présentant sa tranche au courant de la vapeur, lorsque les boules auront perdu leur force centrifuge et qu'elles se seront rapprochées autant que possible.

La divergence des boules ne variera pas, tant que leur force centrifuge restera la même ; c'est-à-dire tant que la vitesse de la machine, qui détermine la vitesse angulaire de rotation de l'arbre vertical DD′ et des boules qu'il supporte, demeurera constante. Mais si quelque circonstance augmente la vitesse de la machine, aussitôt la force centrifuge des boules venant à croître, la divergence augmentera, et la soupape V marchera de manière à ralentir ou même à arrêter tout-à-fait l'introduction de la vapeur, ce qui diminuera l'action de la puissance motrice et ramènera la machine à son premier état de vitesse. L'effet inverse se produirait, si quelque circonstance venait à diminuer la vitesse de la machine.

Le modérateur, appliqué à la vanne qui livre passage à un cours d'eau, règle absolument de la même manière l'intensité de la puissance motrice. On peut l'employer de même à serrer ou à déployer les toiles qui garnissent les ailes d'un moulin à vent, et par là à augmenter ou à diminuer l'intensité de la puissance.

Dans certains cas on peut commodément faire porter son action régulatrice sur la résistance. Ainsi, dans les moulins à moudre du grain, le modérateur, en agissant sur la trémie, augmentera ou diminuera la quantité de grain qui vient s'engager entre les meules ; et cet accroissement ou cette diminution du travail de la machine ramènera la vitesse dans les limites qu'elle avait franchies.

347. — Quelquefois la force centrifuge des boules serait insuffisante pour réprimer les écarts survenus dans l'intensité de la puissance ou dans celle de la résistance, et il faut recourir à d'autres régulateurs. Voici la description de celui qu'on nomme *régulateur à eau :*

La machine dont il s'agit de régulariser le mouvement, fait marcher une pompe ordinaire qui élève de l'eau dans un réservoir, d'où elle s'écoule par un canal d'un diamètre donné. Si le réservoir reçoit autant d'eau par la pompe qu'il en perd par le canal de décharge, le niveau de l'eau sera stationnaire : dans le cas contraire il montera ou baissera ; et comme la quantité d'eau fournie par la pompe est proportionnelle à la vitesse de la machine, on peut régler l'orifice du canal de décharge, de manière que, pour une vitesse donnée de la machine, la hauteur du niveau reste constante. Si la vitesse devient ensuite plus grande ou plus petite, les variations du niveau de l'eau accuseront les variations de vitesse. Un ouvrier pourrait être employé à surveiller les variations du niveau, et à diminuer ou à accroître l'intensité de la puissance motrice, selon que les déplacements du niveau lui indiqueraient une augmentation ou une diminution de vitesse ; mais il vaut mieux que la machine se règle d'elle-même. Pour cela, on met flotter à la surface de l'eau dans le réservoir une boule creuse métallique qui, en montant ou en descendant, agit par des tringles et des leviers sur certaines pièces de la machine, de manière à régulariser la puissance ou la résistance, ainsi qu'on l'a expliqué à propos du *modérateur.* La force qui fait monter ou descendre la boule est proportionnelle à la différence entre le poids de la boule et le poids du volume d'eau qu'elle déplace ; de sorte qu'en agrandissant les dimensions du flotteur on peut toujours obtenir une force suffisante pour vaincre les frottements et les résistances qui entravent le jeu de l'appareil régulateur. D'un autre côté, on augmente la sensibilité du régulateur en donnant à la surface de l'eau dans le réservoir aussi peu d'étendue que possible : car alors une légère variation dans la vitesse de la pompe et dans l'alimentation du réservoir en produit une grande dans la hauteur du niveau.

Au lieu de faire usage d'un flotteur, on peut suspendre le réservoir même à l'un des bras d'un levier, sur l'autre bras duquel glisse un contrepoids, de façon qu'on établit l'équilibre entre le poids du réservoir et le contrepoids, pour une quantité donnée d'eau dans le réservoir, laquelle correspond à une vitesse donnée de la pompe d'alimentation et de la machine en général. Si maintenant cette vitesse vient à varier, la hauteur du niveau dans le réservoir, et par conséquent le poids du réservoir, varieront ; le contrepoids ne maintiendra plus l'équilibre du levier, et les mouvements du levier accéléreront ou ralentiront la vitesse de la machine, ainsi qu'on l'a expliqué.

348. — En général une bonne machine doit se

régler elle-même, et le jeu des pièces régulatrices doit être déterminé par la seule action du premier moteur : l'application de ce principe à la machine à vapeur a été porté à un degré étonnant de perfection. La machine élève elle-même la quantité d'eau froide nécessaire pour la condensation de la vapeur. Elle pompe l'eau chaude produite par la vapeur condensée, et la loge dans un réservoir, d'où elle est transmise à la chaudière dans la proportion justement nécessaire pour l'alimenter. Elle débarrasse la chaudière de la vapeur en excès, en conservant tant en quantité qu'en tension, précisément ce qu'exige le service de la machine. Elle entretient à un état constant ou fait varier l'intensité de la source de chaleur, selon la quantité de vapeur qu'il est nécessaire de produire et la tension à laquelle celle-ci doit être portée. Elle concasse et prépare son charbon et le secoue sur les barres aux instants convenables. Elle ouvre et ferme ses soupapes, fait marcher ses pistons, tourner ses roues, et il ne lui manque que la spontanéité du mouvement. Il est difficile de choisir entre tant de belles applications : nous n'en décrirons qu'une ou deux, en renvoyant pour les autres le lecteur aux traités spécialement consacrés à la description des machines à vapeur.

349. — Pour la régularité du service de ces machines, l'eau doit être constamment maintenue au même niveau dans la chaudière, où l'on doit par conséquent faire arriver de temps en temps de l'eau nouvelle, afin de remplacer celle qui est enlevée par l'évaporation. Une pompe que la machine fait mouvoir alimente d'eau chaude un réservoir C (*Fig.*171).

Au fond du réservoir est une soupape V, qui ouvre et ferme un tube en communication avec la chaudière. Cette soupape est unie par une tige à l'un des bras du levier A E, dont le point d'appui est en D, et dont l'autre bras E est lié par une tringle au flotteur en pierre F, plongé en partie dans l'eau de la chaudière, et équilibré au moyen du contrepoids A que l'on ajuste en le faisant glisser sur le bras du levier AD, de manière que la soupape reste close quand le niveau de l'eau dans la chaudière est à la hauteur voulue. Ce contrepoids équilibre le flotteur à cause de la portion de son poids que celui-ci perd par son immersion dans l'eau. Si le niveau baisse dans la chaudière par suite de l'évaporation, le poids F devra descendre, et en descendant il soulèvera le levier et ouvrira la soupape, ce qui permettra à l'eau du réservoir de descendre dans la chaudière jusqu'à ce que le niveau primitif se soit rétabli et que la soupape se ferme de nouveau.

Pour la commodité de l'explication, nous supposons ici une discontinuité d'action, et partant une imperfection de la machine qui réellement n'existe pas. Le niveau ne descend pas dans la chaudière pour remonter ensuite, par une succession de saccades : au contraire, le flotteur et la soupape s'ajustent de manière à laisser continuellement entrer la quantité d'eau qui remplace précisément celle qui est continuellement enlevée par l'évaporation.

350. — Le procédé au moyen duquel la machine règle elle-même l'activité du feu, n'est pas moins ingénieux ni moins remarquable. On a vu comment le modérateur règle l'introduction de la vapeur dans

le cylindre, de manière à proportionner toujours la force motrice à la quantité de travail qu'on exige d'elle ; mais en même temps il faut régler la génération de la vapeur dans la chaudière. Autrement la quantité de vapeur engendrée cesserait d'être égale à celle que la machine dépense, et de deux choses l'une : ou la chaudière n'alimenterait plus la machine, ou bien la vapeur s'accumulerait dans la chaudière, occasionnerait une explosion, ou du moins se dissiperait en pure perte par la soupape de sûreté. Il faut donc trouver un moyen de régler la puissance de l'agent générateur, c'est-à-dire du foyer de chaleur. Soit T (*Fig.* 172) un tube qui traverse le couvercle de la chaudière, et descend jusque près du fond de cet appareil. La pression de la vapeur renfermée dans la chaudière, agissant sur la surface de l'eau, la force à remonter jusqu'à une certaine hauteur dans le tube T. Un poids F, partiellement immergé dans l'eau du tube, est suspendu à une chaîne qui passe sur les poulies P, P' et porte pour contrepoids à l'autre extrémité une plaque métallique D. Supposons que la vapeur s'accumule en trop grande quantité dans la chaudière, soit parce que le travail de la machine est diminué, ou parce que le feu est devenu plus ardent : la tension augmentera, la colonne d'eau s'élèvera dans le tube, fera monter le poids F et descendre la plaque D, laquelle viendra intercepter en tout ou en partie le courant d'air qui alimente le foyer. Au contraire, quand la tension de la vapeur dans la chaudière sera réduite, la plaque sera soulevée, et le courant d'air que rien ne gênera plus, viendra rendre au foyer toute son activité.

351. — Quand on ne peut réussir à obtenir un mouvement parfaitement uniforme, il est au moins désirable de pouvoir reconnaître de petites variations de vitesse. L'appareil que nous allons décrire, et qu'on nomme *tachomètre*[1], a été imaginé dans ce but. On a une coupe remplie de mercure jusqu'au niveau C D (*Fig.* 173), et cette coupe est fixée à un fuseau que la machine fait tourner, comme elle ferait tourner l'arbre d'un *modérateur* (art. 346). On sait très-bien que la force centrifuge produite par le mouvement rotatoire tend à écarter les molécules de mercure de l'axe de rotation, en sorte que la surface du liquide prend la forme concave représentée sur la *Fig.* 174 (art. 141). Le centre de la surface est tombé au-dessous du niveau primitif, tandis que les bords se sont élevés au-dessus de ce niveau ; et cet effet est d'autant plus grand, que la vitesse de rotation qui le produit est plus grande elle-même. Il ne s'agira donc plus que de trouver un moyen de rendre très-sensibles les variations du niveau au centre de la surface du mercure, et par suite les variations survenues dans la vitesse de la machine.

Pour cela on a un tube de verre A, ouvert aux deux bouts, et terminé par une sorte de cloche ou de réservoir B, qui communique avec la coupe CD, dont on a réduit la capacité intérieure, ainsi que l'indique

[1] τάχος, vitesse ; μέτρον, mesure.

le sens des hachures, ce qui diminue la quantité de mercure à employer, sans rien changer aux conditions de l'équilibre, ni à la forme de la surface de niveau. Cette surface sera la même dans le réservoir B, que si le réservoir ne faisait qu'un avec la coupe, sauf toutefois l'observation que nous ferons dans un instant : le tube est rempli jusqu'à une certaine hauteur A, d'alcool que l'on a coloré. Quand le niveau du mercure s'abaisse dans la coupe par suite du mouvement de rotation, il s'abaisse aussi dans le réservoir B, et l'alcool vient se loger dans l'espace que le mercure abandonne, de sorte qu'en même temps il descend dans le tube. Plus le diamètre du réservoir sera grand relativement à celui du tube, plus l'instrument sera délicat, parce qu'à une petite variation du niveau dans le réservoir correspondra un déplacement très-notable du niveau de l'alcool dans le tube. On choisit l'alcool, attendu que ce liquide est très-léger et n'occasionne par son poids qu'une petite dépression de niveau à la surface du mercure contenu dans le réservoir. Cependant, comme la dépression existe toujours, le niveau du mercure n'est pas précisément le même dans le réservoir et dans la coupe. C'est ce qu'on a indiqué sur les *Fig.* 173 et 174. Cette dépression varie, d'après les principes de l'hydrostatique, selon la hauteur de l'alcool dans le tube.

352. — Les appareils régulateurs dont nous venons de donner la description sommaire, conviennent surtout aux cas où le rapport de la puissance à la résistance est sujet à varier graduellement entre de certaines limites, sans que la résistance soit par

intervalles totalement supprimée, ni l'action de la puissance soudainement suspendue. Mais il se présente des circonstances où ont lieu ces interruptions et ces reprises soudaines de la résistance et de la puissance motrice. Si les interruptions portent sur la résistance, la machine marchera pendant ces interruptions avec une rapidité destructive, et ensuite elle éprouvera dans toutes ses parties de violentes commotions, par la perte soudaine de cette vitesse, quand la résistance reprendra son action. La prompte destruction de la machine en sera le résultat nécessaire. Si les interruptions portent sur l'action de la puissance, les mouvements de la machine deviendront trop irréguliers pour qu'elle puisse servir dans les manufactures.

D'un autre côté, on a souvent besoin de produire une action vive et brusque au moyen d'une force faible, mais soutenue. Ainsi un homme voudra imprimer avec ses bras un choc dont l'intensité serait tout à fait hors de proportion avec sa force musculaire, s'il ne s'aidait de quelque artifice mécanique.

353. —Dans toutes ces circonstances, l'objet que l'on se propose sera atteint, si l'on a un moyen d'accumuler et de mettre en réserve l'action de la puissance motrice, de manière à la retrouver quand le moment d'en faire usage est venu. Or c'est à cela que peut servir la propriété d'inertie, expliquée tant par des raisonnements que par des exemples dans les chapitres III et IV de cet ouvrage. Une masse de matière retient par son inertie toute la quantité de mouvement qu'on lui a communiquée, excepté ce que lui en font perdre les frottements et la résis-

tance atmosphérique ; et l'on peut s'arranger pour
que la quantité perdue de la sorte, au moins pendant
un temps peu considérable, soit une petite fraction
de la quantité de mouvement primitivement imprimée. Cette quantité de mouvement qui réside et se
conserve dans la masse de matière peut être considérée comme représentant la quantité de force dépensée pour imprimer le mouvement à cette masse :
et l'on pourra en disposer pour produire tous les
effets que les forces motrices en général sont susceptibles de produire.

354. — Afin de rendre ceci plus clair par un
exemple, imaginons un plan de niveau, bien poli,
sur lequel on ait placé un globe de métal, poli de
même avec soin. On imprime à ce globe une légère
impulsion, en vertu de laquelle il prend la vitesse
d'un centimètre par seconde, vitesse qu'il conserve,
du moins en négligeant les effets du frottement. On
lui imprime une seconde impulsion semblable à la
première, qui double sa vitesse et la porte à 2 centimètres par seconde. Dix mille impulsions semblables porteraient donc sa vitesse à 100 mètres par
seconde : celle d'un boulet de 24, au sortir du canon,
est de 4 à 500 mètres par seconde. Ainsi l'on conçoit comment, par l'accumulation de faibles efforts
dont un enfant serait capable, on peut accumuler
dans un corps une force telle que, venant à se déployer tout d'un coup dans toute son intensité, elle
produirait les effets les plus destructeurs.

Le cas que nous avons supposé est purement fictif,
car en pratique il n'y a pas moyen de mouvoir longtemps un corps en ligne droite, sans occasionner des

frottements considérables, ni sans rencontrer de nombreux obstacles. Mais il n'est pas essentiel que le mouvement ait lieu en ligne droite. Si l'on fixe une balle au bout d'une corde, et qu'on la fasse tourner avec le bras, elle acquerra une vitesse et une force de plus en plus grande, et finalement pourra percer une planche, comme si elle avait été lancée par un mousquet.

L'intensité de la percussion opérée par le marteau d'un forgeron ne provient que pour une faible partie du poids du marteau. Si l'on se bornait à laisser tomber le marteau par la seule action de la pesanteur, et de la hauteur d'où il tombe d'ordinaire, l'effet produit sur la barre de fer serait peu de chose. Mais le forgeron, en le lançant de toute la force de ses bras, lui imprime à chaque instant une nouvelle quantité de mouvement. Toutes ces impulsions s'ajoutent, et produisent une force qui est dépensée d'un seul coup dans l'action du marteau sur la barre. Il faut expliquer de la même manière les effets produits par les massues, les fléaux, les fouets, les cognées, etc.

La corde d'un arc ne communique pas d'un seul coup l'impulsion à la flèche. L'impulsion totale est la somme des impulsions que la corde n'a pas cessé d'exercer, tout le temps qu'elle a pressé contre la flèche. On en peut dire autant au sujet des armes à feu, à vent et à vapeur. La pression exercée par les gaz qui se dégagent dans la combustion de la poudre, ou par l'air condensé, ou par la vapeur produite, agit sans cesse sur la balle jusqu'à ce qu'elle soit sortie de la bouche du canon; et la grande vitesse qu'elle a acquise à la sortie, est due à l'accumulation de tous ces efforts partiels.

355. — Toutes ces considérations font voir qu'une masse de matière inerte peut être considérée comme un magasin où l'on accumule la force pour s'en servir au moment du besoin. Des raisons faciles à apercevoir ont fait donner à la masse chargée de remplir cette fonction dans les machines la forme d'une roue, à la circonférence de laquelle la masse se trouve principalement répartie. Imaginons un anneau massif de métal (*Fig.* 175), uni à un moyeu par l'intermédiaire de rais peu pesants, et tournant autour d'un axe avec aussi peu de frottement que possible : cet appareil sera ce qu'on nomme un *volant*. Passons à quelques explications qui en feront mieux comprendre encore l'utilité.

Admettons qu'une roue hydraulique soit la puissance motrice employée à soulever un pilon à une certaine hauteur, pour le laisser ensuite retomber de tout son poids. Pendant que le pilon s'élève, son poids fait à peu près équilibre à la puissance motrice de la roue, et le mouvement de la machine est ralenti. Au moment où le pilon se dégage de la came pour retomber, la puissance motrice ne trouvant plus de résistance, ni rien qui puisse l'absorber, imprime à la machine une vitesse considérable qui s'accélère toujours, jusqu'à ce que le pilon venant s'engager de nouveau avec la came, la machine éprouve une percussion dans toutes ses parties, et recommence à se mouvoir avec lenteur, pour passer ensuite indéfiniment par les mêmes alternatives. Dans ce cas, toute la force exercée par la roue hydraulique pendant les périodes de descente du pilon est perdue pour l'effet utile de la machine ; et ce qui est pis, elle est employée à produire des effets nuisibles, c'est-à-dire une succession de chocs qui peuvent briser la machine, ou qui du moins la détériorent très-promptement. On pare à tous ces inconvénients au moyen du volant. Pendant que le pilon descend, la force motrice est employée à mouvoir le volant dont le moment d'inertie (art. 188) est considérable, tant par la grandeur de sa masse que par la manière dont elle est répartie. En conséquence, la vitesse angulaire du volant, et la vitesse de la machine en général, ne peuvent s'accélérer beaucoup malgré la suspension de la résistance. Quand le pilon s'engage de nouveau avec la machine, la force acquise par le volant concourt avec celle de la roue hydraulique à soulever le pilon ; de sorte que la machine se meut à peu de chose près avec la même vitesse, pendant les périodes d'action et de suspension de la résistance.

356. — Le volant est encore indispensable dans les cas où ni la résistance ni la force motrice n'éprouvent d'intermittences, mais où le jeu même de la machine donne plus ou moins d'efficacité à l'action du moteur sur la résistance ou sur les parties chargées du travail utile de la machine (art. 344). Pendant les phases les plus favorables à la transmission de la force, le volant absorbe l'excédant de la force motrice, et il la restitue aux parties chargées de l'effet utile durant les phases où l'efficacité de la force motrice est diminuée ou même annihilée. Prenons un exemple qui rende cette théorie plus sensible.

Soit ABCDEF (*Fig.* 176) une double manivelle qui doit imprimer un mouvement de rotation
à un cylindre ABEF. Au point G, milieu de CD, la
manivelle est unie par un joint à une bielle GH,
qui elle-même est unie par un autre joint à un balancier animé d'un mouvement circulaire alternatif,
tel que celui d'une machine à vapeur. La force motrice du balancier est supposée constante. Imaginons
cet appareil vu en projection sur un plan perpendiculaire à l'axe de rotation AF (*Fig.* 177, *Pl.* XVIII).
A sera le centre du mouvement circulaire décrit par
la manivelle, GH la bielle, AG le bras de la manivelle indiqué sur la *Fig.* 176 par les lettres BC.
Dans la position de la bielle et de la manivelle, représentée sur la *Fig.* 177, la bielle perpendiculaire
au bras AG agit de la manière la plus avantageuse
pour faire décrire au point G la circonférence ponc-
tuée, c'est-à-dire pour lui imprimer un mouvement
perpendiculaire au rayon AG. Nous admettrons que
le sens de ce mouvement est tel que la manivelle
descend, ou que la bielle HG pousse le rayon AG
de haut en bas. Quand l'appareil est arrivé dans la
position représentée sur la *Fig.* 178, la force motrice transmise par la bielle agit moins favorable-
ment, puisqu'elle agit dans une direction oblique à
celle du mouvement pris par le point G ; et lorsqu'ensuite le rayon AG se trouve dans la direction
même de la bielle, comme sur la *Fig.* 179, l'action
de la force motrice est nulle pour faire tourner la
manivelle autour de A. Elle a pour unique effet de
pousser la manivelle dans le sens AG, et de faire
éprouver une pression aux pivots ou aux tou-

rillons sur lesquels l'axe tourne. A cette époque du mouvement, l'action utile de la force motrice est anéantie.

Lorsque la manivelle a passé dans la position indiquée sur la *Fig.* 180, la direction de la force transmise par la bielle est changée, et le bras de la manivelle est tiré de bas en haut. La force motrice agit alors avec une certaine efficacité pour faire tourner la manivelle autour de A ; et cette efficacité va toujours croissant jusqu'à ce qu'elle atteigne son *maximum*, quand le bras de la manivelle est redevenu perpendiculaire à la bielle, comme l'indique la *Fig.* 181. A partir de cette position, l'efficacité de la force motrice décroît de nouveau, et se retrouve nulle, quand le bras de la manivelle et la bielle sont encore une fois en ligne droite, selon l'indication de la *Fig.* 182. La force motrice ne fait alors que tirer la manivelle dans le sens AG, et exercer un effort contre les tourillons : son action utile est détruite.

Dans les situations qui correspondent aux *Figures* 179 et 182, ou lorsque le point G occupe les points que l'on appelle *points morts*, la machine ne pourrait continuer à se mouvoir, si les quantités de mouvement dont sont animées les pièces qui la composent, ne tendaient à se conserver, à cause de l'inertie de la matière. La machine continuera donc de marcher, quoique l'action utile de la force motrice soit suspendue, pourvu que les résistances et les frottements à vaincre ne soient pas trop considérables : mais en tous cas son mouvement aura beaucoup d'irrégularité, étant continuellement retardé quand le joint de la manivelle et de la bielle approche des points morts, et continuellement accéléré quand il s'en éloigne. Un volant fixé à l'axe A ou à toute autre pièce de la machine remédiera à cet inconvénient. Il absorbera l'excès de la puissance motrice sur la résistance, quand l'appareil est dans les positions correspondantes aux *Fig*. 177 et 181, et restituera cet excédant, en suppléant à l'inefficacité de la puissance motrice, quand l'appareil passera par les points morts.

357. — Les surprenants effets du volant comme condensateur de force peuvent induire en erreur des personnes peu initiées à la théorie, en leur faisant croire que cet appareil augmente la puissance de la machine. D'après toutes les explications qui précèdent, nous devons penser que le lecteur ne commettra pas cette méprise. Au contraire, comme le volant ne peut être mis en mouvement sans qu'un certain frottement se produise; ce frottement occasionne toujours une perte de force motrice. Mais cette perte est peu de chose en comparaison des avantages qui résultent de l'emploi d'un volant convenablement placé.

L'action du volant comme condensateur de force est analogue à celle d'un ressort, d'une masse d'air condensé, et de toute autre force que l'on aurait créée par des moyens purement mécaniques. Pour bander un ressort il faut dépenser graduellement une certaine quantité de force. Quand le ressort se détend tout à coup, la même quantité de force est restituée dans un temps plus court qu'il n'en a fallu pour l'accumuler. Une masse d'air est condensée dans les armes à vent par une suite d'efforts dont chacun ne pourrait imprimer à une balle une vitesse notable. La masse d'air est comme un réservoir où les forces condensantes sont accumulées, pour être mises en jeu tout à la fois, de manière à imprimer à la balle une vitesse de projection qui la rende capable d'exercer une puissance destructive.

Le volant est employé d'une manière analogue dans les laminoirs. La roue hydraulique, ou la puissance motrice quelconque dont on dispose n'agit pendant certaines périodes que sur le volant seul, le travail de la machine restant suspendu à dessein. On accumule ainsi la force nécessaire pour soumettre au laminage des morceaux de métal qui opposeraient une trop grande résistance à la force non accumulée de la puissance motrice.

358. C'est d'après le même principe qu'on adapte un volant aux balanciers employés pour frapper la monnaie, et aux presses dont se servent les officiers ministériels pour sceller leurs actes. Les masses qui font en pareil cas fonction de volant, consistent en deux boules métalliques A, B (*Fig.* 183), fixées aux extrémités d'un levier implanté perpendiculairement dans la tête d'une vis. La force de l'homme ou des hommes qui font mouvoir le levier, accumulée dans les boules métalliques, et transmise par l'intermédiaire de la vis, agit avec une puissante énergie contre la matière qui doit recevoir l'impression du coin (art. 335).

En supposant, comme dans l'article précité, que le poids de la vis employée à frapper les pièces d'or ait 88 millimètres, que le poids de chaque boule soit de 25 kilogrammes, et la distance du centre de chaque boule à l'axe de la vis égale à 9 décimètres : en admettant de plus, pour simplifier le calcul, que les boules aient une vitesse capable de leur faire décrire uniformément une demi-circonférence dans une seconde, le coin exerce contre le flan la même percussion qu'exercerait un corps du poids de 4500 kilogrammes, tombant avec la vitesse d'un mètre par seconde, ou bien un corps du poids de 500 kilogrammes, tombant d'une hauteur d'environ 5 mètres avec une vitesse finale de 9 mètres par seconde. Cette puissance paraîtra énorme, si l'on a égard à la simplicité de la machine et au peu de volume qu'elle occupe.

Quantité d'objets d'ornement en métal sont fabriqués à l'emporte-pièce au moyen d'un mécanisme tout à fait semblable. L'emporte-pièce est fixé au bout d'une vis mue par un balancier, et vient frapper la pièce à découper comme un coin frappe le flan. Si le patron est compliqué, on fait agir en même temps plusieurs emporte-pièces ; et d'un seul tour de bras on a achevé un ouvrage d'une exécution très-délicate.

359. — La place qu'il convient d'assigner au volant relativement aux autres pièces de la machine, dépend de la fonction qu'on entend lui faire remplir. S'il est principalement destiné à régulariser le mouvement, il est convenable de le placer près du point d'application de la résistance. Ainsi, dans la machine à vapeur, le volant (*Fig.* 175, *Pl.* XVII) est concentrique à l'arbre A F (*Fig.* 176), que fait tourner la manivelle, parce que la régularité du mouvement de rotation de cet arbre est l'objet qu'on a en vue en

employant le volant. Au contraire, si le volant est destiné principalement à régulariser l'action du moteur, il convient de le placer près du point d'application de la puissance motrice. Toutes choses égales d'ailleurs, s'il y a des axes dont les vitesses de rotation soient différentes, on doit le mettre de préférence sur celui des axes qui se meut le plus vite.

# CHAPITRE XX.

### TRANSFORMATION DU MOUVEMENT.

Mouvements rectilignes continus, — rectilignes alternatifs, — circulaires continus, — circulaires alternatifs. — Transformation de ces mouvements les uns dans les autres. — Cames et pilons. — Appareils de Zureda et de Leupold. — Joint universel ou joint brisé, de Hooke. — Moyen de remplacer le volant dans les bateaux à vapeur. — Transmission du mouvement de la tige du cylindre au balancier. — Levier arqué. — Parallélogramme de Watt.

360. — Le lecteur se ferait une idée très-incomplète de la mécanique, s'il supposait qu'une machine n'a d'autre destination que celle d'établir l'équilibre entre une puissance et une résistance inégales, ou de produire, avec un moteur dont la vitesse est donnée, une autre vitesse plus grande ou plus petite. Dans les arts et dans les manufactures, le *genre* de mouvement produit importe ordinairement beaucoup plus que la vitesse ou que la quantité de mou-

vement produite. Ce dernier élément peut influer sur la quantité d'ouvrage obtenue dans un temps donné, tandis que la nature du mouvement est essentiellement liée à la nature de l'ouvrage, et que cet ouvrage ne peut être produit, en quantité quelconque, que par un mouvement d'un genre déterminé. Or, il arrive rarement que la puissance motrice ait précisément le genre de mouvement qu'il convient d'imprimer aux parties actives de la machine, pour l'exécution de l'ouvrage qu'on se propose. De là le besoin d'organiser la machine de telle sorte que certaines parties, en cédant à l'action du moteur, impriment à d'autres parties un mouvement d'un autre genre. En d'autres termes, de là le problème de la *transformation du mouvement.*

Pour donner de ce problème une solution complète, il faudrait décrire d'abord toutes les variétés de puissances motrices qui sont à notre disposition ; puis toutes les variétés de mouvement qu'on peut avoir besoin de produire ; montrer enfin tous les moyens par lesquels on peut faire concourir chaque espèce de puissance motrice à la production de chaque espèce de mouvement. Une telle énumération serait évidemment impraticable, et nous ne pourrions en donner ici, même une esquisse incomplète. Cependant quelques-uns des procédés employés à la modification du mouvement sont si ingénieux, et il est si nécessaire d'en avoir une idée pour l'intelligence des machines complexes, que nous croyons devoir dire quelques mots au moins de ceux qui sont le plus usités, ou qui se distinguent par leur élégance et leur simplicité.

361. — On peut distinguer les mouvements qui se présentent pour l'ordinaire dans les applications de la mécanique aux arts, en mouvements rectilignes et en mouvements de rotation. Dans le mouvement rectiligne, toutes les parties du corps mobile décrivent avec la même vitesse des lignes droites parallèles. Dans le mouvement de rotation, tous les points tournent autour du même axe, en décrivant dans le même temps des cercles complets ou des arcs d'un même nombre de degrés, quoique de dimensions inégales.

Les mouvements rectilignes et circulaires peuvent de rechef se distinguer en mouvements continus et en mouvements alternatifs, selon que les points mobiles se meuvent constamment dans le même sens ou alternativement dans des sens opposés. En conséquence, nous aurons quatre espèces principales de mouvements, qui pourront appartenir aux puissances motrices, ou qu'il s'agira d'imprimer aux parties actives de la machine. Ces mouvements seront :

1. *Le mouvement rectiligne continu.*
2. *Le mouvement rectiligne alternatif.*
3. *Le mouvement circulaire continu.*
4. *Le mouvement circulaire alternatif.*

Quelques exemples feront mieux concevoir encore cette classification.

Nous pouvons citer comme exemples de mouvements rectilignes continus, ceux du vent, d'une rivière, d'une chute d'eau, d'un animal qui marche sur une route alignée, d'un corps pesant qui tombe perpendiculairement ou qui glisse sur un plan incliné.

Comme exemples de mouvements rectilignes alternatifs, nous indiquerons le mouvement des pistons dans une pompe ordinaire ou dans une machine à vapeur, celui du maillet d'un paveur, celui des pilons dans un moulin à poudre ou à papier.

Toutes les machines à rouages nous offriraient des exemples de mouvements circulaires continus.

Le mouvement du pendule d'une horloge et celui du balancier d'une montre, sont des mouvements circulaires alternatifs.

Il est important de remarquer que les mouvements rectilignes et circulaires, quoique continus de direction, pourraient être interrompus par une discontinuité de l'action du moteur; ainsi une roue peut tourner sur son axe toujours dans le même sens, quoique la force qui la fait mouvoir n'exerce pas sur elle une action continue. On se rappellera donc que les mots *continus* et *alternatifs* ne se rapportent qu'à la direction du mouvement d'un point mobile, et qu'ils n'excluent pas l'hypothèse d'un moteur dont l'action serait discontinue.

Expliquons maintenant quelques-uns des mécanismes au moyen desquels une puissance, douée de l'un des mouvements que nous venons d'énumérer, peut communiquer à une pièce déterminée de la machine un mouvement d'un autre genre, ou un mouvement du même genre, mais pour lequel l'intensité ou la direction de la vitesse soient différentes.

362. — Un mouvement rectiligne continu engendrera un mouvement semblable dans une autre direction par l'intermédiaire d'une corde qui enveloppe

une ou plusieurs poulies fixes. Si les lignes de direction des deux mouvements se rencontrent, une seule poulie fixe suffira, ainsi qu'on le voit par la *Fig.* 139, *Pl.* XIV. Mais si le point de rencontre était trop éloigné des places où se trouvent les deux mobiles, il conviendrait d'employer deux poulies fixes, selon la disposition représentée dans la *Fig.* 184, *Pl.* XVIII. Dans ce cas les axes des poulies sont parallèles, et leurs sections moyennes sont comprises dans le plan qui comprend les lignes de direction des deux mouvements.

Si les lignes de direction sont parallèles, et à une distance notable l'une de l'autre, on emploiera encore deux poulies fixes, comme l'indique aussi la *Fig.* 184.

Il peut arriver que les lignes de direction ne soient pas comprises dans le même plan, de sorte qu'elles ne se rencontrent pas et qu'elles ne soient pas non plus parallèles. Ainsi le poids W pourrait se mouvoir verticalement dans le plan du papier, suivant la ligne O B, tandis que la puissance P se mouvrait horizontalement et perpendiculairement au plan du papier, suivant une ligne O A. On se servira encore en pareil cas de deux poulies, dont l'une, O, aura son axe horizontal et perpendiculaire au plan du papier, tandis que l'autre, O′, aura son axe vertical et compris dans le plan du papier.

En général, l'axe de chaque poulie devra être perpendiculaire aux deux lignes de direction de la corde qui vient envelopper la gorge de cette poulie ; et en y réfléchissant, on verra que cette disposition permet de changer d'une manière quelconque, à l'aide de deux poulies de renvoi, la direction d'un mouvement rectiligne continu, sans en faire varier la vitesse.

Si la vitesse devait varier, on ajouterait aux poulies fixes l'un des systèmes de moufles décrits dans le chapitre XVII.

Le treuil peut encore servir à transformer un mouvement rectiligne continu en un autre dont la direction et la vitesse soient quelconques. On sait que dans cette machine le rapport de la vitesse de la puissance à la vitesse du poids est celui du diamètre de la roue au diamètre du cylindre (art. 286). On proportionnera donc les diamètres de manière à établir entre les vitesses le rapport que l'on désire; et la corde qui enveloppe le cylindre pourra, aussi bien que la corde qui enveloppe la roue, prendre telle direction qu'on voudra, au moyen d'une ou de plusieurs poulies de renvoi.

363. — Le treuil sert encore à produire un mouvement circulaire continu, au moyen d'un mouvement rectiligne continu, ou *vice versâ*. Le même but est atteint au moyen du *cric*, représenté dans la *Fig.* 185, et qui consiste en une roue dentée, laquelle s'engrène avec une barre droite pareillement dentée, que l'on nomme *crémaillère*. Quelquefois cette barre est remplacée par une chaîne, comme sur la *Fig.* 186, qui représente la *chaîne de Vaucanson*, vue de face et de profil. Quelquefois aussi le simple frottement d'une corde ou d'une courroie contre la gorge d'un rouet tient lieu d'engrenage.

Le levier implanté dans la tête d'une vis, en se

mouvant d'un mouvement circulaire, fait marcher la vis d'un mouvement rectiligne. Ces deux mouvements sont simultanément continus ou alternatifs.

Le mouvement rectiligne continu d'un courant d'eau produit par son action sur une roue un mouvement circulaire continu ( *Fig.* 118, *Pl.* XI, et 119, 120, *Pl.* XII ). L'air produit de même, par un mouvement rectiligne continu, le mouvement circulaire continu des ailes d'un moulin à vent.

Les grues, dont on se sert pour élever et abaisser des corps très-lourds, leur impriment un mouvement rectiligne par le moyen d'un mouvement circulaire.

364. — Des appareils ingénieux et très-variés servent à produire un mouvement rectiligne alternatif au moyen d'un mouvement circulaire continu. Le mouvement rectiligne alternatif est exigé en général, quand il s'agit de soulever des pilons à une certaine hauteur, et de les laisser retomber de tout leur poids sur des corps que l'on veut fouler ou broyer. On y parvient au moyen d'une roue qui porte des dents courbées seulement d'un côté, et fort espacées les unes des autres. Ces dents se nomment *cames*. Le pilon est muni d'un bras ou d'un *manche*, sous lequel les cames viennent s'engager successivement à chaque révolution de la roue; et chaque fois que l'une des cames se dégage du manche, le pilon retombe en vertu de son poids, pour être saisi ensuite par une autre came, et ainsi indéfiniment.

On obtient un effet du même genre, en employant une roue dentée sur une portion de sa circonférence seulement, et un pilon garni d'une crémaillère, ainsi que l'indique la *Fig.* 187, *Pl.* XVIII.

Quelquefois il devient nécessaire que la vitesse du mouvement rectiligne alternatif soit réglée par certaines lois suivant chaque direction. On atteint le but au moyen d'un appareil représenté sur la *Fig.* 188. Une roue tourne uniformément autour de son axe dans le sens A B D E. Cette roue, appelée *rosette*, est découpée comme l'ombre de la figure l'indique, et elle fait mouvoir alternativement de bas en haut et de haut en bas une tige *mn*, que l'on nomme *touche*, laquelle est assujettie par des collets qui ne lui permettent de prendre de mouvement que dans le sens vertical. On peut donner à la rosette une telle courbure, que la vitesse de la touche, tant en montant qu'en descendant, soit réglée suivant la loi voulue. On fait usage de ce procédé dans l'art du tourneur et dans les filatures.

Dans d'autres circonstances le mouvement alternatif ne peut être communiqué à la tige, qu'autant que la même force agit alternativement sur cette tige en deux sens opposés. Pour y parvenir on emploie une roue munie de dents sur une portion seulement de sa circonférence (*Fig.* 189), et qui s'engrène avec deux crémaillères parallèles, toutes deux liées à la tige à laquelle on doit imprimer le mouvement alternatif.

Un autre appareil, destiné à produire le même effet, est représenté sur la *Fig.* 190. A est une roue que l'on fait mouvoir au moyen d'une manivelle appliquée en H; et cette roue est liée, au moyen d'une règle *a b* qui tourne sur deux pivots, à une tige assujettie par des collets. La roue en tournant imprime à la tige un mouvement alternatif, et l'étendue de ses excursions est égale au diamètre de la roue. Cet appareil est employé pour user et polir des surfaces planes. Il sert aussi dans les métiers pour la soie.

365. — La *Fig.* 191 représente un autre appareil appliqué par M. Zureda à une machine dont la fonction était de percer des trous dans des cuirs. La roue AB a sa circonférence taillée en dents dont la forme peut différer, selon les circonstances et l'effet qu'on veut produire. L'une des extrémités de la tige *a b*, assujettie comme à l'ordinaire par des collets, s'applique sur les dents de la roue, et elle est pressée par un ressort à l'autre extrémité. La roue en tournant imprime à la tige un mouvement de va-et-vient.

Leupold a employé ce mécanisme à mouvoir les pistons d'une pompe[1]. Sur l'axe vertical d'une roue hydraulique horizontale, est fixée une autre roue horizontale garnie de sept dents, du genre des roues à couronne (art. 299). Ces dents sont taillées comme des plans inclinés, la distance d'une dent à l'autre représentant la base du plan incliné. Les tiges des pistons portent des bras qui reposent sur la couronne de la roue, et sont forcés de remonter le long du plan incliné, pour redescendre ensuite quand ils sont arrivés au sommet de la dent. De cette manière, à chaque révolution de la roue, les pistons exécutent autant de mouvements de va-et-vient qu'il y a de dents. Afin de diminuer les frottements, les

---

[1] *Theatrum machinarum*, tom. II, *Pl.* XXXVI, *Fig.* 3.

manches des pistons sont garnis de rouleaux qui courent sur les dents de la roue.

366. — Les machines à rouages offrent partout des exemples de mouvements circulaires autour d'un axe, employés à produire des mouvements circulaires autour d'axes différents. Si les axes se trouvent dans des directions parallèles, et à des distances qui ne soient pas trop considérables, le mouvement de rotation pourra être transmis d'un axe à l'autre au moyen de deux roues à éperon (art. 299), ou d'une roue et d'un pignon : le rapport des vitesses angulaires sera déterminé par le rapport des diamètres des deux roues, ou de la roue unique et du pignon avec lequel elle s'engrène.

Si les axes de rotation sont parallèles, mais que les distances qui les séparent soient considérables, le moyen que nous venons d'indiquer devient impraticable, à cause de la grandeur démesurée qu'il faudrait donner aux roues. Alors on fait passer sur les circonférences des roues une chaîne ou une courroie. Si elles doivent tourner dans le même sens, la courroie est disposée comme dans la *Fig.* 125, *Pl.* XII; si elles doivent tourner en sens contraire, on fait croiser la courroie, comme dans la *Fig.* 126. Le rapport des vitesses angulaires est encore le même que celui des diamètres des roues, comme dans le cas de la transmission des mouvements par engrenage ; du moins en admettant que la roue cède au frottement de la courroie, sans qu'il y ait glissement proprement dit.

Si les axes sont éloignés et non parallèles, la corde employée à transmettre le mouvement d'une roue à l'autre devra passer sur des poulies de renvoi, convenablement placées.

Il arrive en certains cas que l'effort exercé sur la roue à laquelle on veut transmettre le mouvement est trop considérable pour qu'on puisse employer une corde ou une courroie. On y supplée au moyen d'un axe intermédiaire (*Fig.* 192, *Pl.* XIX), portant deux roues à engrenages coniques, qui s'engrènent respectivement avec des roues du même genre adaptées aux axes entre lesquels on veut opérer la transmission du mouvement.

On a déjà expliqué dans l'art. 299 comment la transmission du mouvement de rotation peut s'effectuer entre deux axes perpendiculaires, par le moyen de roues à couronne ou à engrenages coniques. La vis sans fin (art. 339) est encore une machine qui remplit le même but.

367. — Les deux axes autour desquels s'accomplissent le mouvement de rotation primitif et le mouvement transmis, n'ont souvent pas une position fixe. En pareil cas on a recours à un appareil ingénieux, nommé *joint universel* ou *joint brisé*, de l'invention du célèbre Hooke. Les deux axes A, B (*Fig.* 193), entre lesquels il s'agit d'établir la communication du mouvement, sont terminés en demi-cercles dont les diamètres CD, EF, forment une croix, et s'emboîtent dans les demi-cercles correspondants : tellement que, sans faire bouger la croix centrale, l'axe A peut tourner autour du diamètre CD, et l'axe B autour du diamètre EF. Maintenant, si l'on imprime à la tige A, sans la déplacer, un mouvement de rotation au-

tour de son axe, les points C, D décriront un cercle qui aura pour centre le point d'intersection des deux diamètres. Les points E, F décriront un cercle compris dans un plan différent et dont le centre sera le même ; par conséquent la tige B, qui d'ailleurs ne se trouvera pas déplacée, sera contrainte de prendre aussi un mouvement de rotation autour de son axe. Les axes A et B pourront ensuite se déplacer, prendre des inclinaisons différentes, et la transmission du mouvement de rotation n'en aura pas moins lieu.

Toutefois cet appareil ne peut servir à transmettre le mouvement, quand l'angle formé par les deux tiges est moindre de 240°. Alors on emploie un double joint, comme celui qui est représenté sur la *Fig.* 194. On voit sans aucune explication que cet instrument fonctionne de la même manière que le simple joint. L'un et l'autre appareils sont fort en usage pour l'ajustement des grands télescopes, l'observateur étant obligé de continuer à regarder à travers l'oculaire, en même temps qu'il fait mouvoir des vis sans fin ou des roues dont les axes ne sont pas à une distance accessible pour lui. On s'en sert fréquemment aussi dans les manufactures de coton, où il s'agit de prolonger des tiges à des distances considérables du premier moteur. On trouve beaucoup d'avantage à subdiviser ces tiges, en réunissant les parties par des joints semblables à ceux qui viennent d'être décrits.

La croix centrale n'entre pas comme pièce indispensable dans la construction du joint *brisé.* On peut la remplacer par un anneau qui porte sur sa circonférence quatre pointes équidistantes, lesquelles s'emboîtent dans les demi-cercles, comme s'emboîteraient les extrémités des bras de la croix centrale.

368.— On a fréquemment occasion de transformer un mouvement circulaire continu en mouvement circulaire alternatif, ou réciproquement. On peut citer comme premier exemple de cette combinaison, le mécanisme de l'échappement dans les horloges et dans les montres. Cependant, à la rigueur, il serait inexact de dire que le mouvement continu de la roue d'échappement (art. 302) imprime le mouvement vibratoire au balancier et au pendule. Le mouvement vibratoire est produit dans un cas par l'élasticité du spiral fixé à l'axe du balancier, et dans l'autre par l'action de la gravité sur le pendule. L'action de la roue d'échappement ne fait qu'entretenir le mouvement de vibration, en empêchant qu'il ne s'éteigne insensiblement par les frottements et par les résistances de l'air. Malgré ces raisons, on ne laisse pas de comprendre généralement les échappements des ouvrages d'horlogerie dans la classe des appareils qui transforment le mouvement circulaire continu en mouvement vibratoire.

Un balancier qui décrit des oscillations autour d'un axe, et qui est conduit par le piston d'une machine à vapeur ou par toute autre puissance motrice, peut communiquer un mouvement continu de rotation autour d'un axe, par l'intermédiaire d'une manivelle et d'une bielle ou d'une règle conductrice. Cet appareil a déjà été décrit dans l'art. 356, et toutes les machines à vapeur qui agissept au moyen d'un balancier en sont pourvues. Le balancier est placé en général dans la partie supérieure de la machine, et il est uni d'un bout à la tige du piston, de l'autre à la bielle qui conduit la manivelle. Mais dans les bateaux à vapeur cette disposition serait incommode, parce qu'elle ne ménage pas assez l'espace. Alors on place le balancier de côté et au-dessous de la machine, et l'on établit par de longues bielles la communication entre la tige du piston et l'un des bouts du balancier. En pareil cas, il y aurait des inconvénients à faire usage des volants. On compense l'effet des points *morts*, expliqué dans l'article précité, sans recourir aux volants, en adaptant deux manivelles à la pièce qui doit prendre le mouvement révolutif, et en faisant mouvoir ces manivelles par deux pistons. Les manivelles sont tellement ajustées, que l'une agit dans la position la plus favorable, quand l'autre est à son point mort, et réciproquement.

Une roue A (*Fig.* 195), armée de cames, qui agit sur un martinet B, mobile autour d'un axe fixe C, imprime par son mouvement circulaire continu un mouvement circulaire alternatif au martinet; ce qui est évident d'après la seule inspection de la figure.

La pédale du tourneur offre un exemple familier d'un mouvement circulaire alternatif employé à produire un mouvement circulaire continu. La communication du mouvement de la pédale à la roue principale se fait au moyen d'une manivelle, par le même procédé que nous avons décrit à l'occasion de la machine à vapeur.

369. — Voici un mécanisme ingénieux destiné à
remplir le même but. Soit A B ( *Fig.* 196 ) un axe
qui reçoit un mouvement alternatif par l'action
d'une force quelconque, telle que celle d'un poids
oscillant. Deux roues à rochet *m* et *n* (art. 289) sont
fixées sur cet axe et ont leurs dents inclinées dans
des directions opposées. Deux roues dentées C et D
sont de même placées sur cet axe, mais de manière
à pouvoir tourner avec un léger frottement autour du cylindre A B. Ces roues portent deux cliquets *p*, *q*, qui viennent s'engager dans les roues
à rochet *m*, *n*, en des sens différents, selon le sens
de l'inclinaison des dents. Enfin les roues C, D,
sont toutes deux engagées par des engrenages coniques ( art. 299 ) avec la roue E.

Au moyen de cet arrangement, dans quelque sens
que tourne le cylindre A B, le sens du mouvement
de rotation de la roue E ne changera pas. Supposons
que le sens de la rotation de A B soit celui qui engage le cliquet *p* entre les dents de la roue à rochet
*m*, la résistance du cliquet forcera la roue C à tourner dans le même sens que le cylindre et à faire
tourner la roue E. Celle-ci, en s'engrenant avec la
roue D, la fera tourner en sens contraire du cylindre, parce que le frottement ne sera pas suffisant
pour y mettre obstacle, et que le cliquet *q* ne se
trouvera pas engagé avec les dents de la roue à rochet *n*. L'inverse aura lieu quand le mouvement du
cylindre se fera en sens contraire. Ce sera la roue D
qui fera tourner la roue E, et la roue C qui obéira à
l'action de celle-ci. Ainsi la roue E tournera toujours dans le même sens, et on la ferait tourner en

sens contraire en intervertissant les positions des roues à rochet et des cliquets.

370. — Il est souvent nécessaire de déterminer un mouvement circulaire alternatif, semblable à celui d'un pendule, au moyen d'un mouvement alternatif en ligne droite. Ce cas se présente dans le jeu de la machine à vapeur. La force motrice, qui est la tension de la vapeur d'eau, imprime au piston un mouvement de va-et-vient dans l'intérieur du cylindre. La tige du piston, en montant et en descendant alternativement, imprime au balancier avec lequel elle est unie un mouvement circulaire alternatif autour de son axe. Il importe que le piston joigne bien contre le corps du cylindre pour ne pas laisser échapper la vapeur, et en même temps qu'il se meuve aussi librement que possible, sans éprouver de frottements considérables, qui feraient perdre une grande quantité de force. Pour cela il faut aussi qu'il n'éprouve pas une pression latérale qui le déformerait et courberait la tige d'un côté ou de l'autre du cylindre. Or, tous ces effets se produiraient, si la tige était immédiatement réunie par un joint ordinaire à l'une des extrémités du balancier : il faut trouver un mode de connexion qui permette à la tige de se mouvoir librement en ligne droite, sans effort latéral, tandis que l'extrémité du balancier décrit un arc de cercle.

Le premier appareil employé pour obtenir ce résultat est représenté dans la *Fig.* 197. Le pivot C est le centre du balancier à l'extrémité duquel on a adapté une pièce B D, taillée dans la forme d'un arc de cercle qui a pour centre C. A l'extrémité B est

attachée une chaîne qui s'enroule sur la portion BA
du *levier arqué*, et va se joindre en P à la tige du
piston. Il est évident que, lorsque le piston descend,
la chaîne fait tourner le balancier dans le sens
BD. Cet arrangement suffirait, si la machine à vapeur ne servait qu'à certains usages, par exemple à
pomper l'eau d'un réservoir. En pareil cas, on peut
employer une machine de l'espèce de celles qu'on
nomme à *simple effet*. Le piston P descend par
la pression de la vapeur et soulève le piston de
la pompe, attaché à l'autre extrémité du balancier; après quoi le poids de ce dernier piston
fait tourner le balancier en sens contraire et soulève
le piston P, sans que la force de la vapeur contri-
bue à son ascension. De sorte qu'en réalité la machine est passive et l'action de la puissance motrice suspendue pendant les périodes d'ascension du
piston P.

Mais lorsque la machine à vapeur est employée
dans les manufactures, ou qu'elle sert à tout autre
usage pour lequel l'action constante de la puissance
motrice est nécessaire, le piston doit être soumis à
la pression de la vapeur aussi bien quand il monte
que quand il descend. Alors la disposition représentée sur la *Fig*. 197 ne peut suffire, puisque la flexibilité de la chaîne s'opposerait à ce qu'elle pût transmettre le mouvement du piston au balancier pendant
la période d'ascension du piston.

371. — On pourrait résoudre la difficulté en pro-
longeant la tige du piston de manière qu'elle dépassât
le balancier, et en se servant de deux chaînes : l'une
qui joindrait l'extrémité supérieure de la tige avec

l'extrémité inférieure de l'arc B D ; l'autre qui joindrait l'extrémité supérieure de l'arc avec un point inférieur de la tige, choisi de façon que ce point ne monte pas au niveau de l'arc B D, quand le piston est au terme de son ascension. Cette disposition est représentée sur la *Fig.* 198.

On pourrait aussi établir un engrenage entre la tige du piston et l'arc du balancier, comme l'indique la *Fig.* 199; mais ce procédé aurait des inconvénients lorsqu'on tient à obtenir un mouvement doux, et dans la plupart des cas l'appareil se détériorerait rapidement.

372. — Le procédé imaginé par Watt pour transmettre le mouvement du piston au balancier, est une des solutions les plus élégantes et les plus ingénieuses qu'on ait pu trouver d'un problème de mécanique. Concevez deux verges droites A B, C D (*Fig.* 200), mobiles sur des centres ou pivots A, C ; de sorte que les extrémités B, D décrivent des arcs de cercle E F, E′ F′. Ces extrémités sont réunies par une troisième tige B D, qui peut tourner librement autour des pivots B, D. Or, pendant que les points B, D décriront les arcs de cercle ponctués sur la figure, le point P, milieu de B D, se mouvra de haut en bas ou de bas en haut, sans dévier sensiblement de la direction rectiligne.

Pour démontrer cette proposition, il faudrait recourir à un calcul algébrique assez compliqué ; mais sans pousser si loin la rigueur, on peut en faire comprendre fort simplement la raison. Tandis que le point B est soulevé en E, il prend un mouvement latéral de gauche à droite. En même temps, le point D est soulevé en E' et prend un mouvement latéral de droite à gauche. Les deux extrémités de la tige BD se trouvant tirées également de côté, en deux sens opposés, le point P, milieu de BD, ne doit point éprouver de dérangement latéral, et doit se mouvoir verticalement de bas en haut. On ferait le même raisonnement pour le cas où le point P descend [1].

373. — Voici maintenant l'application de cette proposition de géométrie au jeu de la machine à vapeur. Le même bras du balancier conduit ordinairement deux pistons : celui du cylindre où agit la vapeur, et celui de la *pompe à air* chargée d'entretenir le vide dans le condenseur. L'appareil est représenté sur la *Fig.* 201. A est le pivot autour duquel tourne le balancier dont A G représente l'un des bras. Soient B le point qui partage également la longueur du bras A G, C D une verge droite, égale en longueur à G B, et pouvant jouer librement autour d'un pivot C. L'extrémité D est unie au point B par une autre verge qui tourne librement sur les pivots B, D. En conséquence de ce qui vient d'être expliqué dans l'article précédent, le point P, milieu de B D, se mouvra verticalement de haut en bas ou

---

[1] Selon la rigueur mathématique, le point P décrit une courbe et non une ligne droite; mais dans le jeu de l'appareil de Watt, il ne décrit qu'une petite portion de cette courbe qui s'étend également de part et d'autre d'un point d'inflexion de la courbe, où le rayon de courbure est infini; de façon que si l'on a donné aux verges de justes proportions, la déviation de la ligne droite est imperceptible et comme nulle dans la pratique.

de bas en haut, sans éprouver de déviation latérale. Ce point conduit le piston de la pompe à air.

A l'extrémité G du balancier est fixée sur un pivot une verge G P', égale en longueur à BD, et dont l'extrémité P' est unie au point D par une autre verge P'D, égale en longueur à G B, et qui joue sur les pivots situés aux points D, P'. La tige du piston du cylindre est attachée à ce point P', qui se meut du même mouvement vertical que P, sans éprouver non plus de déviation latérale, mais avec une vitesse double. On s'en convaincra aisément en imaginant une ligne droite menée du point A, centre de rotation du balancier, au point P : droite qui passera nécessairement aussi par le point P, à cause que le point B est le milieu de A G, le point P le milieu de BD, et que la figure BDPG est un parallélogramme, les côtés opposés étant égaux deux à deux. Les deux triangles A G P', ABP resteront donc toujours semblables ; leurs angles seront égaux respectivement, et les côtés du premier seront doubles des côtés correspondants du second. On en conclut que le point P' devra se déplacer de la même manière que le point P, seulement en décrivant dans le même temps des lignes deux fois plus longues.

# CHAPITRE XXI.

## DU FROTTEMENT.

Proportionnalité des frottements aux pressions.—Méthodes pour déterminer la valeur absolue du frottement. — Frottements de première et de seconde espèce. — Application au tirage des voitures. — Utilité des frottements. — Effets de la roideur des cordes.

374. — Dans la vue de simplifier la théorie élémentaire des machines, nous avons fait abstraction de plusieurs circonstances d'une grande importance dans la pratique (art. 248); et par conséquent, lorsque l'on passe à l'application, les résultats que nous avons obtenus sont plus ou moins entachés d'inexactitude, selon que les machines auxquelles on les applique s'éloignent plus ou moins de cette perfection idéale que nous leur avons attribuée, et dont on doit faire en sorte qu'elles se rapprochent le plus possible.

Parmi les pièces d'une machine, quelques-unes sont destinées à se mouvoir; d'autres à rester fixes. Les pièces fixes ou mobiles sont sujettes à éprouver des pressions et des chocs auxquels elles doivent avoir la force de résister. Ces pressions, ces chocs varient selon la résistance que la machine doit vaincre, et selon la construction de la machine même. Tandis que la machine fonctionne, les pièces mobiles se meuvent en contact avec d'autres pièces mobiles ou fixes. Or, les matériaux dont toute ma-

chine est formée ne comportent qu'une résistance
bornée, passé les limites de laquelle les pièces sont
tordues par la pression ou brisées par le choc. Les
pièces en contact ne peuvent avoir leurs surfaces
tellement polies qu'il n'en résulte des frottements
qui mettent obstacle à leurs mouvements. Une portion de la force motrice est employée à vaincre ces
frottements, et se trouve perdue pour l'effet utile de
la machine. Elle est absorbée chemin faisant, avant
d'arriver aux pièces chargées de produire cet effet
utile.

Quand on emploie des cordes dans quelques parties de la machine, ces cordes ne sont jamais parfaitement flexibles, comme nous l'avons supposé
jusqu'ici. Ce défaut de flexibilité parfaite, ou cette
*roideur,* est cause qu'une certaine quantité de force
est dépensée à infléchir sans cesse les cordes pour
les courber sur les gorges des poulies et sur les surfaces des cylindres qu'elles doivent envelopper dans
leurs mouvements.

375. — La manière la plus naturelle d'expliquer
les effets du frottement consiste à supposer qu'ils
sont produits par les aspérités qui existent toujours
à la surface des corps, même après qu'on les a polis
avec le plus grand soin. Lorsque deux surfaces sont
en contact, les aspérités de l'une s'engrènent avec
les aspérités de l'autre, et il faut nécessairement
employer une force plus ou moins grande pour
vaincre la résistance que ces aspérités opposent au
glissement des surfaces l'une sur l'autre. Si cet
aperçu est fondé, le frottement doit être proportionnel à l'étendue des surfaces en contact. Il doit

aussi augmenter avec la pression qu'exerce un corps
contre la surface sur laquelle il frotte ; car ce surcroît
de pression a pour résultat vraisemblable d'engager
davantage les unes dans les autres les aspérités des
surfaces.

L'expérience confirme ces aperçus et démontre
de plus que le frottement sur chaque unité de surface est exactement proportionnel à la pression que
cette unité supporte : les autres circonstances, c'est-
à-dire le degré de poli des surfaces en contact, leur
contexture et leur nature chimique restant les
mêmes. Il en résulte cette conséquence que l'expérience démontre aussi, et qui pourrait sembler sin-
gulière au premier coup d'œil : savoir, que si l'on
fait glisser un corps à plusieurs faces inégales, un
prisme, par exemple, sur une surface plane, l'intensité absolue du frottement restera la même sur
quelque face qu'il glisse, malgré l'inégale étendue
de ces faces. En effet la pression totale causée par
le poids du corps restera la même, sur quelque
face qu'il repose. Si donc l'une des faces a 20 décimètres carrés et l'autre 40, chaque décimètre carré
de la première face subira une pression double et
par conséquent un frottement double des pression et
frottement subis par chaque décimètre carré de
l'autre face. Il en faut conclure que le frottement
total est le même sur les deux faces : à la vérité
nous supposons dans ce raisonnement que la pression se répartit également sur toutes les portions de
la face du corps par laquelle il est en contact avec
le plan ; mais la conclusion que nous tirons aurait
encore lieu quand bien même la pression se distri-

buerait inégalement ; il suffit que la pression totale doive toujours rester la même.

376. — Quoique la loi dont l'énoncé précède s'accorde très-bien avec l'idée la plus naturelle qu'on puisse se faire de la nature du frottement, d'autres faits donnent lieu de croire que le frottement ne provient pas uniquement de l'entrelacement des aspérités qui existent à la surface des corps. On remarque que la nature chimique des corps en contact a une grande influence sur la valeur du frottement ; que cette valeur augmente quand les corps sont de même nature ; et qu'en augmentant même le degré de poli de certains corps très-durs, il s'établit entre leurs surfaces mises en contact une adhérence dont les effets sont analogues à ceux du frottement, et qui provient évidemment de l'action des forces moléculaires (art. 98).

377. — Pour démontrer expérimentalement la loi fondamentale donnée dans l'art. 375, on peut employer l'une des deux méthodes suivantes :

1°. Après avoir rendu parfaitement planes les surfaces entre lesquelles on veut observer le frottement, on en fixe une horizontalement sur une table T T′ (*Fig.* 202, *Pl.* XX). L'autre forme le fond d'une caisse B E, disposée pour recevoir des poids. Un cordon de soie attaché à la paroi de la caisse, et tendu parallèlement à la table, vient passer sur une poulie P. Ce cordon soutient un plateau D. S'il n'y avait point de frottement entre les surfaces, le moindre poids mis dans le plateau devrait entraîner la caisse vers P, d'un mouvement continuellement accéléré. A cause du frottement il n'en est pas ainsi, et il faut que la charge du plateau ait acquis une certaine intensité pour que la caisse commence à se mouvoir. On augmente donc successivement et avec précaution la charge du plateau, jusqu'à ce qu'elle soit suffisante pour mouvoir la caisse. Cette charge mesurera l'intensité du frottement.

Nous supposons qu'on aura déterminé préalablement le poids de la caisse. Alors, en chargeant la caisse de poids, de manière que la pression devienne double, triple, on observera que la charge du plateau, nécessaire pour ébranler la caisse, devient aussi double ou triple, et qu'ainsi le frottement est doublé ou triplé.

2°. On fixe l'une des surfaces à un plan AB (*Fig.* 203), qui peut prendre divers degrés d'inclinaison par rapport au plan horizontal BC; et l'autre surface sert de fond à une caisse W, que l'on peut charger de poids comme dans l'expérience précédente. On augmente graduellement l'inclinaison du plan AB, jusqu'à ce que la caisse commence à glisser. La pression de la caisse contre le plan est à son poids dans le rapport de la base BE du plan incliné, à sa longueur BA (art. 323). La force avec laquelle la caisse tend à glisser dans le sens AB, par l'action de la pesanteur, est à son poids dans le rapport de la hauteur AE du plan incliné, à sa longueur BA. Par conséquent la pression est à la force avec laquelle la caisse tend à glisser, dans le rapport de BE à AE, rapport qui dépend de l'angle ABC. Or, on observera que, quelle que soit la charge de la caisse, l'angle A B C pour lequel la caisse commence à glisser ne varie pas. Donc le rapport du frottement à la pression reste le même.

378. — L'importance que la juste détermination des frottements a dans toutes les applications de la mécanique a engagé un grand nombre de physiciens à entreprendre des recherches expérimentales à ce sujet. On cite en Angleterre les expériences de feu le professeur Vince, de Cambridge, et celles de M. Rennie, dont la date est plus récente [1]. En France, le grand travail de Coulomb sur les frottements [2] a servi longtemps de guide en ces matières ; mais, dans ces derniers temps, M. Morin, officier d'artillerie attaché à l'école de Metz, a repris en grand les mêmes expériences, et les a portées à un nouveau degré de précision [3].

Tous les physiciens n'admettent pas comme rigoureuse la loi de la proportionnalité du frottement à la pression. Suivant quelques auteurs, quand la pression devient très-considérable, le frottement est un peu moindre qu'il ne le serait d'après cette règle, et au contraire il est un peu plus grand quand la pression devient très-faible. Mais ces différences, si elles existent, peuvent être négligées dans la pratique.

[1] *Phil. Transact.*, 1829, Part. I, p. 143.

[2] Tome X des *Mémoires des savants étrangers*, de l'ancienne Académie des Sciences ; et *Théorie des machines simples, en ayant égard au frottement de leurs parties et à la roideur des cordages*. Paris, 1821.

[3] *Nouvelles expériences sur le Frottement*, 1831 à 1833, 3 vol. in-4°. Le premier volume est inséré dans le tome V des Mémoires présentés à l'Académie des Sciences (nouvelle série).

379. — Le frottement dont il s'est agi jusqu'ici est celui qu'on observe dans l'état d'équilibre, et qui s'oppose à ce que le corps frottant sorte de cet état, tant que les forces qui le sollicitent n'ont pas dépassé certaines limites. On remarque qu'il n'atteint le *maximum* de sa valeur qu'après que le contact des surfaces a eu lieu pendant un certain temps, différent pour les corps de natures diverses ; et ce n'est qu'à partir de ce *maximum* que le frottement est proportionnel à la pression. La durée du temps nécessaire pour que le frottement atteigne son *maximum* est très-variable selon les substances : quelquefois elle n'est que de quelques fractions de seconde, quelquefois elle monte à quelques minutes ou à quelques heures, et même parfois à plusieurs jours.

Le rapport du frottement à la pression, ou la valeur absolue des frottements pour une pression donnée, change selon la nature des substances. En général, il est moindre entre des substances de natures diverses qu'entre des substances de même nature. Ainsi, entre deux surfaces de chêne ou d'orme fraîchement dressées, le frottement est d'environ la moitié de la pression ; il n'en est guère que le quart entre deux surfaces de fer, et seulement le cinquième entre deux surfaces, l'une de fer, l'autre de chêne. C'est par cette raison qu'on emploie avec des essieux en fer des boîtes de roues en cuivre. Si deux surfaces de bois sont placées l'une sur l'autre à contrefil, le frottement sera moindre que si les fibres des deux surfaces sont dirigées dans le même sens.

Les enduits gras interposés entre les surfaces diminuent le frottement, probablement parce qu'ils remplissent les cavités produites par les aspérités naturelles de ces surfaces.

380. — Le frottement qui se produit et qui subsiste d'une manière continue, tandis que les corps sont en mouvement, suit les mêmes lois que le frottement qui s'oppose à la rupture de l'équilibre, c'est-à-dire qu'il est proportionnel à la pression totale exercée sur la surface frottante; et que par conséquent la pression totale restant la même, il ne dépend pas de l'étendue de cette surface. De plus, on observe que la valeur de ce frottement ne dépend que de la pression, et qu'elle est indépendante de la vitesse du mobile. Selon quelques auteurs, la vitesse exerce sur le frottement une légère influence.

Lorsque la surface de contact diminue beaucoup, le corps raie la surface sur laquelle il glisse : alors le frottement suit des lois différentes.

Quand les corps réagissent les uns contre les autres par percussion, il se produit des frottements qui modifient les résultats des chocs; mais les lois de ces frottements ont été jusqu'ici peu étudiées : elles peuvent différer notablement de celles qui ont lieu dans le cas des simples pressions.

381. — Deux corps peuvent se mouvoir l'un sur l'autre de diverses manières, auxquelles correspondent des frottements d'intensités différentes. Le premier cas est celui où les corps glissent l'un sur l'autre, comme lorsqu'ils sont terminés tous deux par des surfaces planes. On appelle quelquefois le frottement correspondant, frottement *de première*

*espèce*, et c'est le plus grand. Quand au contraire un corps arrondi roule sur un autre sans glisser, comme une bille roule sur le tapis d'un billard, il se produit un frottement beaucoup moindre, que l'on appelle *de seconde espèce*. Souvent le corps glisse en même temps qu'il roule, et le frottement qui en résulte participe à l'une et à l'autre espèce. Les effets singuliers du jeu de billard, que les joueurs désignent par le mot de *procédés*, s'observent dans des cas où le mouvement de rotation de la boule est inverse de celui qui aurait lieu si la boule roulait sans glisser.

382. — Lorsqu'une roue tourne en glissant sur un essieu, le rayon de la roue est un bras de levier qui aide la puissance à surmonter le frottement dû au glissement. Supposons que la *Fig.* 204 représente la coupe d'une roue et de son essieu, et que C soit le centre de l'essieu, le contact ayant lieu en B, et le mouvement de rotation de la roue s'opérant dans le sens N D M. Le frottement agira en B dans la direction B P, et avec le bras de levier B C. La puissance motrice sera appliquée à la circonférence de la roue, par exemple en D, et suivant la direction D A. Elle aura pour bras de levier le rayon de la roue. Ainsi, plus ce rayon sera grand relativement au rayon BC de l'essieu, plus la puissance aura d'avantages pour surmonter le frottement.

383. — Les dispositions employées pour diminuer les effets du frottement dépendent des propriétés qui viennent d'être expliquées. On substitue autant que possible au frottement de première espèce un frottement de seconde espèce, et quand on ne peut

éviter le frottement de première espèce, on fait en
sorte qu'il se produise au contact d'une roue et d'un
essieu.

Quand un fardeau glisse sur un plan, comme un
traîneau, le frottement est de première espèce et le
plus grand possible. Mais si l'on place le fardeau
sur des rouleaux, le frottement diminuera en devenant de seconde espèce. C'est ainsi qu'on déplace
de gros blocs de pierre et des bois de charpente que
l'on ne pourrait faire glisser sur une route de niveau qu'au moyen d'une dépense énorme de force.

Ce procédé, dont on se sert avantageusement
quand on n'a besoin de faire décrire aux fardeaux
que de petits espaces, deviendrait impraticable si la
distance à parcourir était grande, à cause du temps
qui est perdu à reporter les rouleaux en avant, à
mesure que le fardeau les laisse derrière lui en che-
minant. Les roues des voitures que l'on emploie en
pareil cas, peuvent être regardées comme des rouleaux qui cheminent avec le fardeau. Aux frottements des roues contre la route viennent s'ajouter,
il est vrai, les frottements contre les essieux; mais
d'autre part on est débarrassé du frottement du fardeau, ou du train qui le supporte, contre les rouleaux. Il n'est pas rare d'entendre attribuer la diminution du frottement, obtenue par l'emploi des voitures, à la lenteur avec laquelle l'essieu tourne dans
sa boîte, comparée à la vitesse des roues de la voiture; mais c'est une erreur. Nous avons vu que la
valeur du frottement ne varie pas sensiblement avec
la vitesse (art. 380).

Dans certains cas où il importe beaucoup d'atté-

nuer les effets du frottement, on emploie une disposition représentée sur la *Fig.* 205. L'essieu O de la
roue E F, à laquelle on veut donner un mouvement
de rotation, au lieu de tourner dans une boîte ou
sur un support fixe, ce qui engendrerait un frottement de première espèce, s'appuie sur les circonférences des deux roues A B, D C, qui tournent avec
la première, ce qui donne des frottements de seconde espèce. A la vérité ces roues auxiliaires frottent elles-mêmes sur leurs pivots P, Q; mais on
s'arrange pour que ce frottement soit aussi faible
que possible, et puisse toujours être surmonté par
le frottement de l'essieu O, sans qu'il en résulte un
glissement de cet essieu sur les circonférences des
roues auxiliaires.

384.—Les obstacles que le sol raboteux des routes
ordinaires oppose au mouvement des voitures, peuvent être jusqu'à un certain point assimilés au frottement. C'est en quelque sorte un frottement qui
s'opère sur une plus grande échelle. Ces obstacles
opposent une moindre résistance au mouvement
des grandes roues qu'à celui des petites. D'une part,
en effet, les grandes roues sont moins exposées à
s'enfoncer dans les creux de la route; d'autre part
(ce qui est plus essentiel encore), elles n'ont pas à
soulever aussi brusquement le fardeau, pour passer
sur les éminences qui leur font obstacle. C'est ce que
l'on comprendra tout de suite, à l'inspection des
lignes ponctuées de la *Fig.* 206, qui représentent
les courbes décrites par les axes de deux roues, l'une
plus grande, l'autre plus petite.

385. — Si une voiture pouvait rouler sur une

route sans frottement, la direction la plus avantageuse à donner à la force motrice serait parallèle à
la route. Mais à cause du frottement, il vaut mieux
que la ligne de traction soit inclinée à la route ; de
sorte qu'une portion de la force soit employée à diminuer la pression contre la route, et une autre à
faire avancer le fardeau.

Soit W (*Fig.* 207) un fardeau qu'il s'agit de mouvoir sur la surface plane A B. Si la force de traction
est appliquée dans la direction C D, parallèle à A B,
elle aura à vaincre le frottement qui correspond à
une pression égale au poids entier du fardeau ; mais
si on lui donne une direction inclinée C E, elle équivaudra (art. 75) à deux forces C G, C F. La force
C G a pour effet d'alléger la pression sur la route et
de diminuer le frottement en proportion ; la force
C F tire le fardeau dans le sens A B. Puisque C F
est plus petit que C E, il est évident qu'on a perdu
une partie de la force de traction ; mais d'un autre
côté, on a diminué la résistance à vaincre. Selon
que l'un ou l'autre de ces effets l'emportera, on aura
gagné ou perdu en inclinant la force dans la direction C E.

Un raisonnement mathématique, fondé sur ces
considérations, montre que l'inclinaison pour laquelle la force agit avec le plus d'avantage, est précisément celle qu'il faudrait donner au plan A B,
pour que le fardeau commençât à se mouvoir de
lui-même en surmontant par son poids la résistance
du frottement. Cette inclinaison est celle qui détermine le rapport des frottements à la pression, selon
la seconde méthode décrite dans l'art. 377 : elle est

d'autant plus grande que la route est plus raboteuse.
Sur une route à la Macadam, il suffit d'une petite
inclinaison pour qu'une voiture se meuve d'elle-
même : en conséquence les traits des chevaux devront être presque parallèles à la route. A plus forte
raison, sur un chemin de fer, ils devraient être sensiblement parallèles aux rails.

386. — Si le frottement est cause en général
d'une perte de force dans les machines, et s'il diminue sous ce rapport la puissance mécanique de
l'homme, il n'est pas moins indispensable sous d'autres rapports à l'exercice de nos facultés physiques.
Sans le frottement l'homme ne pourrait pas marcher, ainsi qu'il est facile de s'en convaincre en observant combien la marche devient difficile quand
le sol sur lequel on marche est rendu très-poli.
Il ne pourrait pas davantage saisir les corps avec la
main pour les remuer ou les soulever. Les corps ne
resteraient en repos où il les aurait placés que dans
le cas d'une horizontalité parfaite du plan de support, qu'il est physiquement impossible d'obtenir.

387. — Afin d'expliquer sur un exemple les effets
de la roideur des cordes dans les machines, imaginons qu'une corde aux deux bouts de laquelle
sont attachés des poids égaux, A, B (*Fig.* 208)
enveloppe la gorge d'une poulie CED. Si l'on augmente tant soit peu la charge A, la corde étant
supposée parfaitement flexible, le bout CA descendra, et le frottement de la corde fera tourner la
poulie dans le sens DEC. Maintenant supposons-la
au contraire parfaitement inflexible : la poulie, la
corde et les poids prendront la position indiquée.

sur la *Fig*. 209 ; le poids A agira suivant la ligne verticale A F, le poids B suivant la ligne verticale B G. Les bras de levier avec lesquels ces poids tendent à faire tourner la poulie en sens contraires, seront respectivement proportionnels aux longueurs des lignes O F, OG. Ainsi le moment du poids A (art. 186) sera diminué, et celui du poids B sera augmenté. Donc, quoique le poids A l'emporte maintenant sur B, il pourra se faire que la roideur de la corde maintienne l'équilibre, et que la poulie ne tourne pas.

Attendu que la corde n'est point parfaitement inflexible, les bouts ne conservent pas une forme rectiligne comme sur la *Fig*. 209 ; ils se courbent de la manière indiquée sur la *Fig*. 210, de sorte que le bras de levier du poids A est moins raccourci, et le bras de levier du poids B moins allongé. De plus, l'observation a appris (ce qu'on pourrait déduire aussi de considérations théoriques), que la courbure du bout de corde C A, situé du côté du poids que l'on suppose prévaloir, est sensiblement nulle ; de sorte que pour tenir compte de la roideur de la corde employée dans une machine en mouvement, il ne faut qu'augmenter le bras de levier de la résistance d'une quantité convenable. Cette correction due à la roideur de la corde est tout à fait indépendante du frottement de la corde sur la pièce qu'elle enveloppe, résistance dont il faut tenir compte, d'après les principes de la théorie du frottement, que nous avons exposés plus haut.

388. — Coulomb qui s'est beaucoup occupé, dans

l'ouvrage déjà cité (art. 378), des effets de la roideur des cordes, a trouvé que la force avec laquelle les cordes résistent à la flexion est en raison inverse du diamètre de la poulie et sensiblement proportionnelle au carré du diamètre de la corde, du moins tant que la corde n'est pas très-usée ; car dans ce dernier cas la résistance approcherait d'être simplement proportionnelle au diamètre de la corde. La résistance des cordes à la flexion est mesurée par le poids que cette résistance oblige d'ajouter à la force motrice pour mettre la machine en mouvement. Elle se compose de deux parties, l'une qui est indépendante de la tension de la corde et produite par l'ourdissage, l'autre qui est produite par la tension de la corde, et qui croît proportionnellement à cette tension.

---

# CHAPITRE XXII.

## DE LA RÉSISTANCE DES MATÉRIAUX.

Résistance à la traction longitudinale. — Résistance à la pression de bout. — Théorie d'Euler. — Force de résistance à la pression transversale. — Théorie de Galilée. — Conséquences qu'on en déduit relativement aux forces de résistance des solides semblables.

389. — Les recherches expérimentales sur les lois qui régissent la force des matériaux entraînent de très-grandes difficultés d'exécution, tant à cause des forces considérables dont il faut disposer, que

par la nécessité de varier d'une foule de manières les circonstances des expériences, si l'on veut arriver à quelque résultat général. Les corps sur lesquels on opère sont loin d'avoir une texture uniforme dans toutes leurs parties ; ils offrent tous, au contraire, des irrégularités de structure que l'on peut regarder comme accidentelles, et il faut embrasser un grand nombre d'expériences pour éliminer du résultat moyen l'influence des anomalies et des irrégularités fortuites. Quand on y est parvenu, ce résultat moyen ne peut pas être appliqué strictement et sans contrôle à tel ou tel cas particulier ; au contraire, il y a tout à parier que, dans les cas particuliers, les résultats fournis par l'expérience directe s'écarteront plus ou moins des résultats moyens, sur lesquels on ne peut fonder par conséquent que des approximations. Les détails que ce sujet comporte appartiennent à la science de l'ingénieur plutôt qu'aux éléments de mécanique. Cependant il ne sera pas hors de propos de donner ici un aperçu général des points les plus importants.

Une force qui tend à désagréger les parties d'un corps solide peut agir sur ce corps de diverses manières, et notamment :

1°. Par traction longitudinale, comme lorsqu'une corde ou un fil métallique est tendu par un poids ;

2°. Par pression ou percussion longitudinale, comme lorsqu'un poids repose sur une poutre placée de bout ;

3°. Par effort transversal, comme dans le cas d'un levier qui repose sur un point d'appui, et qu'on a chargé de poids à ses deux extrémités.

390. — Dans le premier cas, la force de résistance est proportionnelle à l'aire de la section transversale. Ainsi supposons une barre métallique carrée A B (*Fig.* 211) encastrée en A ayant un centimètre de largeur et un centimètre d'épaisseur, avec une longueur quelconque ; qu'elle soit tirée par une certaine force dans la direction A B, au point de se rompre : une barre du même métal et de la même qualité, ayant deux centimètres de largeur sur un centimètre d'épaisseur, ne rompra que sous une force double ; une autre barre de trois centimètres de largeur ne rompra que sous une force triple, et ainsi de suite. Il est clair, en effet, que l'on peut considérer la barre dont la section transversale est double ou triple, comme formée de deux ou de trois barres accolées l'une à l'autre, et qui ont chacune une section transversale d'un centimètre carré. Chacune de ces barres résiste également et séparément à la force de traction. La résistance totale est la somme des résistances de chaque barre.

Si la barre était parfaitement homogène dans toute sa longueur, la résistance à la traction ne dépendrait aucunement de la longueur de la barre ; mais l'on conçoit que plus la barre est longue, plus les chances d'inégalité de structure sont accrues. Aussi observe-t-on, dans la pratique, que la force de résistance diminue quand la longueur augmente.

391. — On n'a point encore obtenu, ni par la théorie ni par l'expérience, des résultats satisfaisants en ce qui concerne les lois suivant lesquelles les solides résistent à la compression longitudinale. La charge qu'un pilier vertical peut supporter sans flé-

chir dépend évidemment de l'étendue de sa base et
de sa hauteur. Il est certain que si la hauteur reste la
même, sa force de résistance croîtra avec l'aire de
la base ; mais on peut douter si ces accroissements
seront proportionnels. Selon la théorie d'Euler, qui
paraît jusqu'à un certain point vérifiée par les expériences de Musschenbrœck, la résistance croît
plus rapidement que l'aire de la base : si l'aire est
doublée, la résistance sera plus que doublée. Selon
M. Dulcau, le poids capable de faire plier un cylindre, en le pressant de bout, est en raison directe de la
quatrième puissance du diamètre ou du carré de l'aire
de la base. Ainsi, d'après cette théorie, supposons
deux cylindres d'égale hauteur, dont l'un aurait un
décimètre de diamètre, et l'autre deux décimètres :
l'aire de la base du dernier serait quadruple de
l'aire de la base du premier, et sa force de résistance
à la pression de bout serait seize fois plus grande.

La base restant la même, la force diminue quand
la hauteur augmente, et la diminution de la force de
résistance est plus rapide que l'accroissement de la
hauteur. Selon la théorie d'Euler, la force de résistance est en raison inverse du carré de la hauteur : c'est-à-dire que si la hauteur est double, la
force de résistance deviendra quatre fois moindre.

392. — L'effort que les solides qui entrent dans
les constructions de tout genre ont le plus communément à supporter, est un effort transversal ; c'est-
à-dire que ces pièces, reposant longitudinalement
sur des points d'appui, ont ordinairement à supporter des pressions dirigées perpendiculairement à leur
longueur. Si la pression agissait obliquement, on

pourrait la décomposer en deux autres (art. 75), l'une dirigée longitudinalement, l'autre perpendiculairement à la longueur de la pièce. L'effort longitudinal serait une compression ou une traction, et rentrerait dans la classe de ceux dont il a été question tout à l'heure.

Quoique les résultats de la théorie, aussi bien que ceux de l'expérience, offrent de grandes discordances en ce qui concerne la résistance transversale des solides, ils s'accordent passablement sur quelques points principaux ; et nous ne parlerons que de ceux-là, en supprimant tout détail sur les points controversés.

393. — Soit A BCD ( *Fig.* 212 ) une poutre équarrie, encastrée par ses extrémités A, B, et qui supporte en E une charge W, laquelle presse la poutre perpendiculairement à sa longueur. Il est évident que la force de résistance de la poutre sera proportionnelle à sa largeur, toutes les autres circonstances restant les mêmes : car une poutre, de largeur double ou triple et de la même épaisseur, équivaudra à deux ou à trois poutres parfaitement semblables entre elles et placées l'une à côté de l'autre.

Quand la largeur et la longueur sont les mêmes, la force de résistance croît avec l'épaisseur, mais non dans la même proportion. Nous entendons ici par épaisseur la dimension parallèle à la direction de la pression. Il est visible que la force de résistance augmente beaucoup plus rapidement que l'épaisseur. D'après la théorie de Galilée, la force de résistance croît en raison du carré de l'épaisseur, de sorte qu'à une épaisseur double ou triple correspond une force

de résistance quatre fois ou neuf fois plus grande ;
et dans la plupart des cas les résultats de l'expérience
ne s'écartent pas sensiblement de cette règle. La
résistance dépend donc bien plus de l'épaisseur que
de la largeur. Aussi chacun sait qu'une planche est
beaucoup plus difficile à rompre de champ qu'à plat.
On a égard à ce principe quand on dispose les so-
lives et les chevrons qui entrent dans la construction
des planchers et des toits.

En admettant que la largeur et l'épaisseur de la
poutre restent les mêmes, la force de résistance varie
en raison inverse de la longueur de la poutre, ou
plutôt de la distance entre les deux points de support. Si cette distance devient double, la force de
résistance est moindre de moitié.

394. — D'après cela, supposons deux poutres semblables ( ce mot étant pris dans le sens qu'il a en
géométrie ), c'est-à-dire dont toutes les dimensions
soient proportionnelles. Par exemple, admettons que
l'une ait toutes ses dimensions doubles des dimensions de l'autre. A une largeur double correspondra
une force de résistance double ; mais aussi à une longueur double correspondra une résistance moindre
de moitié ; de sorte qu'on perdra par l'accroissement
de longueur précisément ce qu'on a gagné par l'accroissement de largeur. Il n'y aura plus qu'à tenir
compte de l'accroissement d'épaisseur. L'épaisseur
étant double, la force de résistance sera quadruple.
Ce raisonnement, qu'on peut généraliser, montre
que les résistances transversales des solides semblables croissent proportionnellement aux carrés de
chacune de leurs dimensions.

395. — Les matériaux employés dans telle construction que ce soit ont d'abord à supporter leur propre poids ; de sorte que leur force de résistance utile doit s'estimer par l'excès de leur force absolue sur la portion de cette force employée à soutenir leur propre poids. Cette considération conduit à des remarques importantes.

En effet, l'on vient de voir dans l'article précédent que la force de résistance des solides semblables croît comme le carré de l'une quelconque de leurs dimensions, et par conséquent suivant une progression très-rapide ; mais en même temps le poids de ces solides croît suivant une progression plus rapide encore, puisqu'il croît comme le *cube* de l'une quelconque des dimensions ¹. Ainsi, toutes les dimensions étant doublées, la force de résistance sera quadruple, mais le poids du solide sera 8 fois plus grand. Toutes les dimensions étant triplées, la force de résistance sera 9 fois plus grande, et le poids 27 fois plus grand. Toutes les dimensions étant quadruplées, la force de résistance sera 16 fois plus grande, et le poids 64 fois plus grand, et ainsi de suite.

Ce calcul fait voir clairement que, si la force de résistance d'un solide de petites dimensions peut excéder considérablement le poids de ce solide, la portion utile de la force de résistance finira par diminuer très-rapidement quand on augmentera beaucoup les dimensions du solide ; et l'on pourra assigner des dimensions telles que la charge causée

---

¹ On appelle *cube*, en arithmétique, le produit qu'on obtient en multipliant le carré d'un nombre. (art. 108) par ce nombre même.

par le poids seul du solide surpasse la force de résistance.

Il ne faut donc pas juger de la force de résistance des pièces employées dans une construction en grand, par la force de résistance du modèle, laquelle est toujours plus grande, proportionnellement à ses dimensions. Toutes les constructions de la nature et de l'art ont des limites de grandeur qu'elles ne peuvent dépasser, l'espèce des matériaux restant la même.

396. — On pourrait remarquer à l'appui de ces observations, que les petits animaux ont plus de force en proportion que les grands ; que les jeunes plantes sont, par comparaison, capables d'une plus grande résistance que les arbres des forêts. Mais l'assimilation, quoique fondée jusqu'à un certain point, ne serait pourtant pas complétement exacte. On ne doit pas perdre de vue que le raisonnement de l'art. 395 suppose que les solides semblables sont formés des mêmes matériaux, et que cette supposition ne s'applique pas aux exemples que nous venons de citer.

# CHAPITRE XXIII.

(Par le Traducteur.)

## DE LA MESURE DES FORCES ET DU TRAVAIL DES MACHINES.

Mesure des forces de pression et d'impulsion.— Force vive. Travail dynamique. — Propriétés des forces vives. — Principe des vitesses virtuelles. — Effets des machines. Résistances intérieures et extérieures. — Effets des volants. — Unités dynamiques. — Considérations sur la dépense de force faite par les moteurs animés. — Dynamomètres.

397. — Lorsque l'on considère les forces de pression dans l'état d'équilibre, rien de plus simple que la mesure de ces forces. On regarde comme égales entre elles deux forces A et B qui se font équilibre quand on les applique en sens contraires à une particule matérielle ; et s'il faut trois forces égales à B et dirigées dans le même sens, pour neutraliser l'action de la force A, dirigée en sens contraire, on regarde la force A comme triple de la force B. Il est permis de prendre pour unité de force ou de pression, la pression exercée par un poids d'un kilogramme, et c'est ce qu'on a fait dans tout le cours de ce traité en exprimant les pressions par des poids. D'ailleurs les forces A et B peuvent différer complétement dans leur nature physique : on ne les considère dans la statique rationnelle qu'en tant qu'elles

produisent ou peuvent produire des pressions comparables. Cette propriété dont nous avons une idée
aussi distincte que des nombres et de l'étendue, fait
de la statique une science aussi rigoureuse que
l'arithmétique et la géométrie. Si l'on objectait encore, comme on l'a fait, que l'essence physique des
forces nous est inconnue, l'objection n'aurait pas
plus de portée que les arguments qu'on voudrait
tirer contre la géométrie, de ce que nous ignorons
la nature intime des corps étendus, ou de ce que
les métaphysiciens ont disputé sur l'essence de
l'espace.

Si le profit que l'homme tire des forces de la nature consistait uniquement à produire des pressions,
l'homme le moins habitué aux spéculations abstraites
ferait, dans un intérêt pratique, la même abstraction
qu'ont faite les géomètres pour fonder la science de
la statique. Il ne verrait dans les forces que les pressions qu'elles peuvent produire, ne les estimerait
que par les intensités de ces pressions ; et le cours du
commerce, en assignant aux forces une valeur vé-
nale, en donnerait une mesure qui s'accorderait
parfaitement avec celle des géomètres.

398. — La question de la mesure des forces se
complique, lorsqu'on les considère à la fois comme
pouvant produire des pressions et des mouvements.
Il est sans doute naturel d'admettre que des forces
différentes quant à leur nature physique, mais qui
s'équilibrent ou qui engendrent des pressions égales
lorsqu'on les applique en sens contraires à une particule matérielle, imprimeraient séparément à cette
particule des vitesses égales. On pourrait même dé-

duire ce principe de certaines notions abstraites sur la nature de l'espace, de la matière et des forces. Mais si l'on veut échapper à toute contestation, l'expérience doit en décider. Or, l'expérience nous apprend que la mesure des forces, tirée de leurs effets dynamiques ou des mouvements produits, s'accorde parfaitement avec la mesure des forces, tirée de leurs effets statiques. Ce principe qui coïncide, sous un autre énoncé, avec la seconde loi du mouvement posée par Newton (art. 70), est le lien qui unit la dynamique, ou la théorie du mouvement, à la statique ou à la théorie de l'équilibre des forces. La dynamique suppose donc, de plus que la statique, une donnée expérimentale, du moins lorsqu'on veut s'affranchir de toute considération métaphysique, ainsi que la plupart des géomètres et des physiciens modernes ont tenu à le faire.

A la faveur du principe que nous venons de rappeler, on a une idée nette de la mesure des forces telles que la pesanteur, qui agissent continuellement sur un corps, soit pour engendrer une pression s'il y a obstacle au mouvement, soit pour lui imprimer une vitesse, mais de manière que la vitesse imprimée dans un temps extrêmement petit, soit elle-même extrêmement petite.

399. — Malheureusement pour la clarté des théories, les langues sont des instruments imparfaits, et la pénurie des termes fait que l'on comprend sous les mêmes dénominations des choses essentiellement différentes. Par exemple, outre les forces capables de produire une pression continue, ainsi qu'on vient de l'exposer, on appelle encore du nom de forces

les actions brusques qui naissent du choc d'un corps solide, de l'explosion d'un gaz, et qui peuvent imprimer à un corps, dans un temps excessivement court, des vitesses considérables, ou qui, dans le cas où le mouvement est empêché par des obstacles, font éprouver au corps une percussion ou secousse brusque, tout à fait différente de l'effet produit par une simple pression. Pour distinguer ces forces on les appelle *forces instantanées*, non pas que l'on croie maintenant qu'elles n'agissent que pendant un instant indivisible : au contraire, tous les physiciens admettent qu'elles agissent au fond comme les pressions ordinaires, et qu'il leur faut un temps fini pour communiquer aux corps des vitesses finies ; mais ce temps est si court qu'il équivaut pour nous à un instant indivisible.

Lorsque les forces instantanées ne produisent que des percussions, parce que le mouvement est empêché par des obstacles, il serait fort difficile de comparer les percussions produites, de manière à en tirer une mesure de ces forces ; mais nous pouvons très-bien les mesurer par les mouvements qu'elles engendrent. L'expérience, d'accord avec les notions que nous nous formons de l'inertie de la matière, montre que la même force qui imprime une certaine vitesse à une masse de dimensions assez petites pour pouvoir être considérée comme un point matériel, imprimera à une masse double une vitesse moitié moindre. Ainsi, en mesurant les forces d'impulsion par les mouvements produits, il faudra tenir compte de la masse du corps mis en mouvement et de sa vitesse. Le *produit de la masse par la vitesse*, ou ce qu'on nomme *la quantité de mouvement*, mesurera l'intensité de la force d'impulsion.

400. — En considérant ainsi séparément les effets produits par les forces de pression, et ceux qui sont produits par les forces d'impulsion, nous réussissons très-bien à prévenir toute équivoque ; mais, comme il est naturel de s'y attendre, la confusion pourra renaître, à moins d'un surcroît d'attention, si nous venons à combiner entre eux les effets produits par ces forces d'espèces différentes, auxquelles nous imposons une dénomination commune.

Pour prendre le cas le plus simple , admettons qu'une force d'impulsion, dirigée de bas en haut, ait imprimé à une masse pesante une certaine vitesse : l'action de la force continue qu'on appelle pesanteur, dirigée de haut en bas, enlèvera sans cesse au corps une portion de la vitesse que lui avait communiquée soudainement la force d'impulsion. Le corps remontera jusqu'à une certaine hauteur qui sera la moitié de celle à laquelle il fût parvenu dans le même temps, en vertu de l'impulsion initiale, si la pesanteur n'avait pas agi ; et quand il sera arrivé à cette hauteur, la vitesse communiquée par la force d'impulsion se trouvera complétement éteinte. Cette hauteur dépendra de la vitesse d'impulsion, mais ne variera pas proportionnellement à cette vitesse ; pour que la hauteur à laquelle le corps remonte fût double ou triple, il faudrait que la vitesse initiale fût quatre ou neuf fois plus grande. En un mot la hauteur variera proportionnellement au carré de la vitesse initiale. Cela se déduit des lois du mouvement accéléré ou retardé, qu'on a exposées dans le septième chapitre de cet ouvrage.

Or, lorsque l'on dispose de forces d'impulsion dans un but utile, ce n'est jamais pour imprimer à un mobile affranchi de toute force retardatrice, une vitesse qui se perpétuerait indéfiniment. Nous ne sommes pas placés dans des conditions physiques où un semblable phénomène pourrait se produire. Tous les corps sur lesquels nous agissons sont soumis dans leurs mouvements à l'action continue de forces retardatrices qui tendent à les ramener au repos, et qui finalement les y ramènent. Ce qui nous intéresse dans une force d'impulsion, ce n'est pas la vitesse initiale communiquée au corps, mais la distance à laquelle un corps de masse donnée soumis à une force retardatrice, pourra être transporté dans un temps donné, en vertu de la force d'impulsion. Le cas que nous avons choisi pour exemple, et auquel on peut ramener tous les autres au moyen des machines, nous apprend que cette distance est proportionnelle au carré de la vitesse. Donc, si nous voulons mesurer les forces d'impulsion par leur effet *utile*, c'est-à-dire par la distance à laquelle une masse donnée peut être transportée dans un temps donné, ces forces seront proportionnelles au produit de la masse du mobile par le carré de la vitesse d'impulsion. Ce produit très-différent, comme on voit, de la quantité de mouvement, est ce qu'on nomme la *force vive*.

401. — Pour fixer encore mieux les idées, imaginons un treuil comme celui de la *Fig.* 113, *Pl.* XI, et supposons qu'une force d'impulsion,

telle que celle qui serait produite par le choc d'un ressort qui se débande, vienne agir à certains intervalles sur les chevilles de la roue. Chaque coup communiquera une certaine quantité de mouvement à la machine, de même qu'il communiquerait à un projectile une certaine vitesse initiale. Le poids W remontera d'une certaine hauteur à chaque coup, et le cliquet R l'empêchera de redescendre. Cela posé, la hauteur à laquelle le poids W sera remonté au bout d'un temps donné, d'une heure par exemple, et par conséquent l'effet utile de la machine, ne sera pas proportionnel à la somme des intensités des chocs, ces intensités étant mesurées par les vitesses initiales que les chocs imprimeraient à un même projectile, ou par les vitesses initiales de rotation qu'ils impriment effectivement à la roue. La hauteur d'ascension du poids sera proportionnelle à la somme des carrés de ces intensités ou de ces vitesses initiales.

Après que la roue aura perdu une portion de la vitesse que le choc lui avait communiquée, la hauteur à laquelle elle sera encore capable de remonter le poids, ou l'effet utile qu'elle aura encore la puissance de produire, sera proportionnel, non pas à sa vitesse de rotation, pour l'instant donné, mais au carré de cette vitesse. Donc la force utile que nous pouvons regarder comme accumulée dans la roue, à une époque quelconque de son mouvement, n'est autre chose que la force vive, ou du moins lui est proportionnelle. Pour plus de simplicité, nous faisons ici abstraction du frottement, mais nous aurions pu y avoir égard, sans que cela changeât le fond du raisonnement.

402. — La dénomination de *force vive* a été ima-

ginée par Leibnitz, pour qui cette expression avait
un sens philosophique sur lequel nous reviendrons
un peu plus loin. Dans ces derniers temps on a proposé de lui en substituer une autre, qui se rattache
au contraire à un point de vue purement pratique. On
opère évidemment un travail double ou triple quand
on élève un même poids, à l'aide par exemple d'une
poulie de renvoi, à une hauteur double ou triple. De
même on opère un travail double, quand on sur-
monte le même frottement sur une longueur de
route double. D'après cela, on devra nécessairement
considérer comme le même travail l'opération d'élever un poids d'un kilogramme à deux mètres, ou
celle d'élever un poids de deux kilogrammes à un
mètre, en ce sens que l'une et l'autre opérations
peuvent se faire en élevant deux fois un kilogramme
à la hauteur d'un mètre. Le travail dont il est question ici peut donc se mesurer par le produit de deux
nombres, dont l'un exprime le poids et l'autre la
hauteur à laquelle il a été soulevé.

Nous disons le travail dont il s'agit ici : car, sans
sortir de la classe des travaux mécaniques, il est clair
que le travail d'un homme qui soutient un poids en
équilibre pendant un temps donné, ou qui porte un
fardeau le long d'une route, ne peut nullement se
rapporter à la même mesure.

Cela posé, considérons un corps pesant, dont la
masse est $M$, au moment où il se trouve animé d'une
vitesse ascensionnelle, en vertu de laquelle il doit
remonter jusqu'à une certaine hauteur $H$ : nous
pouvons dire que la vitesse dont il est animé tient
lieu d'une quantité de travail mesurée par le produit
$M \times H$, ou que cette même quantité de travail est

actuellement accumulée dans le corps. En donnant
au mot de *travail* cette acception, le travail aura
pour mesure précisément la moitié de la force vive.

403. — Il y a cependant de bonnes raisons pour
que la dénomination de *force vive* se conserve dans
le langage de la mécanique rationnelle : car le mot
de *travail*, en raison de la foule de notions pratiques qu'il réveille, cadrerait mal avec la généra-
lité des théorèmes dans l'énoncé desquels figure la
force vive, et qui trouvent leur application, tant
en astronomie que dans les branches élevées de la
physique.

Par exemple, ce sont des principes très-remar-
quables de la dynamique, que, dans un système de
corps réagissants les uns sur les autres par attraction
ou par répulsion, comme notre système planétaire,
la somme des forces vives de tous les corps du système est une quantité qui reprend périodiquement
les mêmes valeurs, toutes les fois que le système re-
passe par les mêmes positions ; que dans le choc des
corps qui ne sont point parfaitement élastiques, il y
a nécessairement [1] perte de force vive, quoique

---

[1] Prenons pour exemple le cas qui est indiqué sur le tableau
de l'article 63 : on aura, avant le choc,

Force vive de A, égale à 8 × le carré de 17, égale  2312
Force vive de B, égale à 6 × le carré de 10, égale   600
                                        Somme......  2912

Après le choc,

Force vive de A, égale à 8 × le carré de 14, égale  1568
Force vive de B, égale à 6 × le carré de 14, égale  1176
                                        Somme.....  2744

Excès de la première somme sur la seconde, égale   168
Ce nombre 168 mesurera ici la perte de force vive.

(art. 55 *et suiv.*) la somme des quantités de mouvement suivant une direction donnée reste constante. Pendant longtemps on a admis sans examen suffisant la proposition inverse de celle-ci, c'est-à-dire que dans le choc des corps parfaitement élastiques il y a une conservation parfaite de forces vives, ce qui n'est pas exact en général.

404. — Si nous concentrons notre attention sur la théorie des machines, la dénomination de *quantité de travail* pourra très-bien remplacer celle de force vive : elle satisfera l'esprit par une image plus concrète et plus sensible. Mais avant de l'employer de préférence il convient de présenter encore quelques observations.

Quoique la fonction des machines soit le plus souvent d'élever des fardeaux ou de vaincre des résistances continues du même genre, ce n'est pas là l'unique manière de consommer la force dont les machines sont animées. Par exemple, dans les machines à pilons, on se propose de soumettre certaines substances à des percussions qui les triturent ou les déforment. Or, bien qu'on puisse difficilement rendre les effets de ces percussions comparables, il n'y a nul motif d'admettre qu'ils soient proportionnels aux forces vives des pilons à l'instant du choc. On se rapprocherait probablement davantage de la vérité, en les supposant proportionnels aux quantités de mouvement de ces pilons, ou aux produits de leurs masses par leurs vitesses. Sous ce rapport on ne trouverait plus que la force vive donne une juste évaluation de la force utile accumulée dans la machine. Mais il faut remarquer qu'une certaine quantité de force vive ou de travail a été employée à soulever les pilons à la hauteur d'où ils redescendent pour produire l'effet utile. S'il arrive que l'effet produit par les pilons quand ils tombent de deux mètres ne soit pas double de l'effet qu'ils produisent en tombant d'un mètre seulement, on s'arrangera pour que la même quantité de travail qui serait dépensée à soulever les pilons à la hauteur de deux mètres, se trouve employée à les soulever deux fois à la hauteur d'un mètre; et c'est ce qu'on peut toujours faire au moyen des machines : c'est à cela qu'elles sont spécialement destinées. Donc, sous le point de vue économique, on n'aura toujours à considérer que des quantités de travail ou de force vive; ce qu'exprime le mot fameux de Montgolfier qu'on ne peut plus se dispenser de citer en parlant des machines : *La force vive est ce qui se paie.*

405. — La force vive est ce qui se paie dans le moteur. Ainsi, pour apprécier un cours d'eau qui vient épuiser contre les aubes d'une roue la vitesse dont il est animé, on calculera, non pas sa vitesse, mais le carré de sa vitesse ou la hauteur de chute qui est proportionnelle à ce carré ; on multipliera cette hauteur par le volume de chute, c'est-à-dire qu'on prendra la force vive du cours d'eau.

La force vive est ce qui se paie dans une machine destinée à la transmission et à la modification du mouvement, en ce sens qu'on paie la machine selon le rapport de la force vive qu'elle recueille, à la force vive qu'elle transmet aux pièces directement chargées de l'effet utile.

En un mot, la force vive est de tous les effets dynamiques le seul qui se conserve, s'emmagasine, se transmet, s'échange, se fractionne; et il faudrait être bien peu initié dans la science économique pour ne pas voir qu'à ce titre seul, la force vive devrait devenir l'étalon dynamique, lors même que le travail le plus habituel des machines ne serait pas directement mesuré par la force vive. C'est en vertu de propriétés analogues que les métaux précieux servent d'étalons à toutes les valeurs commerciales, sans être, à beaucoup près, les denrées dont la consommation directe est la plus fréquente et le plus impérieusement réclamée par nos besoins.

406. — Prenons encore pour exemple de machine le treuil représenté *Fig.* 113; et cette fois supposons que la machine soit mise en mouvement par le poids P appliqué à la circonférence de la roue, lequel soulève le poids W appliqué à la circonférence du cylindre. Pour cela il faudra que le rapport du poids P au poids W surpasse celui du rayon du cylindre au rayon de la roue; car si ces deux rapports étaient égaux, il y aurait équilibre, et si le second rapport surpassait le premier, ce serait au contraire le poids W qui descendrait en soulevant le poids P. Dans l'hypothèse que nous avons admise, le poids moteur P descendra d'un mouvement accéléré; la vitesse de rotation de la roue et du cylindre ira en croissant; et si au bout d'un certain temps on détachait le poids moteur, la force vive accumulée

dans le système aurait encore le pouvoir de remonter le poids W à une certaine hauteur. Il n'est
pas difficile d'apercevoir que cette quantité de force
vive sera la différence entre deux quantités de même
espèce; la force vive que le poids moteur aurait imprimée au système sans la résistance du poids W,
force vive qui a pour mesure le produit du poids P
par la hauteur dont il est descendu; et la force vive
consommée à soulever le poids résistant, laquelle a
pour mesure le produit du poids W par la hauteur
dont il est remonté.

Lorsque l'on substitue dans la théorie des machines la dénomination de travail à celle de force
vive, on peut dire que le corps qui se meut dans la
direction de la force qui le sollicite produit du travail, et que le corps qui se meut en sens contraire
de la force par laquelle il est sollicité en consomme.
On pourrait aussi, selon l'esprit de l'algèbre, dire
que l'un produit un travail *positif*, et l'autre un
travail *négatif*. Au lieu d'employer ces deux épithètes, on dit que le travail du premier corps est un
travail *moteur*, et celui du second un travail *résistant*. En conséquence, la quantité de travail accumulée dans une machine, au bout d'un temps
donné, aura pour mesure l'excès du travail moteur
sur le travail résistant.

407. — Au moment où l'on détache le poids moteur P, imaginons qu'on y substitue un autre
poids P', dont le rapport au poids résistant W soit
celui du rayon du cylindre au rayon de la roue,
c'est-à-dire un poids tel qu'il équilibrerait le poids W
au moyen de la machine, si cette machine était en

repos. Comme elle est actuellement en mouvement, le poids P′ descendra ; mais, par la nature de la machine, si P′ est la moitié ou le tiers de W, il ne pourra descendre d'un mètre sans faire remonter W d'un demi-mètre ou d'un tiers de mètre. Le travail moteur qui se produira, à partir de la substitution de P′ à P, sera donc constamment égal au travail résistant produit dans le même temps. La quantité de travail précédemment accumulée dans la machine n'augmentera ni ne diminuera, et à partir de cet instant elle marchera d'un mouvement uniforme.

408. — Nous avons choisi à dessein un exemple des plus simples ; mais tous les résultats auxquels nous avons été conduits peuvent être facilement généralisés, quels que soient la nature et le mode d'action des forces, et quel que soit aussi le système mécanique auquel elles sont appliquées. Si les forces ne sont pas constantes comme la pesanteur, mais qu'elles varient d'intensité pendant la durée de l'action, il faudra, selon l'esprit général du calcul, concevoir la durée partagée en une infinité d'éléments, et prendre pour le travail produit la somme des quantités élémentaires de travail qui correspondent à chacun de ces éléments de durée. Si les points soumis à l'action des forces ne se meuvent pas précisément dans le sens suivant lequel les forces sont dirigées, ni en sens contraire, il faudra estimer les mouvements pris par ces points suivant les directions des forces, en appliquant les règles de la décomposition du mouvement (art. 79). Notre but n'est point

d'entrer dans ces détails, mais de donner seulement la clef des théories.

409. — En généralisant la remarque qui fait l'objet de l'avant-dernier article, on arrive à ce principe de la plus haute importance, que la quantité de travail accumulée dans une machine en mouvement reste constante, toutes les fois que les forces appliquées à la machine sont telles qu'elles se feraient équilibre si la machine était en repos ; et réciproquement que les forces appliquées à un système mécanique en repos se font équilibre, dès l'instant que le système ne pourrait se mouvoir sans que le travail moteur fût précisément égal au travail résistant, au moins dans le premier instant du mouvement. Ce dernier principe qui résume toutes les conditions de l'équilibre et d'où l'on peut les déduire toutes, est connu sous le nom de *principe des vitesses virtuelles.*

Cette remarque seule peut nous faire comprendre pourquoi l'on attache tant d'importance, dans les éléments, à étudier les conditions de l'équilibre des machines, quoique pour l'ordinaire les machines ne rendent des services que dans l'état de mouvement. C'est qu'en déterminant les relations des forces dans l'état d'équilibre, on détermine par cela même les relations que ces forces doivent avoir entre elles pour entretenir à l'état d'uniformité le mouvement de la machine, après la consommation des premiers efforts qui mettent la machine en mouvement et lui donnent la vitesse voulue. En ne considérant dans les deux cas qu'une force motrice et une force résistante, le rapport de la seconde à la première est ce qu'on a appelé, dans le cours de ce traité, le *pouvoir mécanique* d'une machine.

410. — Le principe des vitesses virtuelles résume, avons-nous dit, toute la statique; réciproquement et par une conséquence nécessaire, la statique peut se déduire tout entière du principe des vitesses virtuelles : c'est le faîte ou la base de l'édifice. La question de savoir si un principe a le degré d'évidence nécessaire pour être admis comme axiome est l'une de celles qui, par leur essence, ne comportent pas de solution déterminée ; mais on peut rapprocher des questions indéterminées d'autres questions du même genre pour manifester leur dépendance mutuelle. Or, d'après l'analyse précédente, le principe des vitesses virtuelles n'exprime autre chose, sinon qu'un système matériel ne peut sortir du repos, quand il y aurait autant de force vive ou de travail consommé par les résistances que de force vive ou de travail engendré par les puissances motrices. Donc, pour le philosophe qui regarde l'idée attachée au mot de force vive comme une idée première, pour le praticien dont l'image sensible de travail frappe d'abord l'intelligence, le principe des vitesses virtuelles se présente avec le caractère d'un axiome. Par la raison inverse, pour celui qui ne voit dans les mêmes termes que l'expression d'une combinaison d'idées mathématiques, le principe des vitesses virtuelles doit être nécessairement un théorème à démontrer.

411. — La question de savoir si l'on doit mesurer la force qui réside dans un corps en mouvement

par le produit de sa masse et de sa vitesse, ou par le produit de sa masse et du carré de sa vitesse ; cette question, disons-nous, soulevée par Leibnitz, a excité une vive controverse sur la fin du XVIIᵉ siècle et dans la première moitié du siècle suivant. Non-seulement les géomètres, mais les philosophes et les beaux-esprits y ont pris part. On la regarde depuis longtemps comme éteinte, et l'on a raison en un sens : car, pour l'intelligence de tous les théorèmes de la mécanique, il suffit de distinguer (comme nous l'avons fait plus haut) entre les diverses acceptions du mot de *force*, et de définir nettement ce qu'on entend par quantité de mouvement et par force vive. Mais, d'un autre côté, ce n'est point une vaine dispute de mots, c'est au contraire une question philosophique d'un intérêt réel que celle de savoir quelle est, de deux notions qui s'enchaînent, celle qu'on doit regarder comme l'idée première et génératrice. Il y a encore, et il y aura toujours deux systèmes opposés sur la méthode à suivre dans l'exposition des vérités de la mécanique : l'un qui consiste à prendre pour point de départ, comme l'a fait Newton, l'idée nue de force, sans égard à l'espace décrit par la molécule matérielle de laquelle on conçoit que la force émane ; l'autre qui consiste à regarder avec Leibnitz l'idée d'effort comme inséparable de celle d'un espace décrit par le point matériel dans lequel l'effort se trouve, et à fonder toute la mécanique sur cette notion première de la force vive ou du travail. La théorie newtonienne a prévalu dans les grandes compositions mathématiques consacrées à l'explication des mouvements des corps célestes : les ouvra-

ges modernes sur l'action des machines sont conçus
dans la théorie leibnitzienne ; et il était bon que le
lecteur eût quelque idée de l'une et de l'autre.

412. — Nos remarques nous conduiront encore
à apprécier à sa juste valeur une certaine métaphysique des machines, qui a généralement cours
dans les livres de mécanique, et à laquelle des
philosophes, des écrivains ont souvent fait allusion,
même en traitant de tout autres matières. Les machines, dit-on, sont de leur nature des instruments
passifs, qui ne peuvent agrandir les effets des puissances motrices dont l'homme dispose, mais seulement servir à répartir différemment ces effets. Ce
qu'on gagne en force on le perd en vitesse : si une
masse plus grande est ébranlée, elle décrira dans le
même temps un moindre espace. On a déjà vu ces
considérations exposées dans le chapitre XIII de cet
ouvrage ; citons encore un passage de Carnot, où
elles sont résumées avec beaucoup de concision :

« L'avantage que procurent les machines n'est
« pas de produire de grands effets avec de petits
« moyens, mais de donner à choisir entre différents
« moyens qu'on peut appeler égaux, celui qui con-
« vient le mieux à la circonstance présente. Les
« points fixes et obstacles quelconques sont des for-
« ces purement passives, qui peuvent absorber un
« mouvement, si grand qu'il soit ; mais qui ne peu-
« vent jamais en faire naître un, si petit qu'on
« veuille l'imaginer, dans un corps en repos. Or,
« c'est improprement que dans le cas d'équilibre,
« on dit d'une petite puissance, qu'elle en détruit
« une grande. Ce n'est pas par la petite puissance

« que la grande est détruite; c'est par la résistance
« des points fixes : la petite puissance ne détruit réel-
« lement qu'une petite partie de la grande, et les
« obstacles font le reste. Si Archimède avait eu ce
« qu'il demandait (un levier et un point fixe pour
« soutenir le globe terrestre), ce n'est pas lui qui
« aurait soutenu le globe de la terre, c'est son point
« fixe; tout son art aurait consisté à mettre en oppo-
« sition les deux grandes forces, l'une active, l'autre
« passive, qu'il aurait eues à sa disposition; si au
« contraire il eût été question *de faire naître un*
« *mouvement effectif, alors Archimède aurait*
« *été obligé de le tirer tout entier de son propre*
« *fonds*; aussi n'aurait-il pu être que très-petit,
« même après plusieurs années. N'attribuons donc
« point aux forces actives ce qui n'est dû qu'à la ré-
« sistance des obstacles, et l'effet ne paraîtra pas plus
« disproportionné à la cause dans les machines en
« repos que dans les machines en mouvement[1]. »

Mais la *passivité* de la machine, sur laquelle repose tout le raisonnement qui précède, n'empêche
pas qu'une machine n'agrandisse réellement l'effet
des puissances motrices, dès l'instant qu'il ne s'agit
plus d'une classe particulière d'effets dynamiques,
de ceux qui sont mesurés par les quantités de travail ou de force vive. Si, dans la *Fig.* 113 qui nous
sert habituellement d'exemple, on supprime le poids
P, et si l'on suppose que, pendant que le poids W,
en descendant, fait tourner la roue, les chevilles

---

[1] *Principes fondamentaux de l'équilibre et du mouve-*
*ment*, n° 26.

viennent successivement frapper contre un obstacle, on produira une suite de percussions beaucoup plus intenses que celles que produirait le poids même, en frappant autant de fois contre l'obstacle. Si cet obstacle est un corps mobile auquel les chevilles puissent imprimer une vitesse horizontale, ce corps sera projeté d'autant plus loin que la roue aura un plus grand diamètre, et beaucoup plus loin qu'il ne pourrait l'être par un corps de même masse que le poids W et animé de la même vitesse. Il y aura donc « un mouvement effectif que la puissance ne tirera pas de son propre fonds », ou plutôt elle tirera du même fonds un plus grand mouvement effectif à l'aide de la machine. Sans doute les supports de la machine éprouveront des percussions d'autant plus intenses que les mouvements imprimés seront plus grands. La force de résistance que la machine oppose à ces percussions, et qu'elle met à la disposition de l'homme, est une force passive comme celle qu'elle oppose aux pressions dans l'état d'équilibre ou de mouvement continu ; cependant il est vrai de dire que dans un cas la machine n'augmente pas l'effet dynamique, tandis qu'elle l'augmente dans l'autre.

Et il faut bien qu'il en soit ainsi ; car autrement, en voulant lever un paradoxe, on tomberait dans un autre qui choquerait davantage les notions du bon sens. Chacun sait bien qu'il y a telle masse qu'un homme peut mouvoir avec une machine, et qu'il ne déplacerait pas d'un millimètre sans machine, quelque temps que ses efforts se prolongeassent. Dans ce cas, la résistance du frottement empêche tout mouvement de se produire, tant que la tension du câble qui tire le fardeau n'a pas atteint une limite à laquelle l'homme ne peut la porter par la seule énergie de sa force musculaire. Il n'y a pas moyen de dire ici que l'on perd sur le temps ce que l'on gagne sur la force. L'emploi de la machine donne manifestement à l'homme une puissance dynamique qu'il ne possédait pas.

413. — Revenons à la théorie du mouvement des machines, dont cette digression philosophique nous a peut-être trop écartés. Jusqu'à présent nous faisions, pour simplifier, abstraction des frottements et des autres résistances qui naissent du jeu des parties de la machine. On peut les appeler résistances *intérieures*, afin de les distinguer des résistances appliquées aux pièces actives de la machine, à celles qui produisent l'effet utile. Nous nommerons celles-ci les résistances *extérieures*. Au bout d'un temps donné, compté depuis l'instant où les forces motrices ont commencé d'agir, la quantité de travail accumulée dans la machine sera égale à la quantité de travail engendrée par les forces motrices, moins la quantité consommée par les résistances extérieures, et moins encore la quantité consommée par les résistances intérieures. Plus cette dernière consommation sera faible relativement, et plus la machine sera parfaite. Il y a certaines machines hydrauliques qui n'utilisent pas plus du tiers du travail moteur : tout le surplus est consommé par les résistances intérieures, ou absorbé par des ébranlements qui ne concourent en rien à l'effet utile, ainsi que nous allons l'expliquer.

414. — Une machine ne peut fonctionner sans

qu'elle communique au sol, à l'air ou aux autres fluides ambiants, des agitations ou vibrations intérieures qui se propagent au loin en s'affaiblissant, et finalement s'éteignent à cause des frottements et des autres résistances tant intérieures qu'extérieures. La loi suivant laquelle ces vibrations se propagent est un problème très-compliqué d'analyse que l'on ne peut espérer de résoudre que dans certains cas particuliers ; mais il est évident, sans calcul, que ces mouvements ont exigé la consommation d'une certaine portion du travail provenant de l'action du moteur, portion qui se trouve perdue pour l'effet utile. Les pièces mêmes de la machine sont dans un semblable état de vibration qui absorbe une portion de travail ou de force vive ; et bien que cette portion de force vive réside toujours dans la machine, selon le sens littéral des mots, elle ne concourt pas à l'effet utile ; quand une roue cessera de tourner, il importera peu que les vibrations de sa masse représentent ou non une portion du travail accumulé par l'action du moteur.

Il y a des cas pour lesquels la nature même du travail utile entraîne nécessairement la consommation en pure perte d'une certaine portion du travail moteur. Ainsi, lorsqu'une pompe élève de l'eau dans un réservoir, il faut bien qu'elle arrive dans le canal de décharge animée d'une certaine vitesse, et par suite d'une certaine force vive qui va se perdre en ébranlements communiqués à la masse d'eau qui remplit déjà le réservoir. Lorsqu'on forge des barres de fer, une énorme quantité de force vive est inévitablement dépensée en ébranlements imprimés à l'enclume et aux corps environnants. Cette perte sera considérablement moindre, si l'on traite le fer au laminoir; et par conséquent ce mode de fabrication aura une supériorité incontestable sous le rapport dynamique. Il s'agira ensuite de savoir s'il ne donne pas des produits de qualités inférieures, ce qui se rattache à des considérations d'un ordre tout différent.

415. — En général, puisqu'il ne peut y avoir de chocs entre des corps imparfaitement élastiques sans perte de force vive (art. 403), il importera d'éviter autant que possible toutes les causes de choc dans le jeu intérieur de la machine, et dans le mode d'action des pièces extérieures chargées de la production de l'effet utile. Sans même qu'il y ait de chocs proprement dits, il pourrait se produire des percussions ou secousses brusques qui entraîneraient également des pertes de force vive, si l'on ne s'attachait à les éviter. Ainsi, quand une pièce décrit des mouvements alternatifs (art. 361), il faut s'arranger pour que la vitesse aille en décroissant, et finalement soit nulle au moment où la pièce change le sens de son mouvement; autrement il y aurait secousse et perte de force vive. Ramener tous les mouvements à la continuité, autant que cela peut se concilier avec la nature et la qualité des produits, est un des grands principes de la mécanique appliquée.

416. — Pour qu'une machine sorte du repos, il faut évidemment que le travail moteur l'emporte sur le travail résistant pendant les premiers instants du mouvement. Mais pour peu que cette inégalité fût

considérable et qu'elle se prolongeât longtemps, la
machine aurait bientôt acquis une vitesse énorme.
Comme cela est visiblement impossible, il faut qu'en
général l'élément du travail résistant croisse avec la
vitesse de la machine, ou que l'élément du travail
moteur décroisse. C'est en effet ce qui arrive toujours par les conditions physiques du phénomène.
Ainsi un courant d'eau ou d'air atmosphérique cessera de presser contre l'aile d'une roue, et par conséquent de produire du travail moteur, quand l'aile
de la roue aura acquis la même vitesse que le courant. Un animal de trait sera obligé de partager le
mouvement du corps qu'il charrie, et plus ce mouvement sera rapide, plus la force musculaire qu'il
sera obligé de dépenser pour se mouvoir lui-même
diminuera sa force de tirage. D'autre part, le travail
résistant qui naît de la résistance d'un milieu tel que
l'air ou l'eau, croîtra avec la vitesse ; celui qui provient de la compression d'un ressort augmentera
avec le degré de compression. Il n'y a guère que
les frottements, compris dans les résistances intérieures, qui soient plus difficiles à surmonter dans
les premiers instants du mouvement. Ainsi, l'élément du travail résistant croissant en général, tandis
que l'élément du travail moteur décroît, il arrivera
au bout d'un temps, qui pour l'ordinaire est très-
court (de quelques minutes au plus), que l'élément
du travail moteur sera égal à l'élément du travail
résistant, et alors la machine aura atteint son
*maximum* de vitesse ; le mouvement sera arrivé à
son état permanent, sauf les variations périodiques
dont on diminue l'amplitude au moyen des volants,

et qui tiennent à des inégalités périodiques dans l'intensité de la puissance motrice, dans celle de la résistance, ou dans le mode de transmission du travail (*Voy.* le chap. XIX).

417. — La quantité de travail actuellement accumulée dans une machine, est proportionnelle au nombre qu'on obtiendrait en multipliant la masse de chaque élément matériel dont elle se compose, par le carré de la vitesse dont cet élément matériel est animé, et en faisant les sommes de tous ces produits. Mais le plus souvent il arrive que la vitesse d'une pièce de la machine, ou même d'un seul des éléments matériels dont elle se compose, détermine les vitesses de tous les autres éléments. Alors il suffit de connaître la manière dont la masse est répartie entre les pièces constitutives de la machine : avec cette donnée, l'observation de la vitesse d'un seul point permet de calculer à chaque instant toute la quantité de travail accumulée dans la machine.

La quantité de travail étant proportionnelle au carré de la vitesse, croît et décroît beaucoup plus rapidement que la vitesse même. Donc les résistances pourront absorber une quantité considérable de travail, sans que la vitesse de la machine subisse à beaucoup près une diminution proportionnelle. En d'autres termes, les irrégularités de la vitesse seront beaucoup moins sensibles que les irrégularités correspondantes du travail moteur et du travail résistant.

La quantité de travail est mesurée par le produit du carré de la vitesse, et d'un certain nombre qui dépend de la masse totale des corps en mouvement et de la manière dont cette masse est répartie. En général, ce nombre augmente quand les masses augmentent; donc les variations de vitesse restant les mêmes, les variations de la quantité de travail seront d'autant plus grandes que les masses en mouvement seront plus grandes elles-mêmes. Réciproquement, les variations de vitesse, correspondantes aux mêmes variations de travail, seront d'autant plus petites que les masses en mouvement seront plus grandes. C'est en vertu de ce principe que l'addition des volants a pour résultat de régulariser le mouvement de la machine.

Dans les premiers instants du mouvement, l'addition des volants nécessite une plus grande production de travail moteur pour mettre la machine en mouvement; mais du moment que la machine a atteint son *maximum* de vitesse, la présence des volants n'augmente la production permanente de travail moteur, qu'en raison des frottements que ces pièces exercent sur leurs axes; elles n'en consomment plus par leur seule inertie.

418. — Puisque la mesure du travail produit, transmis ou consommé, est l'objet essentiel de la dynamique des machines, il est à propos de convenir d'une unité de travail, et, pour la commodité du langage, de lui imposer un nom. Il convient aussi de rattacher cette unité à notre système métrique décimal. Maintenant les théoriciens français paraissent assez généralement d'accord de prendre pour *petite unité dynamique*, le travail qui correspond à l'élévation d'un poids de mille kilogrammes ou d'un mètre cube d'eau à la hauteur d'un mètre. On

formerait la grande unité dynamique de mille de ces unités. Non-seulement ce choix d'unités a l'avantage de se coordonner parfaitement avec le système métrique, mais encore il fournit directement l'expression de l'effet utile produit par une classe nombreuse de machines, par toutes celles dont la fonction est d'élever un volume d'eau à de certaines hauteurs, pour satisfaire aux besoins de l'homme et quelquefois à son luxe.

Si l'on veut désigner par un nom technique l'unité de travail qui correspond à un poids de mille kilogrammes élevé à la hauteur d'un mètre, nulle dénomination ne paraît préférable à celle de *dynamode*, proposée par M. Coriolis, laquelle a l'avantage de rappeler par ses racines [1] les deux éléments constitutifs du travail, tel qu'on le définit dans la théorie des machines : la force de résistance surmontée, et le chemin parcouru en sens contraire de la direction de cette force.

419. — L'élément du temps n'entre pas essentiellement dans l'estimation du travail considéré comme un effet produit ou à produire ; car on peut toujours concevoir qu'en disposant de puissances motrices et d'appareils mécaniques convenables, on pourra produire dans un temps donné telle quantité de travail que l'on voudra ; et si cette faculté rencontre nécessairement des limites dans la pratique, c'est en vertu de causes variables, étrangères à la théorie dont nous nous occupons, et dont les effets ne peuvent être définis dans le calcul. Au contraire, l'élé-

---

[1] Δύναμις, force ; Ὁδὸς, chemin.

ment du temps entre essentiellement dans la mesure des puissances motrices. Une puissance motrice ne peut être définie et mesurée que par la quantité de travail qu'elle produit dans un temps donné.

M. Charles Dupin a proposé de prendre pour unité de puissance motrice et de désigner par le nom de *dyname* la puissance qui produirait mille dynamodes, ou qui élèverait mille mètres cubes d'eau à la hauteur d'un mètre, en vingt-quatre heures d'un travail continu[1]. Si l'on voulait se montrer pointilleux sur les règles logiques de la dérivation des mots, on pourrait trouver qu'une notion complexe, formée de trois éléments, est mal désignée par un terme qui n'est que la traduction du mot de force, employé par les géomètres eux-mêmes dans des acceptions si variées. Mais en donnant cette critique pour ce qu'elle vaut, nous ne saurions partager l'avis de ceux qui ont repoussé comme inutile l'adoption d'un terme technique pour désigner l'unité de force ou de puissance motrice. La meilleure preuve de l'utilité d'une telle dénomination, c'est que les praticiens s'en sont fait une, bizarre et mal définie. Dès lors n'est-il pas convenable, avant que celle-ci ne se soit enracinée, de la remplacer par une autre plus régulièrement formée, et susceptible de cadrer avec notre système de mesures.

On voit que nous voulons parler de l'unité dynamique désignée par les praticiens sous le nom de *force de cheval*. Rien n'est plus commun aujourd'hui que d'entendre dire d'une machine à vapeur

---

[1] *Géométrie et mécanique des Arts et Métiers*, t. III, 15ᵉ Leçon.

qu'elle est de la force de huit, de dix chevaux, et peu de personnes savent le sens que l'on doit attacher à ces mots, sens qui est purement conventionnel. Il est facile de comprendre combien les bases de l'évaluation de la puissance motrice des animaux doivent être incertaines et sujettes à varier, selon les races, les individus, comme aussi selon la manière de les nourrir et de les diriger. D'après Watt, un fort cheval anglais, qui travaille huit heures par jour dans un manége, en allant au pas, produit dans ces huit heures 2188 dynamodes, ce qui fait environ 4 dynamodes et demi par minute ; mais beaucoup d'autres observations, faites en France sur des chevaux de races indigènes, donnent des résultats considérablement plus faibles, et qui même ne sont que moitié du précédent. En supposant qu'on relaie de huit heures en huit heures, afin d'obtenir un travail continu, on aura, suivant Watt, pour le produit de la force journalière et continue d'un cheval de manége, 6564 dynamodes. La plupart des mécaniciens français réduisent ce nombre à environ 6400 dynamodes. En conséquence, on appelle *cheval fictif* ou *cheval de machine,* l'unité de puissance motrice capable de produire 6400 dynamodes en un jour d'un travail continu. La substitution de la force de la vapeur à la force des chevaux a principalement contribué à donner cours à cette sorte de tarif. Tant que l'homme n'a employé que des forces motrices comme celle du vent et des cours d'eau, il les a employées telles, pour ainsi dire, que la nature les lui offrait, sans songer à les étalonner. Mais du moment qu'il a fallu consacrer de grands capitaux à l'acquisition de machines dispendieuses, destinées à mettre en jeu la puissance dynamique de la vapeur, et qui peuvent d'ailleurs s'appliquer à toute espèce de fabrications, on a senti la nécessité d'avoir une mesure plus précise des forces motrices.

420. — Nous n'entrerons pas dans d'autres détails sur l'évaluation de la puissance des moteurs, tant animés qu'inanimés. Ces détails sont du domaine de la mécanique appliquée, et nous n'avons ici en vue que de poser des principes. On conçoit que, suivant la manière de modérer et de diriger l'action d'une puissance motrice, elle pourra produire dans le même temps une plus grande quantité de force vive ou de travail. Ainsi, selon qu'on appliquera la force de l'homme à une manivelle ou à un tambour, selon qu'on accélérera ou qu'on retardera la vitesse de la marche d'un animal, selon qu'on rétrécira ou élargira le coursier par lequel se déverse un courant d'eau, selon qu'on engendrera avec la même quantité de combustible de la vapeur à haute ou à basse pression, la production de travail moteur pourra éprouver des variations considérables, et le but du praticien sera toujours la production du *maximum* de travail. Pareillement, la production du même effet utile pourra exiger une consommation très-inégale de travail, selon la manière de modérer et de diriger l'action des résistances. Il est clair qu'en résolvant le double problème de déterminer le *maximum* de travail produit et le *minimum* de travail consommé, on aura résolu en deux fois le problème direct, celui de produire avec le même agent le plus grand effet utile. La mesure du travail, tel que nous le définis-

sons, n'a été qu'une opération auxiliaire pour faciliter la comparaison entre les deux termes du rapport
(art. 405). C'est ainsi que l'emploi du numéraire
décompose chaque opération d'échange en une vente
et un achat, et par cette décomposition facilite pro-
digieusement les combinaisons commerciales.

421. — Il y a lieu de croire que la mesure du travail dynamique (dont on doit bien comprendre maintenant l'importance dans la théorie des machines, et
qui s'obtient en multipliant une longueur de chemin
par un poids ou par une force comparable à un
poids), il y a lieu de croire, disons-nous, que cette
mesure n'est nullement celle de la fatigue éprouvée
par l'homme et par les animaux employés comme
moteurs, ou de ce qu'on pourrait appeler le travail
musculaire. Ce serait un problème très-compliqué
et très-curieux de physiologie, que de déterminer
avec une certaine approximation la dépense de force
musculaire que fait un animal en travaillant, selon
son allure et le mode de son travail. Mais, quoiqu'on
n'ait sur ce sujet que des ébauches fort imparfaites,
il semble dès à présent naturel d'admettre que la fatigue de l'animal ou sa dépense de forces dépend
principalement du degré de tension des fibres musculaires et du temps pendant lequel cette tension se
prolonge. Si le chemin parcouru par l'animal influe
sur la dépense de force, c'est en ce sens qu'il a besoin, pour se mouvoir, de communiquer à certains
faisceaux musculaires de certaines tensions, en sus
des tensions produites par la seule application des
forces résistantes dans l'état d'immobilité. Le chemin
parcouru n'entre donc pas de la même manière dans

l'évaluation du travail dynamique et dans celle du travail musculaire ou de la fatigue de l'animal. Dans celle-ci il entre par voie d'addition ; dans l'autre par voie de multiplication ou (en langage mathématique) comme *facteur* du travail. Le temps n'entre pas comme élément dans l'évaluation du travail dynamique ; il influe essentiellement sur la fatigue musculaire de l'animal.

Il semble que le système musculaire, pris dans son ensemble, comporte une tension ou un effort déterminé, et qu'on ne puisse ajouter à l'effort exercé par une partie du système sans diminuer d'autant l'effort qu'une autre partie est susceptible d'exercer. Ainsi, un homme qui marche sans fardeau, exerce, pour transporter son propre poids à une distance donnée, une certaine somme d'efforts musculaires. On peut supposer que la somme d'efforts exercés par cet homme pour se transporter à la même distance avec un fardeau, croît proportionnellement aux poids de son propre corps et du fardeau réunis ; de sorte qu'elle sera mesurée, au bout d'une journée de marche, par le produit de deux nombres, dont l'un mesure la longueur de la route parcourue, et l'autre le poids de l'homme et du fardeau. Mais de plus il exerce, seulement pour soutenir le fardeau, un certain effort qui subsisterait encore, quand bien même l'homme resterait immobile. Or, Coulomb a trouvé que la diminution dans la somme des premiers efforts, ou dans le produit qui la mesure, est précisément proportionnelle au second effort mesuré par le poids du fardeau.

422. — On a décrit dans l'art. 284 des instru-

ments appelés *dynamomètres*, qui servent à mesurer des forces de pression ou de tension, et qui
notamment ont été appliqués par Rumford à la mesure du *tirage* des voitures, ou de la tension des
traits par l'intermédiaire desquels se transmet l'action de la force musculaire de l'animal. Mais on
appelle aussi maintenant *dynamomètres* des instruments d'un autre genre, dont la destination est de
mesurer le travail dynamique, ou de l'évaluer en
unités telles que celles que nous avons nommées
*dynamodes* (art. 418). Vainement établirait-on
la théorie de la production, de la transmission
et de la consommation du travail dynamique, si
l'on n'avait un moyen expérimental de mesurer les
quantités de travail produites, transmises et con-
sommées, soit par les résistances intérieures, soit
par l'effet utile. Or, il faut l'avouer, quelque simples
que paraissent en théorie les principes de l'évaluation du travail dynamique, les procédés de mesure
expérimentale sont encore fort imparfaits. Prenons
pour exemple le travail transmis dans un temps
donné par l'arbre d'une roue animée d'une certaine
vitesse révolutive : le moyen de mesure le plus
direct consisterait, à ce qu'il semble, à observer le
poids que cet arbre soulève au moyen d'une corde
qui s'enroule autour de l'arbre, et la hauteur à
laquelle il l'élève, en tournant avec la vitesse en
question ; bien entendu que l'on tiendrait compte de
l'effet dû à la roideur de la corde et aux frottements.
Mais, pour que cette observation directe comportât
quelque précision, il faudrait disposer d'une hauteur considérable ; il faudrait que le poids s'élevât

sans ballottements : en un mot il faudrait des circonstances que l'on ne peut guère espérer de réunir.
Il arrive donc ici la même chose que quand il s'agit
de déterminer l'intensité de la pesanteur (art. 124) :
à la mesure directe on est obligé de substituer une
mesure indirecte. M. de Prony a proposé d'employer en pareil cas pour dynamomètre un frein
formé de deux demi-colliers qui embrassent l'arbre
cylindrique, et qui portent un bras de levier à l'extrémité duquel on accroche un poids. Ce poids est
choisi de manière qu'il retient le frein immobile et
l'empêche de tourner avec le cylindre. D'après la
théorie connue du frottement, on peut évaluer le
frottement qui s'établit alors entre le cylindre et le
frein, et qui consomme le travail transmis par l'arbre
de la roue. D'autres appareils analogues ont été
imaginés par divers ingénieurs, mais la description
en deviendrait trop compliquée pour trouver place
dans ce précis.

---

NOTICE SUR DIVERS APPAREILS DYNAMOMÉTRIQUES, etc., etc.;
par MORIN (Arthur), professeur au Conservatoire royal
d'Arts et Métiers. 2ᵉ édition, 1 vol. in-8°. 1841.

EXPÉRIENCES SUR LE TIRAGE DES VOITURES; par le même.
2ᵉ édition, 1 vol. in-4°. 1842.

---

# NOTE

---

On a indiqué dans une note sur l'art. 85 comment la règle du parallélogramme des forces peut se conclure de la considération des mouvements composés ; mais il est plus rigoureux de la démontrer directement, sans recourir à la composition des mouvements ou des vitesses ; et cela n'exige qu'un raisonnement très-simple lorsqu'on s'appuie sur le principe de l'équilibre du levier, démontré dans le texte (art. 184). Nous donnons ici ce raisonnement, afin de ne rien laisser à désirer d'essentiel pour l'enseignement des notions de mécanique, même aux personnes avec qui l'on peut user de la rigueur mathématique.

Soient donc P, Q ( *Fig.* 9 *bis, Pl.* I) deux forces qui sollicitent le point matériel $m$, et R leur résultante : si l'on applique au point $m$ la force R′, de même intensité que R, et dirigée en sens contraire, les trois forces P, Q, R′ se feront équilibre (art. 74). Par un point C, pris à volonté sur la direction de la force R, abaissons les perpendiculaires C A, C B sur les directions des forces P et Q : si les trois points A, B, C sont liés invariablement entre eux et au point $m$, on pourra considérer les trois forces P, Q, R′ comme appliquées respectivement aux points A, B, C, et elles se feront encore équilibre. Donc, si le point C est rendu fixe, comme le point d'appui d'un levier, ce qui ne peut pas troubler l'équilibre existant, et ce qui permet de faire abstraction de la force R′, les deux forces P et Q, appliquées aux extrémités A et B du levier coudé A C B, devront se faire équilibre. Pour cela il faut qu'on ait (art. 184)

$$P : Q :: B C : A C.$$

Mais, si l'on forme le parallélogramme $m\,p\,C\,q$, l'angle

$Cp$ A, supplément de $mp$ C, sera égal à l'angle C$q$ B, supplément de $mq$ C : les deux triangles rectangles C A $p$, C B $q$ seront semblables, ce qui donnera

$$BC : AC :: Cq : Cp :: mp : mq,$$

d'où
$$P : Q :: mp : mq.$$

Donc, si l'on prend sur les directions des forces P, Q des droites $mp$, $mq$ proportionnelles aux intensités de ces forces, la direction de la résultante sera la diagonale du parallélogramme construit sur ces droites.

Il faut prouver en outre que l'intensité de la résultante est proportionnelle à la longueur de la diagonale, ou qu'on a la proportion

$$P : Q : R :: mp : mq : mC.$$

Or, supposons qu'on ait pris sur le prolongement de $m$B la longueur $mq'$ égale à $mq$, et achevons le parallélogramme $mpq'r'$, dont $mq'$ est la diagonale. Puisque les trois forces P, Q, R' se font équilibre, la résultante des forces P, R' est dirigée suivant la ligne $mq'$ et de même intensité que Q. Elle doit par conséquent être représentée par $mq'$, si P est représentée par $mp$. Il faut, de plus, que la force R' soit représentée en intensité par la droite $mr'$, sans quoi, d'après ce qui vient d'être démontré, la résultante des forces P, R' ne serait pas dirigée suivant la diagonale du parallélogramme $mpq'r'$. Mais, dans ce parallélogramme, les côtés opposés $mr'$, $pq'$ sont égaux, et dans le parallélogramme $mq'p$C, les côtés opposés $pq'$, $m$C sont aussi égaux : donc $mr'$ égale $m$C. Donc la résultante de deux forces appliquées en un même point est représentée, tant en grandeur qu'en direction, par la diagonale du parallélogramme dont deux côtés adjacents représentent, en grandeur et en direction, les deux forces composantes.

**FIN.**

DE L'IMPRIMERIE DE CRAPELET, Rue de Vaugirard, n° 9.

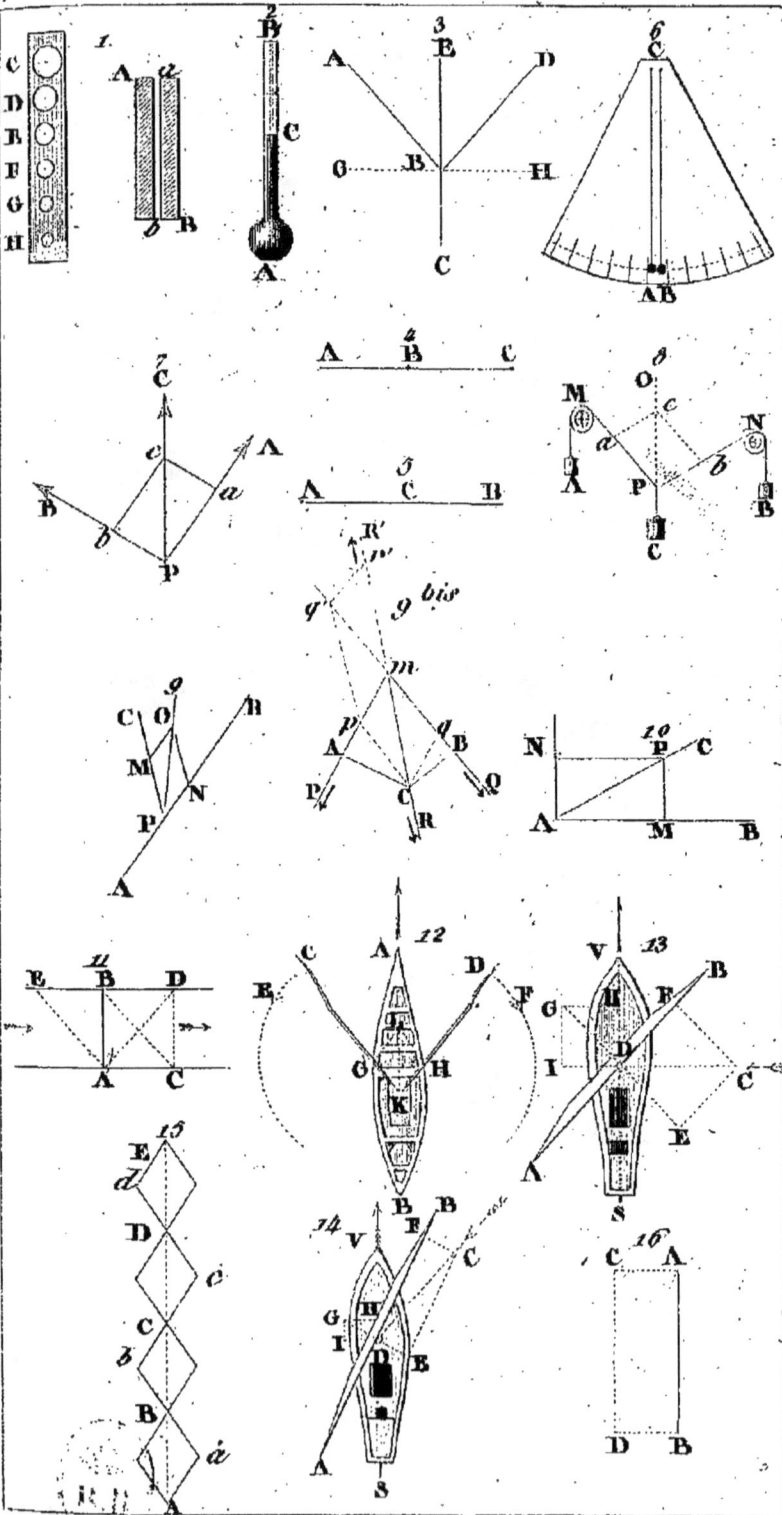

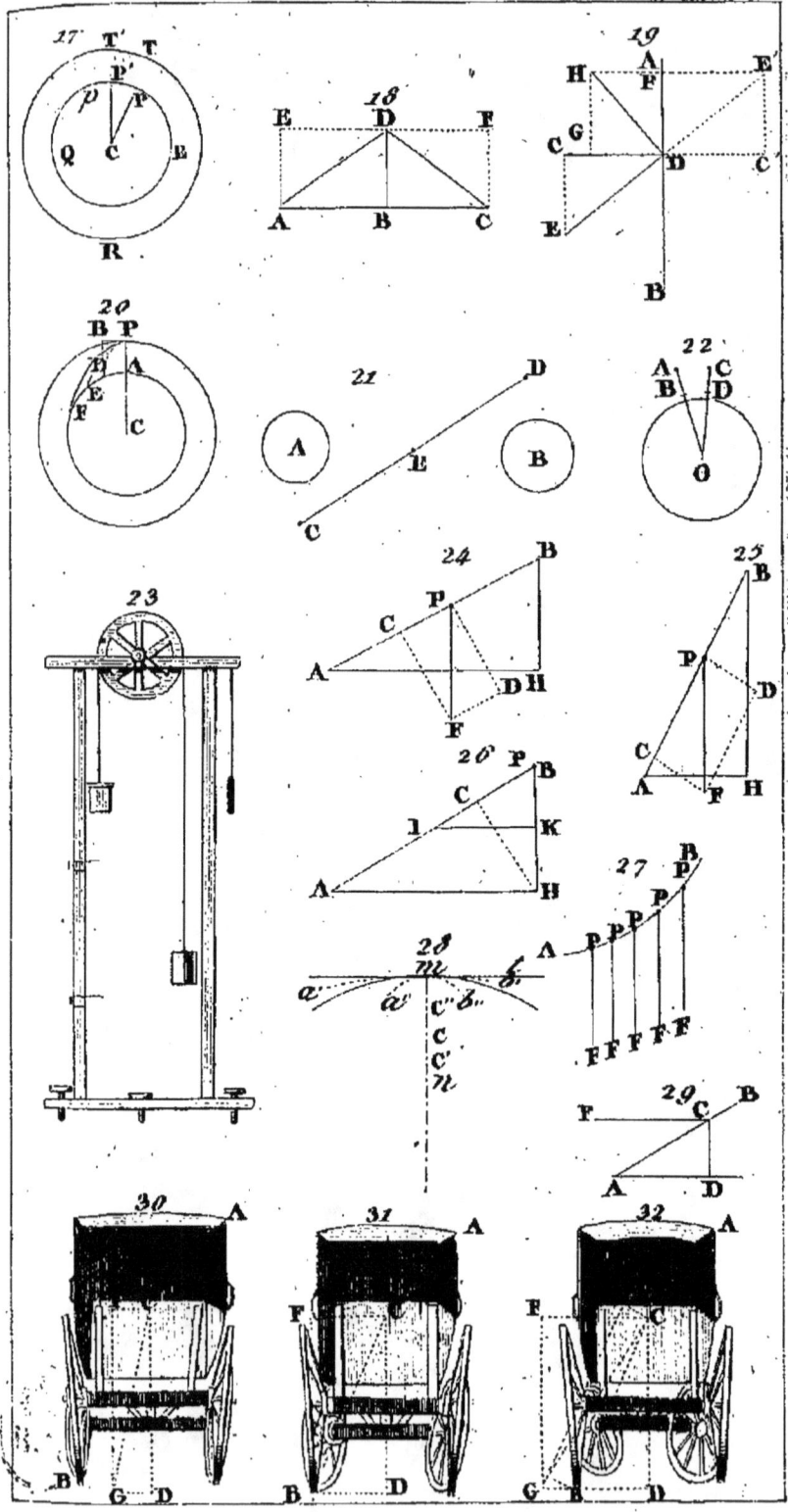

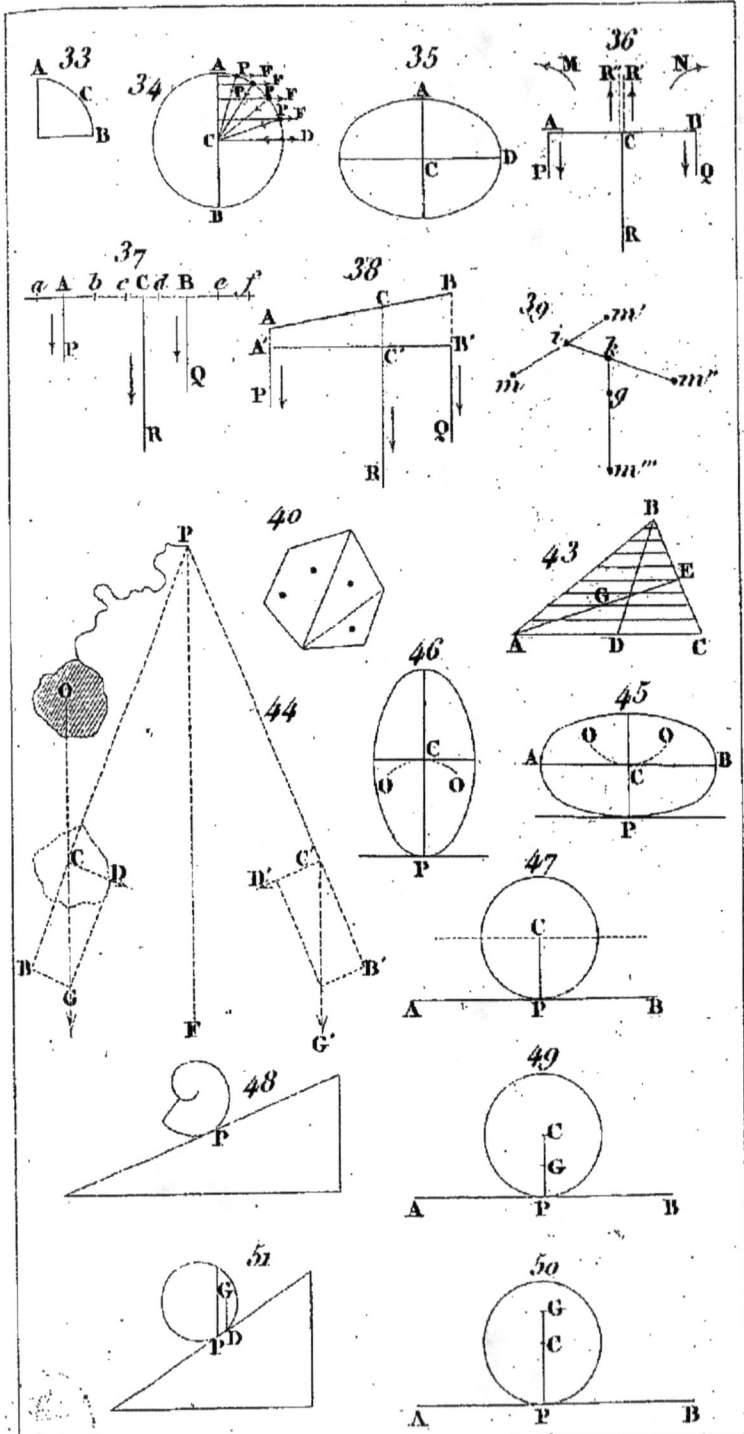

PL. IV.

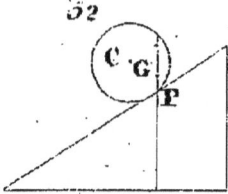
52

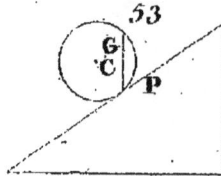
53

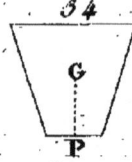
54

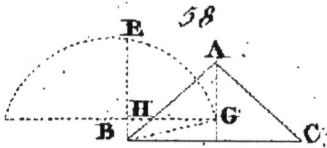
58

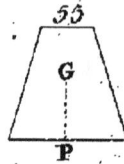
55

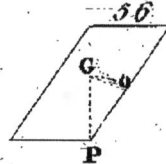
56

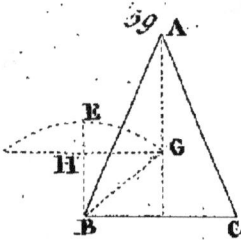
59

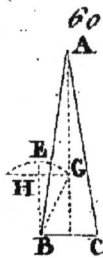
60

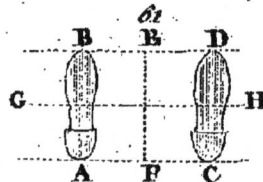
61

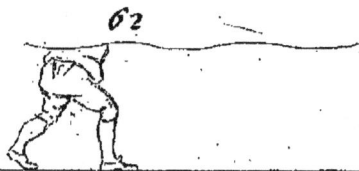
62

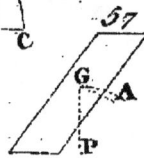
57

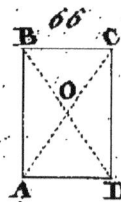
66

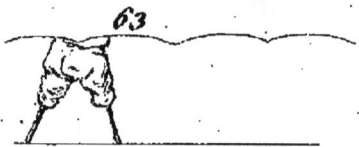
63

64

65

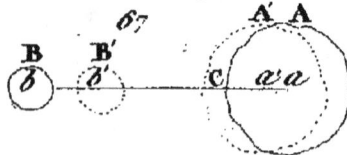
67

68
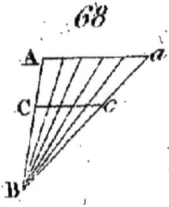

69
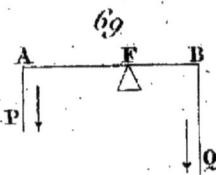

71
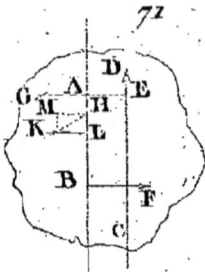

70
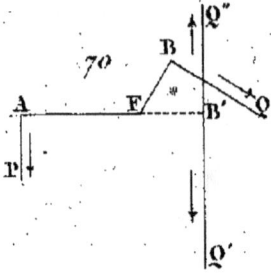

72
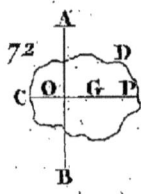

73
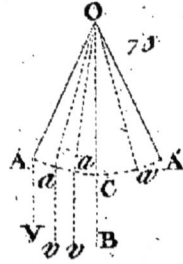

74
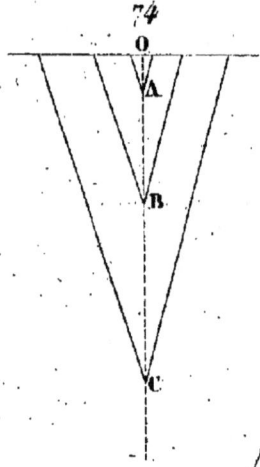

75
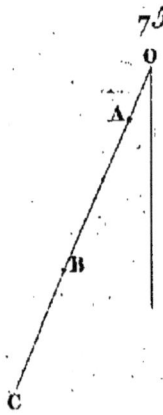

76
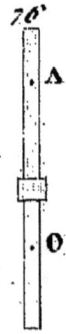

77
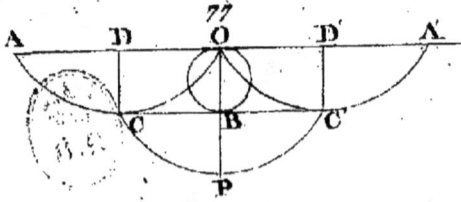

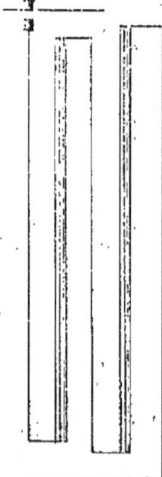

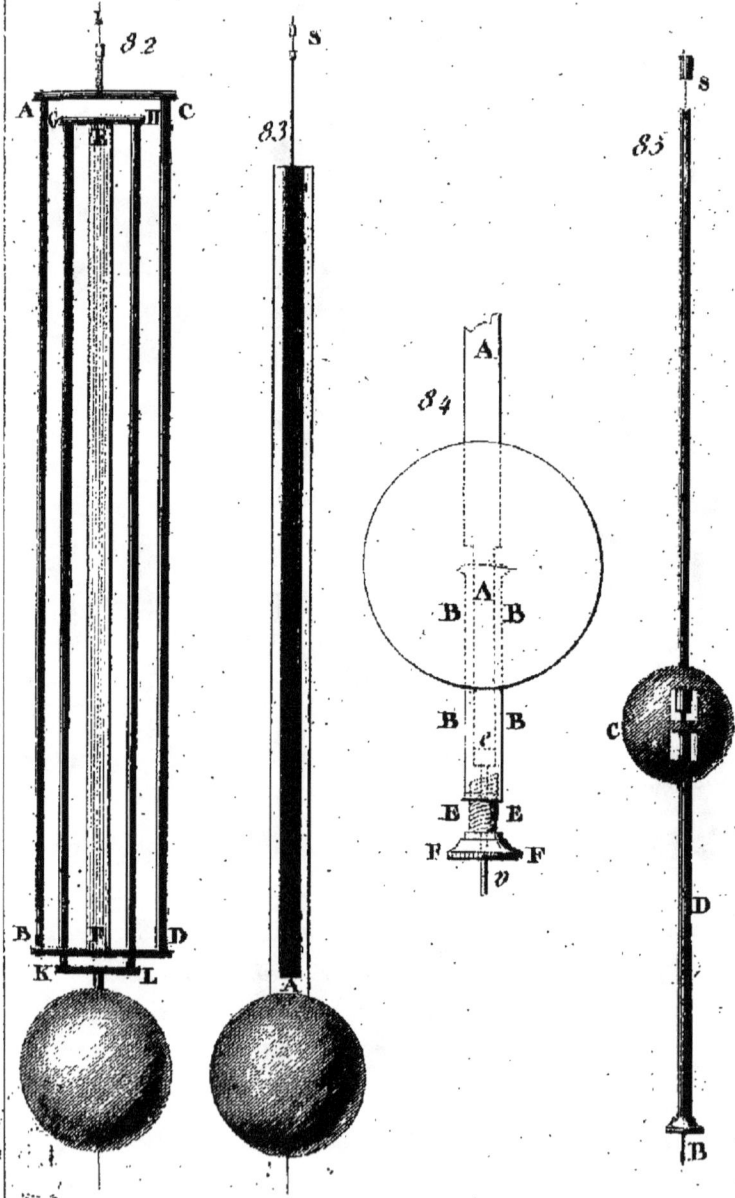

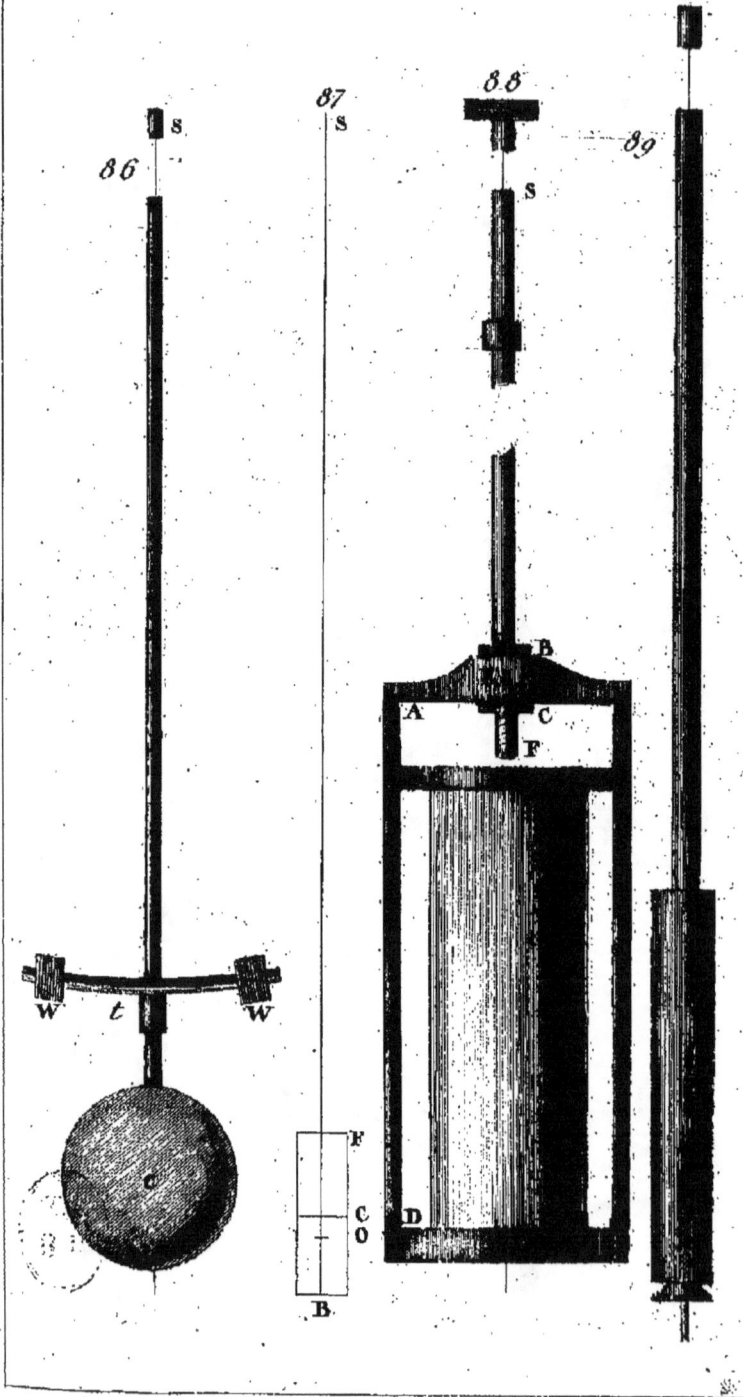

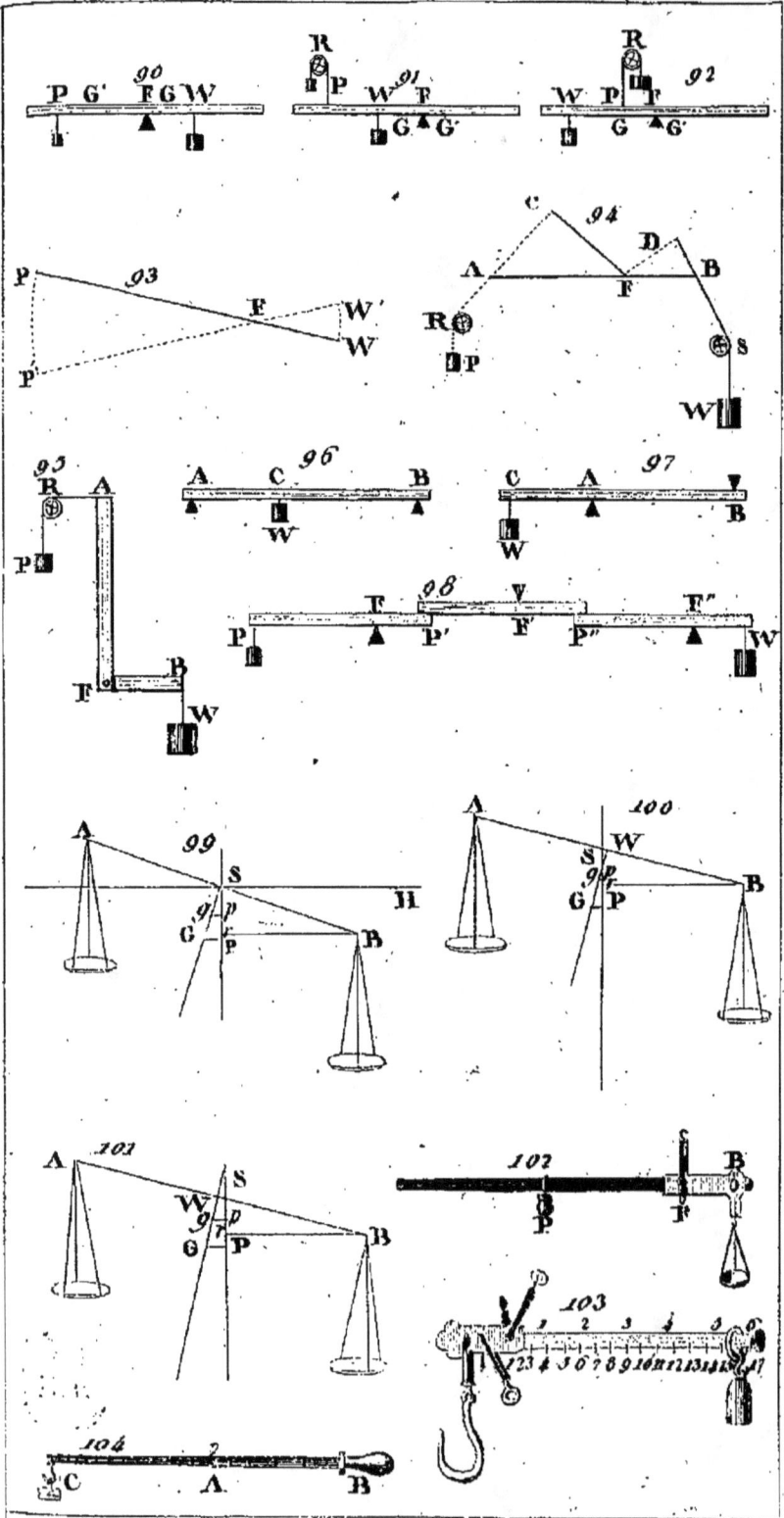

PL. X.

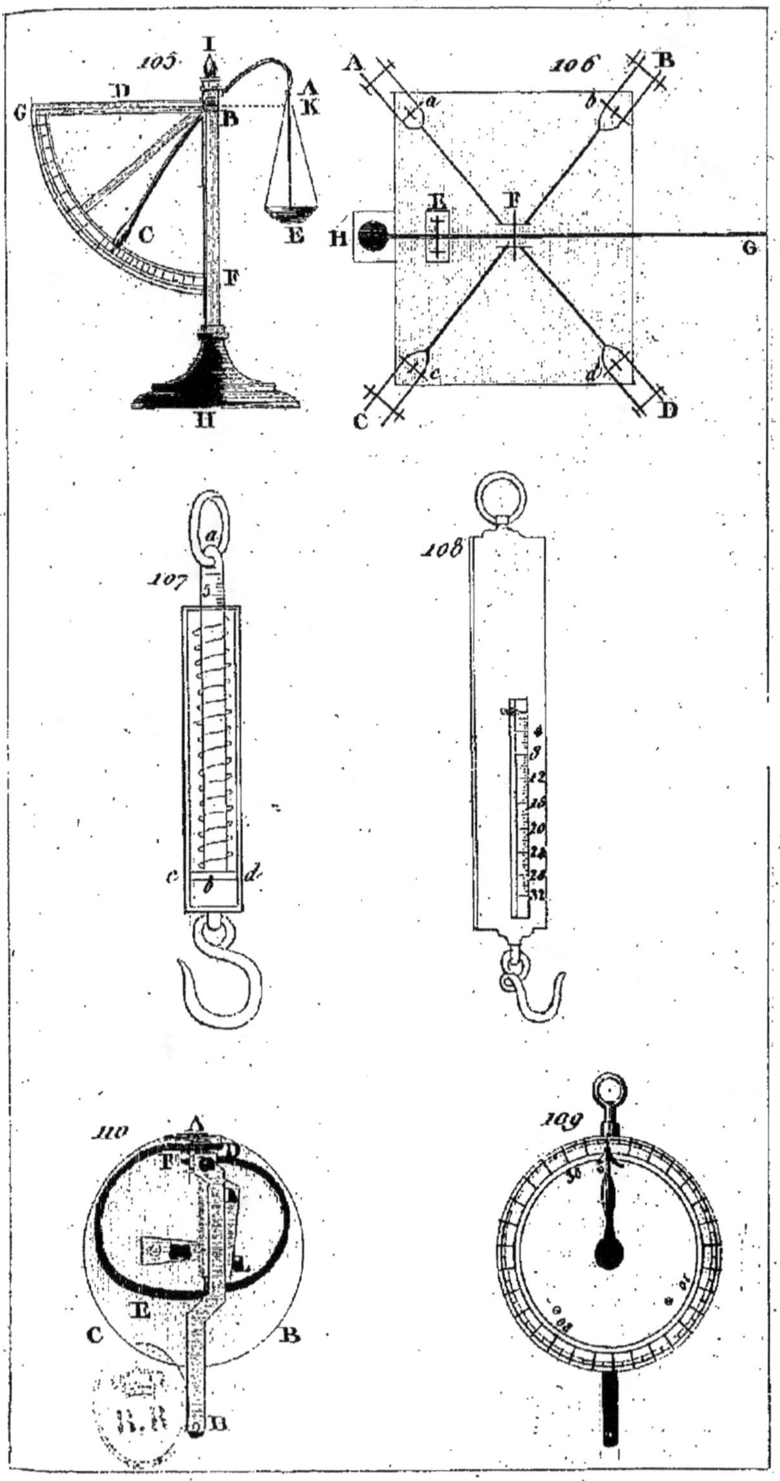
105
I
D
A
G
B
K
C
E
F
H
106
A
B
a
b
E
F
H
G
c
d
C
D
107
a
5
c
b
d
108
4
8
12
16
20
24
28
32
110
A
F
D
E
C
B
109

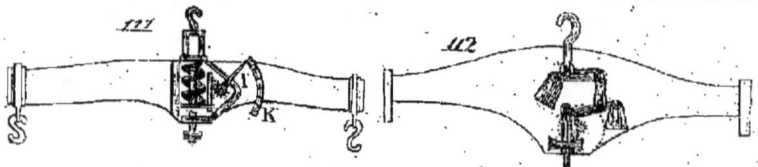

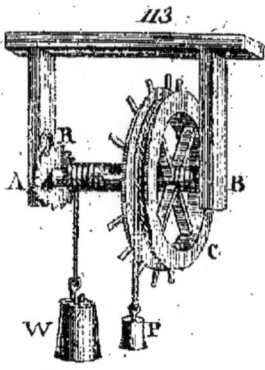

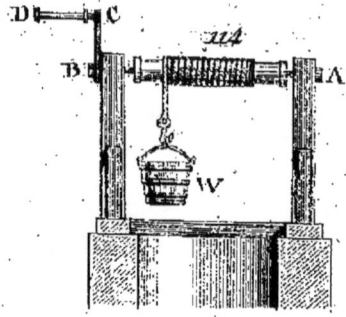

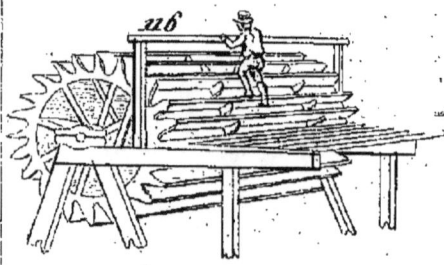

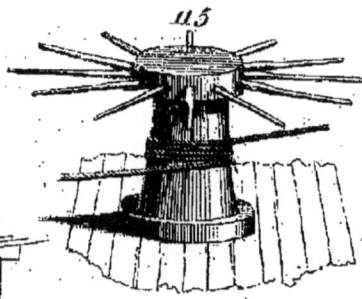

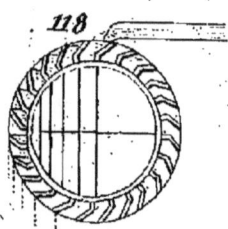

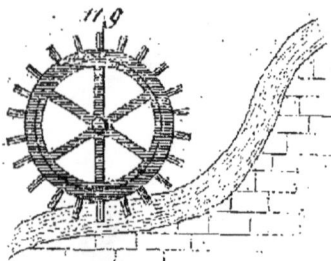

*119*

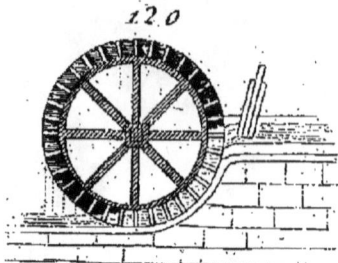

*120*

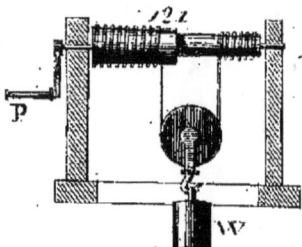

*121*

*123*

P

W

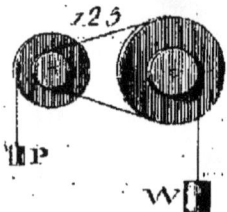

*125*

P

W

*127*

R

R R

R W R

R R

R

*124*

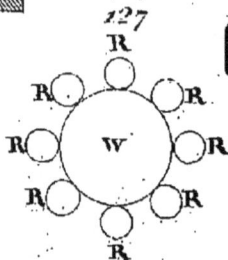

*128*

G

B

D A

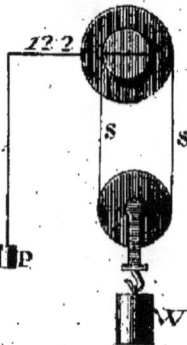

*122*

S S

P

W

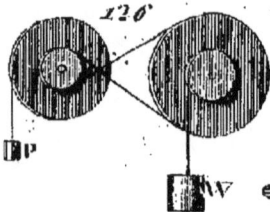

*126*

P W

*128*

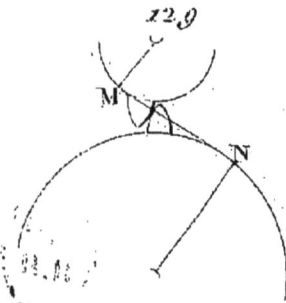

*129*

M

N

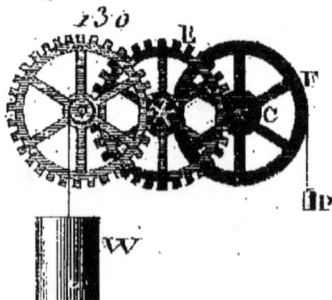

*130*

B

F

C

P

W

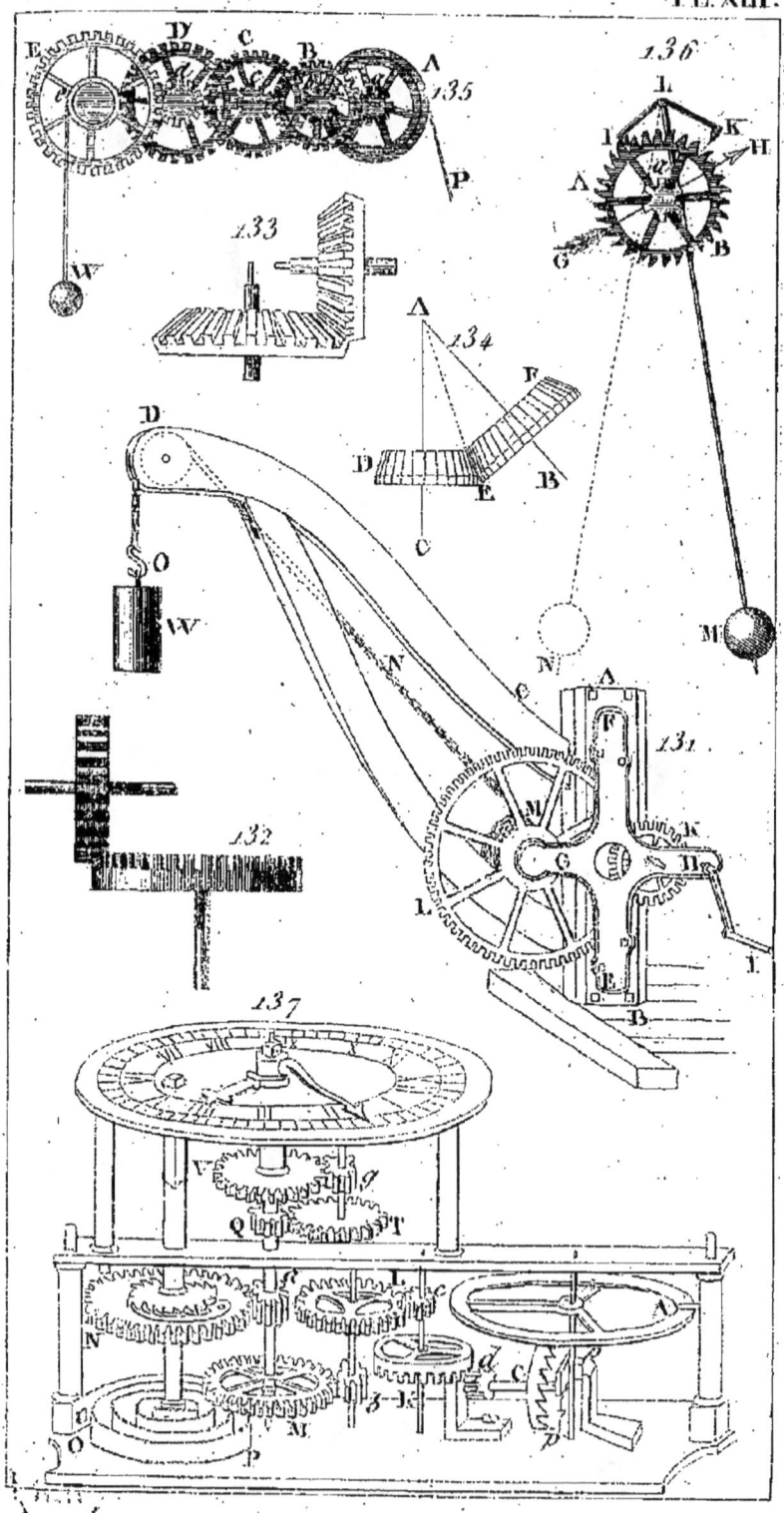

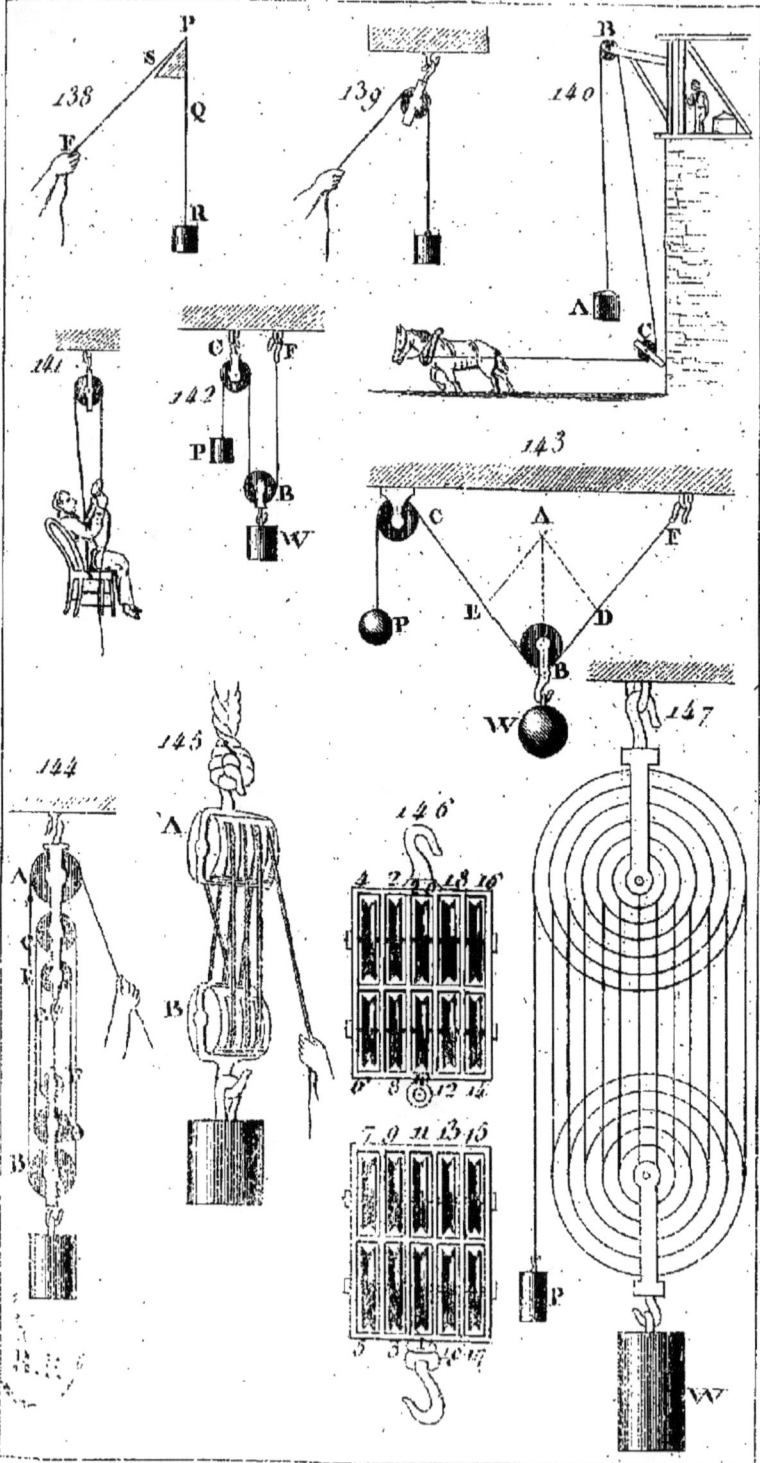

PLATE XV

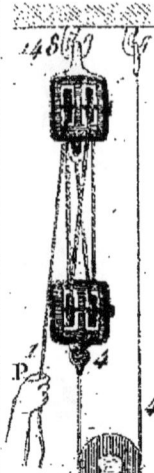

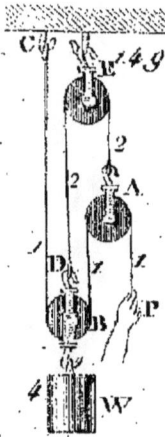

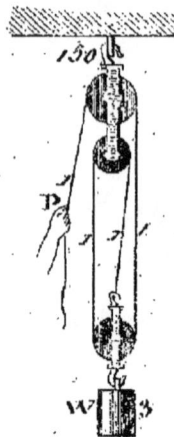

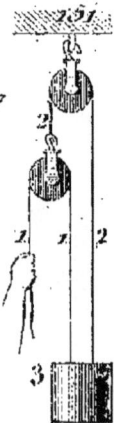

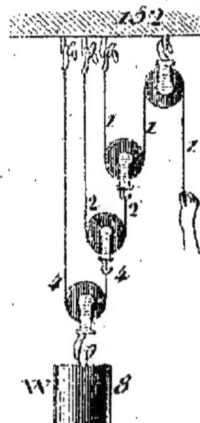

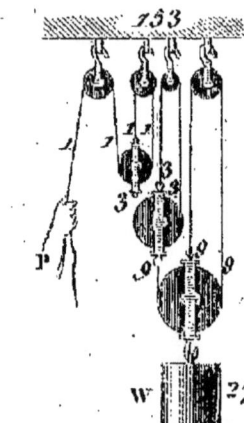

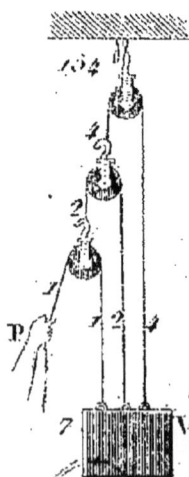

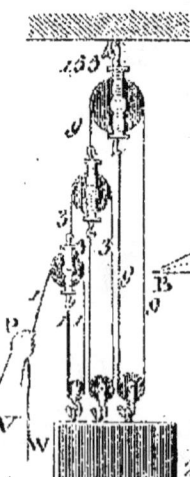

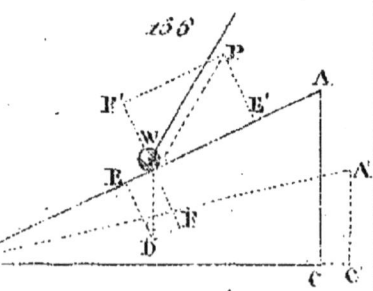

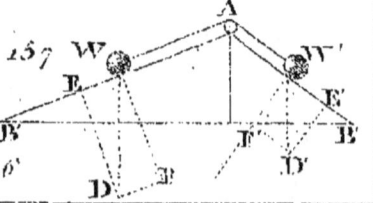

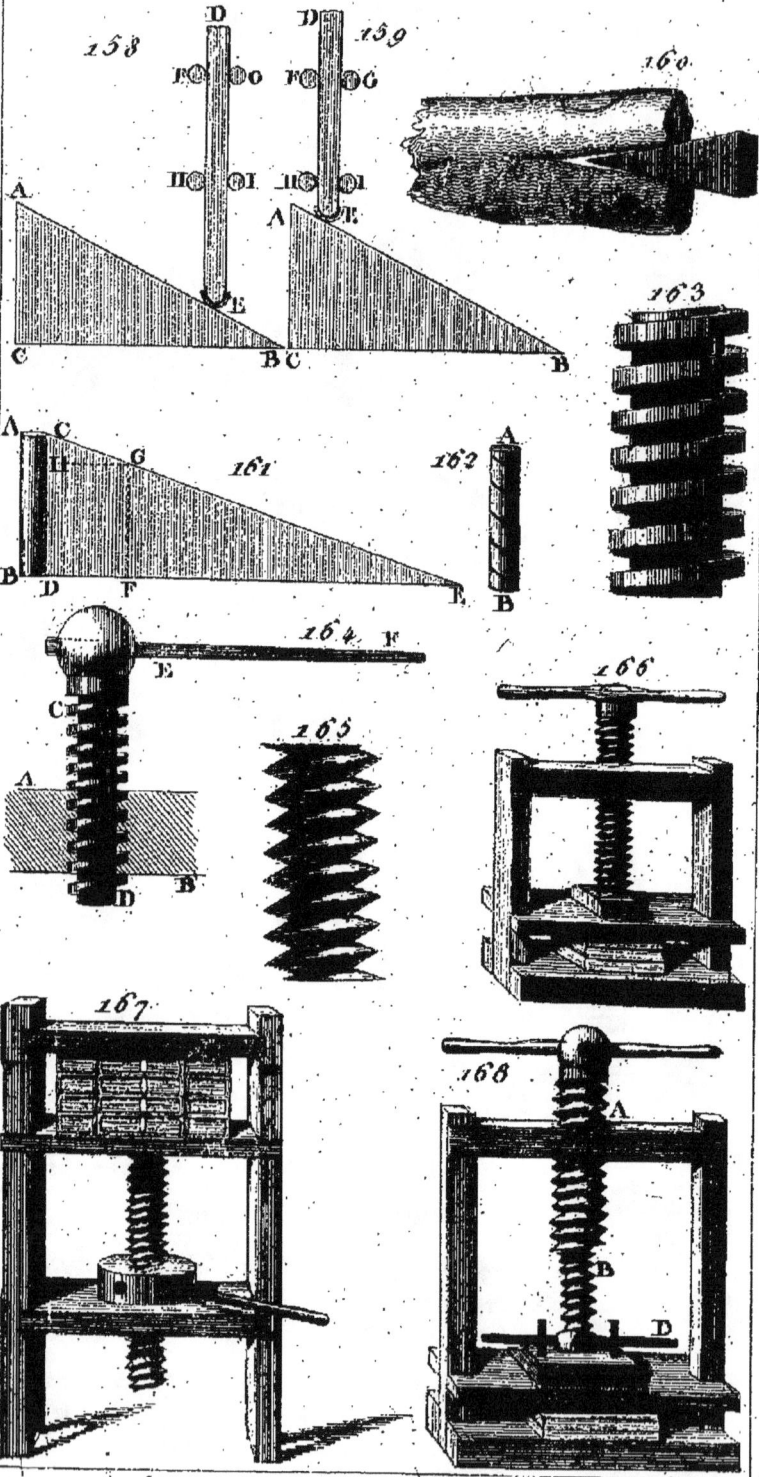

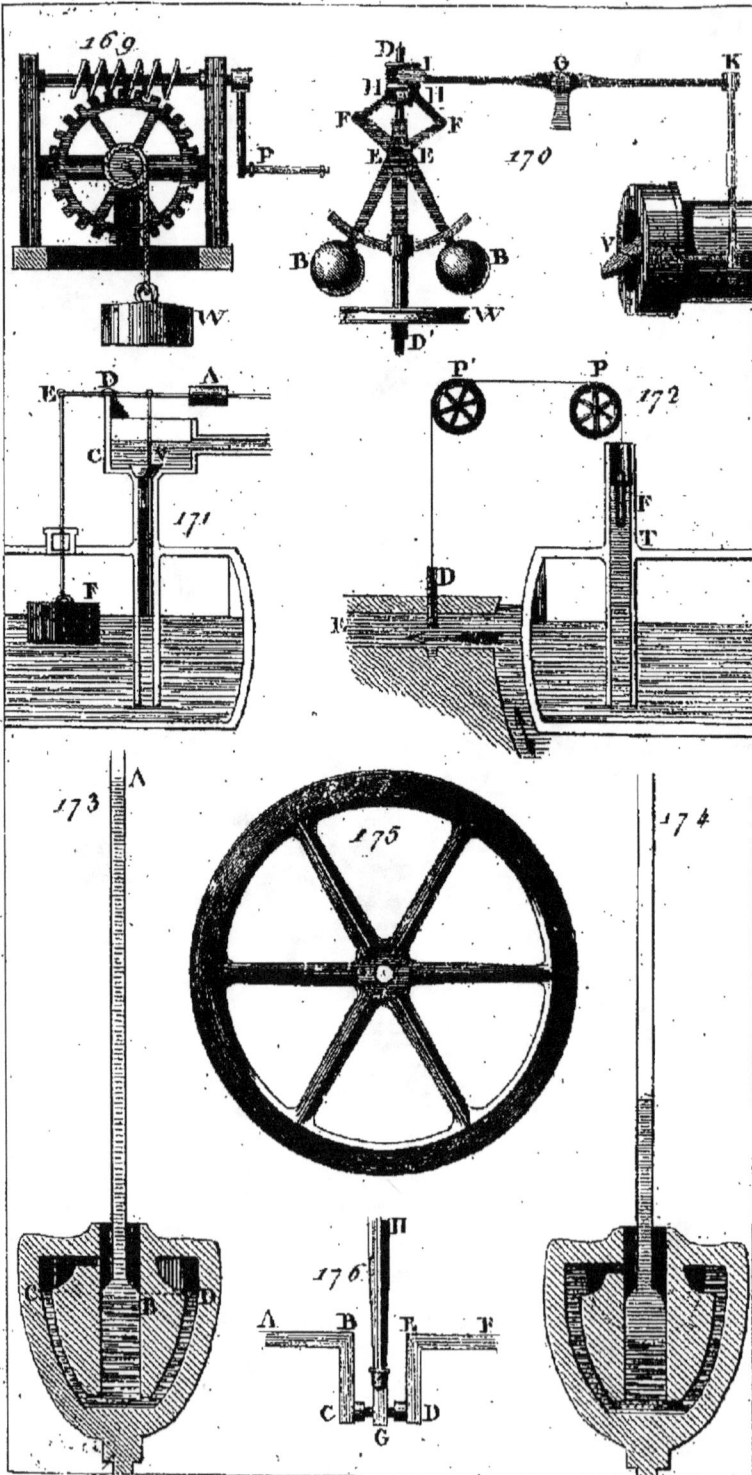

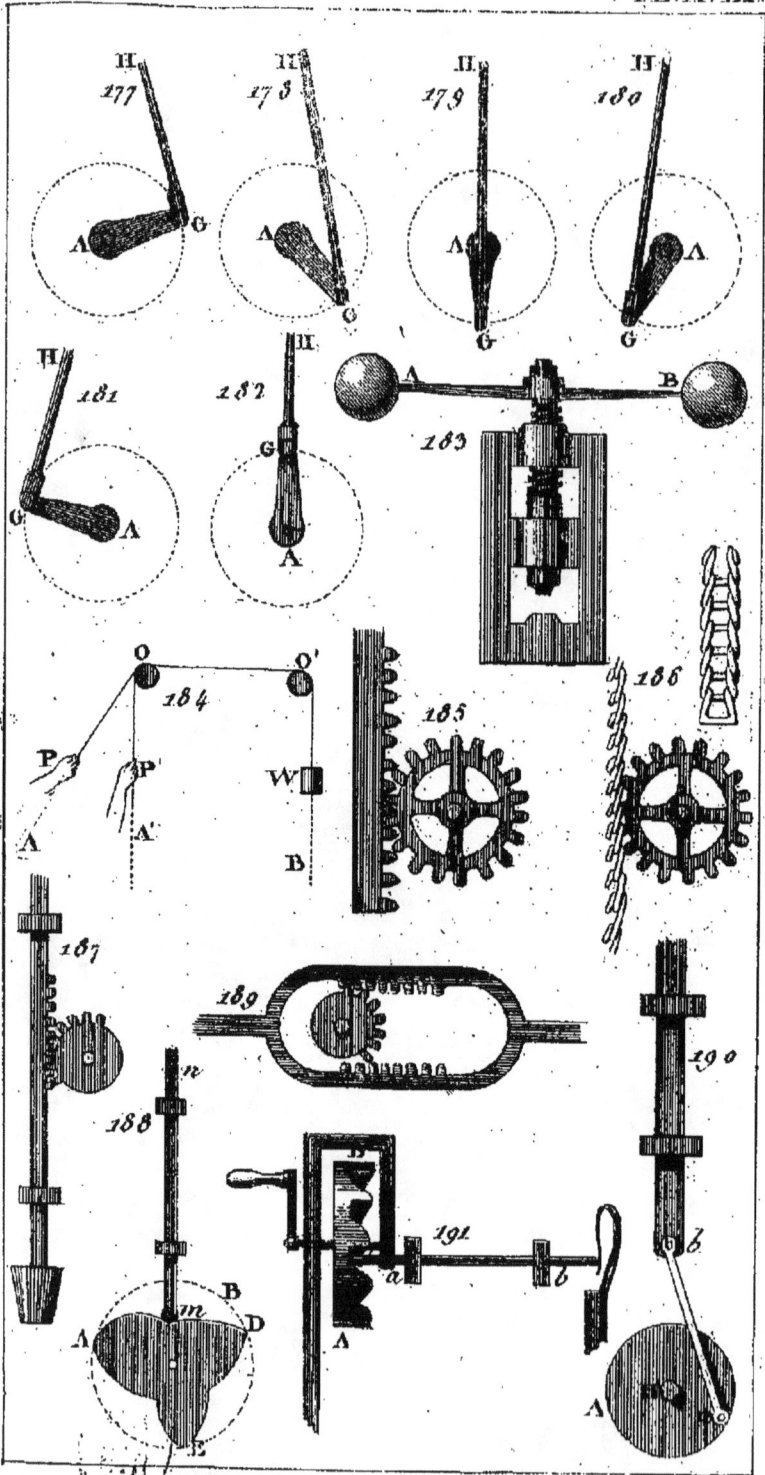

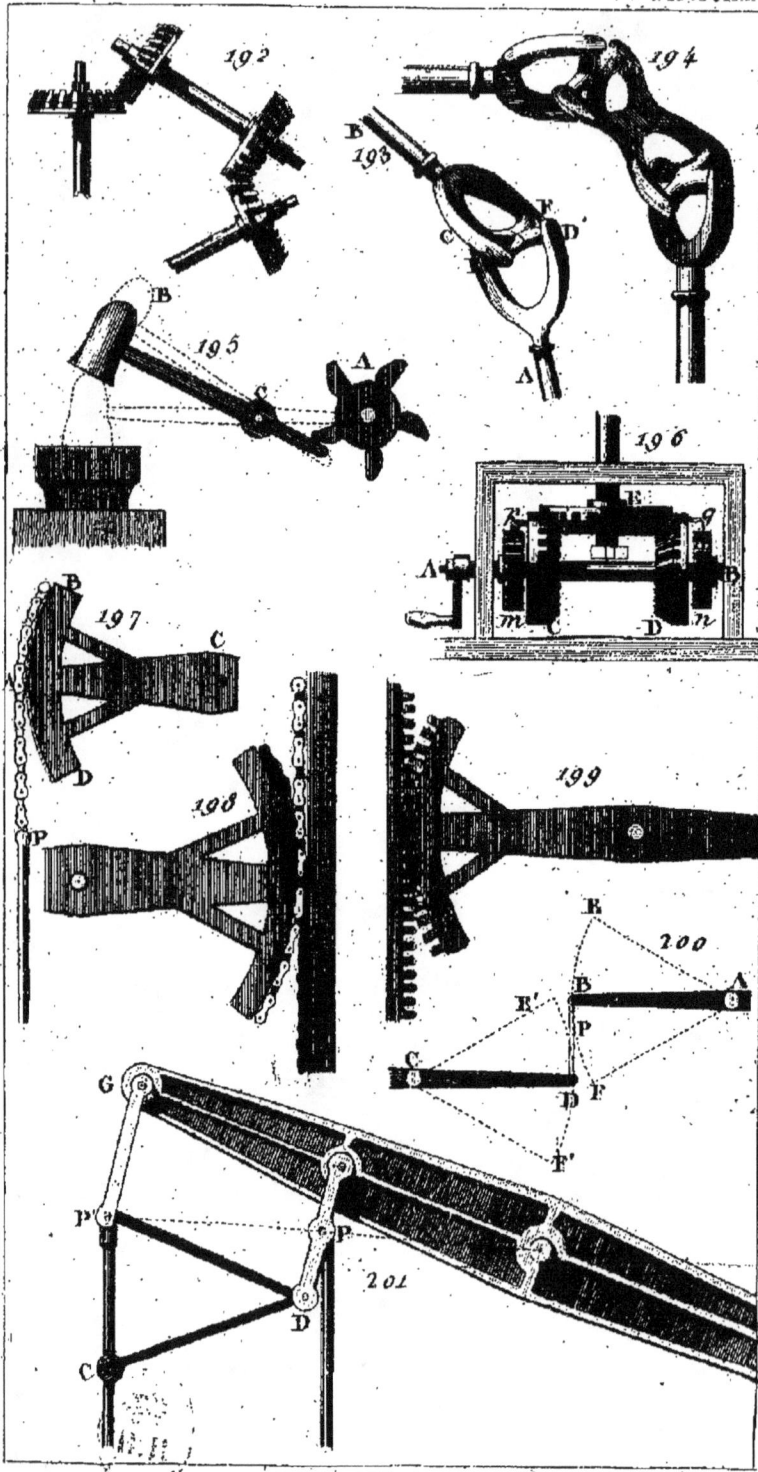

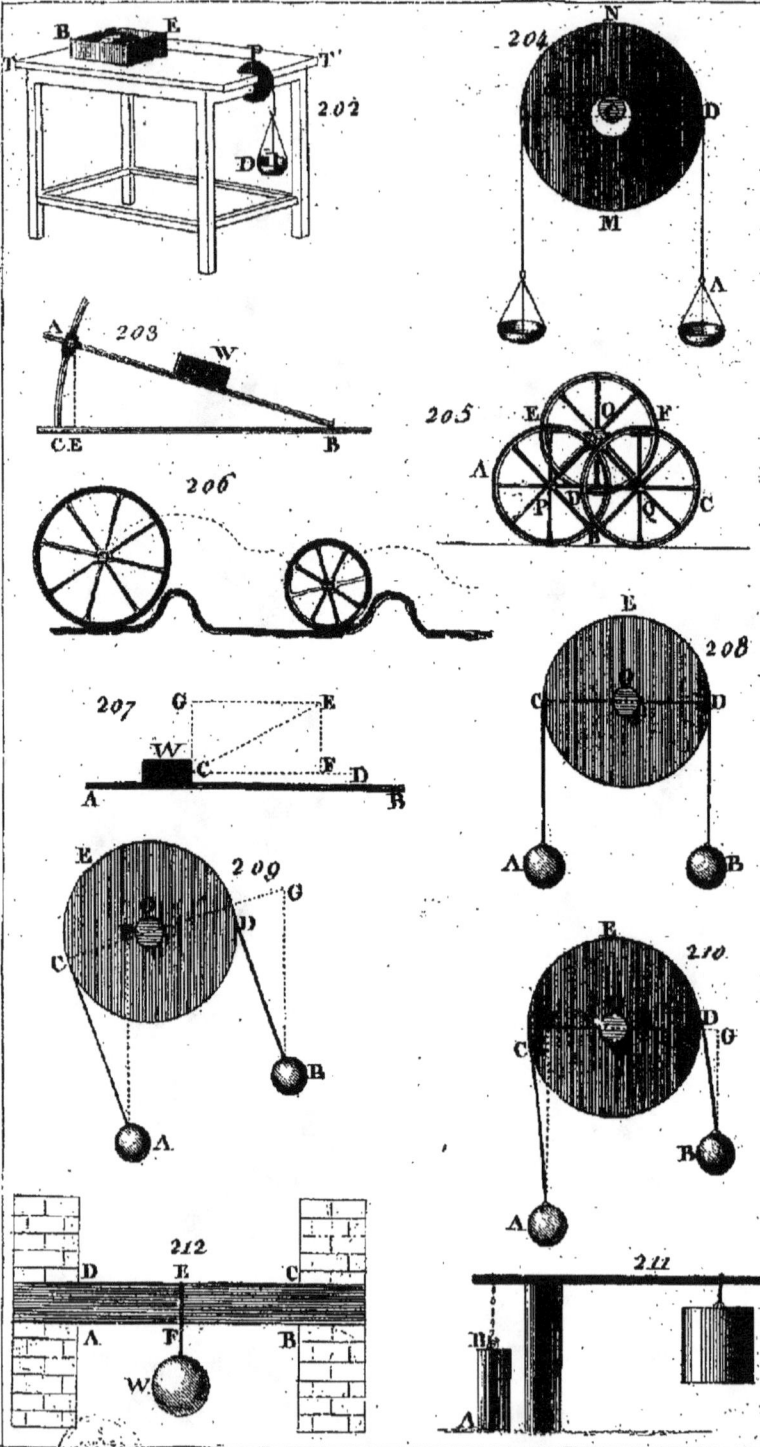

www.ingramcontent.com/pod-product-compliance
Lightning Source LLC
Chambersburg PA
CBHW052059230326
41599CB00054B/3070